GENERAL
EDUCATION

高等学校通识教育系列教材

大学计算机应用与案例实验指导与习题

（第2版）

主　编　李向群
副主编　魏　滢

清华大学出版社
北 京

内 容 简 介

本书是大学计算机基础教育系列教材之一，共分八章，每章设有实验指导和习题。主要内容包括实验准备、Windows 7 操作系统、Office 2010 办公应用案例、Internet 应用、Access 数据库应用、Flash 动画制作、Photoshop 辅助艺术设计与 Dreamweaver 网页设计。

本书引入了丰富的实验案例帮助读者在验证实验的过程中快速掌握各种应用软件的使用，同时给出相关知识点的实验设计要求以提高读者创新、应用与实践的能力。

本书既可作为大学非计算机专业的计算机基础教材使用，也适合高职高专用，还适合于计算机初学者自学使用。

图书在版编目(CIP)数据

大学计算机应用与案例实验指导与习题/李向群主编. --2 版. --北京：清华大学出版社，2014
高等学校通识教育系列教材
ISBN 978-7-302-34664-7

Ⅰ. ①大…　Ⅱ. ①李…　Ⅲ. ①电子计算机—高等学校—教学参考资料　Ⅳ. ①TP3

中国版本图书馆 CIP 数据核字(2013)第 290831 号

责任编辑：刘向威
封面设计：文　静
责任校对：时翠兰
责任印制：杨　艳

出版发行：清华大学出版社
网　　址：http://www.tup.com.cn，http://www.wqbook.com
地　　址：北京清华大学学研大厦 A 座　　邮　　编：100084
社 总 机：010-62770175　　邮　　购：010-62786544
投稿与读者服务：010-62776969，c-service@tup.tsinghua.edu.cn
质 量 反 馈：010-62772015，zhiliang@tup.tsinghua.edu.cn
印 刷 者：北京富博印刷有限公司
装 订 者：北京市密云县京文制本装订厂
经　　销：全国新华书店
开　　本：185mm×260mm　　印　张：13.5　　字　　数：324 千字
版　　次：2012 年 8 月第 1 版　2014 年 3 月第 2 版　　印　　次：2014 年 3 月第1 次印刷
印　　数：1～2000
定　　价：29.00 元

产品编号：055516-01

前 言

FOREWORD

为了满足高等学校培养计算机应用创新型人才的需要以及计算机基础教育系列课程的教学需求，适应当今计算机基础课程教学改革的要求，我们编写了《大学计算机应用与案例(第2版)》及配套的实验教材《大学计算机应用与案例实验指导与习题(第2版)》。

全书分为实验指导和习题两部分，内容包括：实验准备、Windows 7操作系统、Office 2010办公应用案例、Internet应用、Access数据库应用、Flash动画制作、Photoshop辅助艺术设计与Dreamweaver网页设计。

本书由中国矿业大学李向群担任主编，李向群完成对本书的结构设计、统稿和审校。魏滢独立编写实验指导部分的第1、4章以及习题部分中的选择题。李向群独立编写实验指导部分的第2、3、5、6章以及习题部分中的填空题，李向群与刘佰龙共同编写实验指导部分的第7、8章。

为便于读者使用本书，本书配有多种媒体资源，如教学网站、教学大纲、实验素材以及其他教学文件。需要的读者可以从清华大学出版社网站(http://www.tup.tsinghua.edu.cn)下载或者直接与作者联系，作者的邮箱是：lixq@cumt.edu.cn。

虽然本书是在作者长期教学实践的基础上编写而成，但由于作者水平有限，书中难免会有疏漏，恳请各位专家和读者批评指正，以便再版时及时修正。

作 者

2014年1月

目　录

CONTENTS

实验指导部分

习题部分

实验指导部分

第 1 章　实 验 准 备

本课程实验的目的是通过案例的实验验证以及实验设计，培养学生的计算机应用实践能力，以及使用计算机解决实际问题的能力。实验内容主要有 Windows 7 操作系统、Office 办公应用案例、Internet 应用、Access 数据库应用、Flash 动画制作、Photoshop 辅助艺术设计以及 Dreamweaver 网页设计。

1.1　关于实验的说明

1. 实验前的准备

（1）学生在实验课前预习与本实验有关的教学内容，明确实验目的，了解实验过程和操作的注意事项。

（2）对于验证性实验，在充分“消化”实验内容的基础上，要有目的地熟记一些重要操作步骤。对设计性实验，实验前要完成实验内容的设计，明确具体的操作过程和步骤。

（3）对实验中可能出现的问题应事先做出估计，整理有疑问的知识点以便在实验课上与教师沟通。

2. 实验的步骤及实验后的总结

（1）准备好实验所需的实验素材。

（2）按实验要求进行实验，完成后将实验结果保存并按教师要求提交实验作品。

（3）分析实验过程中出现的问题并对其进行总结，进一步巩固相关的知识点与应用技能。

1.2　实验素材下载

1. 网页下载

（1）打开 IE 浏览器，在 IE 的地址栏输入：ftp://219.219.61.251，然后按 Enter 键。

（2）双击“2013—2014(1)(艺体类)大学计算机基础实验素材”，选择所需素材即可下载。

2. 实验教学平台下载

（1）打开 IE 浏览器，在地址栏输入中国矿业大学计算机学院计算机基础实验教学平台的网址 cf.cumtcs.net 或 219.219.61.251，然后按 Enter 键，进入如图 1-1 所示的主页。

（2）在基础实验教学平台上进行学生注册。单击“学生注册”按钮，在班级列表中选择

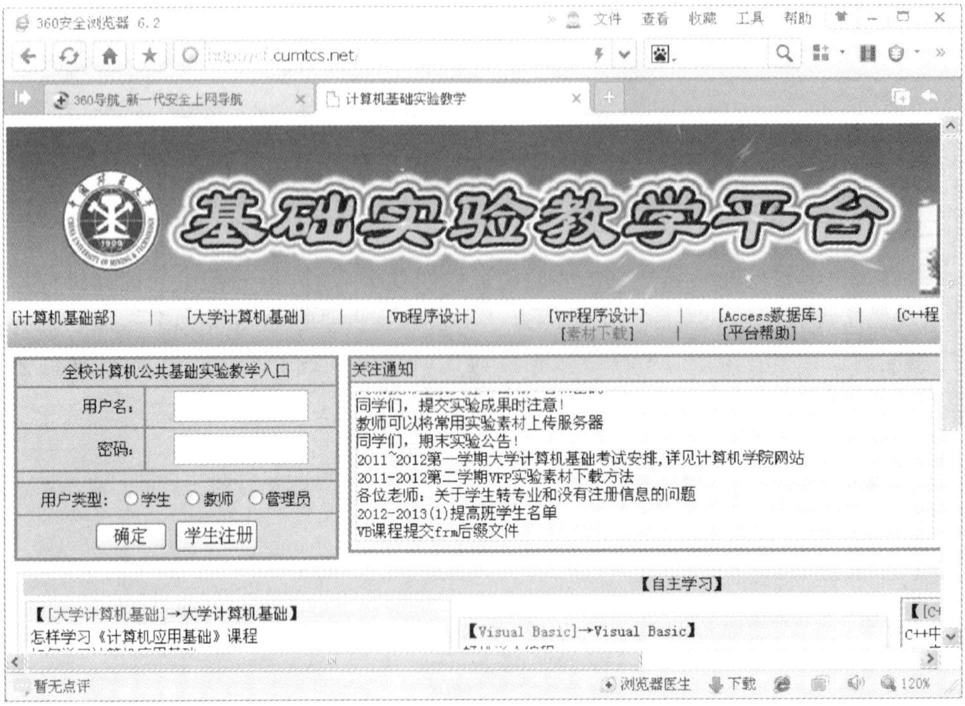

图 1-1 中国矿业大学计算机学院基础实验教学平台主页

所在的班级，在姓名列表中选择本人的姓名，按要求输入学号及两次输入相同的密码。单击“确定”按钮，如图 1-2 所示。

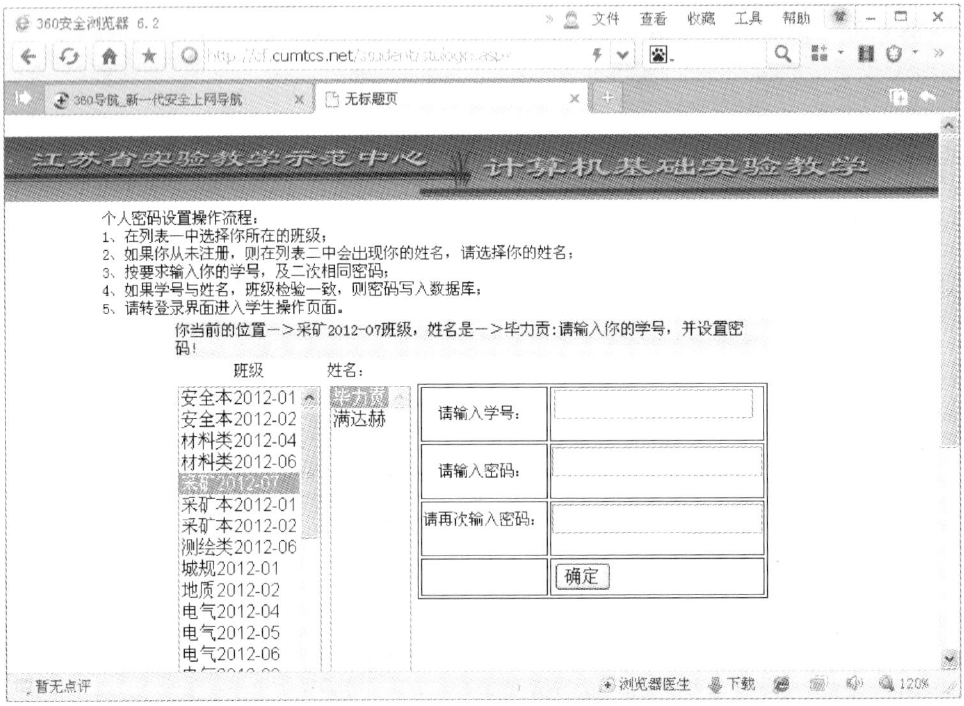

图 1-2 学生注册页面

(3) 打开基础教学实验平台主页,在"用户名"处输入学号,"密码"处输入密码,"用户类型"选学生,单击"确定"按钮登录后,单击"课程资源下载"。如图 1-3 所示。

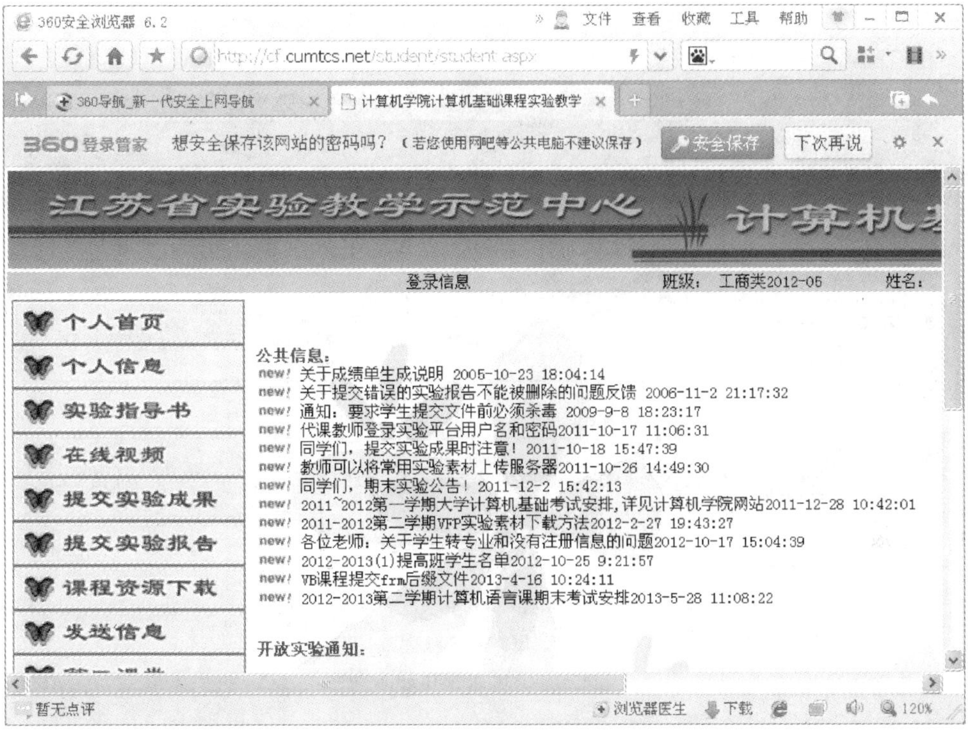

图 1-3 基础教学实验平台学生个人首页页面

1.3 实验作品提交

(1) 打开基础教学实验平台主页,从全校计算机公共基础实验教学入口登录后,单击"提交实验成果"。

(2) 学期请选择"1",课程名选择"大学计算机基础(艺体类)",然后单击"确定"按钮。

(3) 选择提交的作业文件。单击"选择文件"按钮,在"打开"文件对话框中找到作业文件,单击该文件,然后再单击"打开"按钮,此时所选择的文件名称已显示在"选择文件"按钮的右侧,单击"提交文件"按钮即可,如图 1-4 所示。

【注意】

(1) 学期和课程名都不要选错,否则教师有可能看不到你提交的作业。

(2) 若提交的作业文件与以前提交的作业重名,则只保留最后提交的文件。

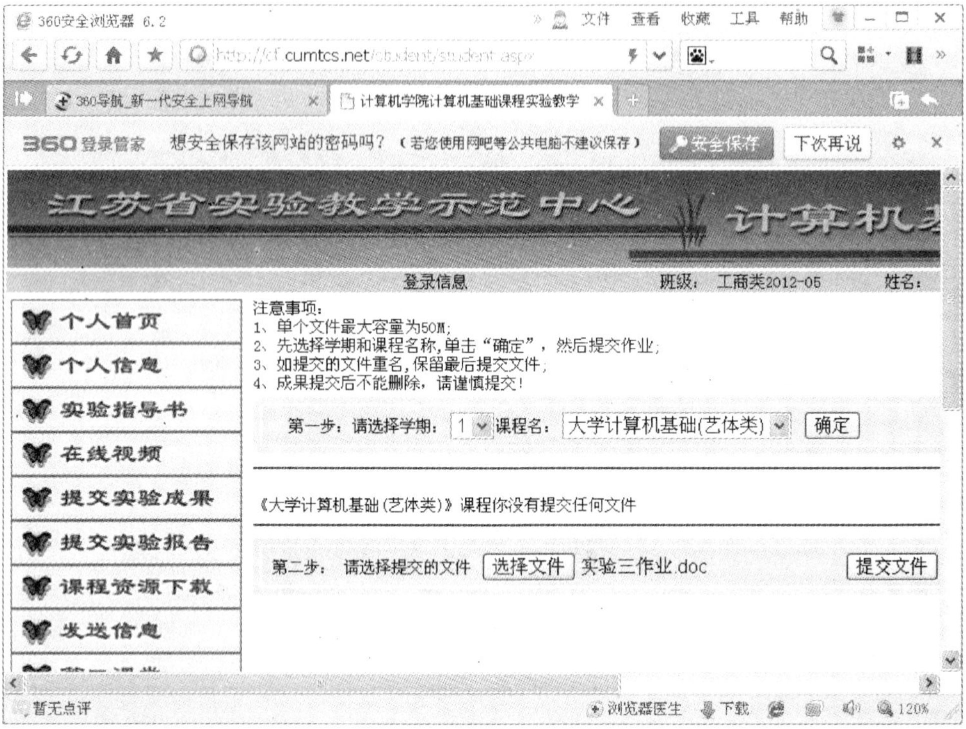

图 1-4 提交实验作品页面

第 2 章　Windows 7 操作系统

本章主要掌握 Windows 7 操作系统中资源管理器的使用，根据实验验证题目的要求完成实验验证。

2.1　资源管理器

【实验验证 1】 资源管理器的打开。

可以使用以下几种常用的方法打开资源管理器：

(1) 在开始菜单上右击选择“打开 Windows 资源管理器(P)”；

(2) 单击开始菜单，选择“所有程序”中的“附件”，单击“Windows 资源管理器”；

(3) 单击任务栏上快速启动区中的“Windows 资源管理器”按钮。

2.2　文件与文件夹的基本操作

【实验验证 2】 在 D:下新建一个文件夹，并在该文件夹中新建一个 Word 文档。文件夹与文件的名称使用系统默认的名称。

(1) 新建文件夹

在资源管理器工作窗口的左窗格中单击 D:，在右侧窗格的空白处右击，在弹出的快捷菜单中选择“新建”→“文件夹”命令，即可生成一个新的文件夹，系统默认的文件夹名称为“新建文件夹”。

(2) 新建文件

在资源管理器工作窗口的左窗格中单击 D:，在右侧窗格中找到“新建文件夹”，鼠标双击“新建文件夹”图标，在右侧窗格空白处右击，在弹出的快捷菜单中选择“新建”→“Microsoft Word 文档”命令即可在新建文件夹中创建一个默认名称为“新建 Microsoft Word 文档”的文件。

【实验验证 3】 重新命名“新建文件夹”为“计算机作业”，重新命名“Microsoft Word 文档”为“Word 作业”。

(1) 重命名文件夹

在资源管理器的左侧窗格单击 D:，在右侧窗格中右击“新建文件夹”选择“重命名”，此时被选中的文件夹名会反亮显示，输入新名称“计算机作业”即可。

(2) 重命名文件

文件和文件夹的重命名操作是相同的，需要注意的问题是，在重命名文件时要保留文件的扩展名，否则会导致文件格式不正确而无法打开。

【实验验证4】 练习文件与文件夹的选定。

(1) 选定多个连续的文件或文件夹。单击待选文件或文件夹中的第一个,然后按住Shift键单击最后一个,则两个文件或者文件夹之间的所有内容均被选定。或者直接按住鼠标左键,拖动鼠标使得目标文件或者文件夹出现在选择框内,松开鼠标即可选定连续的多个文件或者文件夹。

(2) 选定多个不连续的文件或文件夹。按住Ctrl键依次单击目标文件或者文件夹即可。

(3) 选定所有文件与文件夹。选择"编辑"菜单中的"全部选定"命令或者用Ctrl+A快捷键即可选定所有文件与文件夹。

(4) 取消选择。单击窗口的空白处,即可取消选择。

【实验验证5】 在D:盘上查找.mp3文件,将其中的3首歌曲复制到"计算机作业"中。

(1) 查找.mp3文件。在资源管理器的左侧窗格单击D:,在工作窗口右上方的搜索栏中输入"mp3",按回车键后即可找到D:中的mp3文件。

(2) 复制文件。按住Ctrl键依次单击mp3文件,选中其中的3首歌曲,右击,在弹出的菜单中选择"复制"或者使用Ctrl+C快捷键。双击D:盘下的"计算机作业"文件夹,在右侧窗格的空白处右击选择"粘贴"或者使用Ctrl+V快捷键完成复制。

【实验验证6】 练习文件的删除与恢复。

(1) 文件的删除

在选定文件上右击选择"删除"命令,在弹出的"删除文件"对话框中单击"是"按钮即可删除选定文件,若单击"否"按钮,则取消删除操作。也可以在选定要删除的文件之后按Delete键,若此时同时按下Shift键,则选定内容将被彻底删除而无法从回收站恢复。

(2) 文件的恢复

对于刚删除的文件,右击选择"撤销删除"即可恢复文件。也可以使用Ctrl+Z快捷键恢复刚删除的文件。如果已将文件放入"回收站",则双击"回收站"图标,在打开的"回收站"窗口中选择需要恢复的文件,右击选择"还原"即可将选中的文件恢复到删除前的位置上。

【实验验证7】 设置D:盘中"计算机作业"文件夹中的"Word作业"文件的属性为"只读",之后再设置文件夹"计算机作业"的属性为"隐藏"。

(1) 设置文件的只读属性

在"Word作业"图标上右击,在快捷菜单中选择"属性"命令,在弹出的文件"属性"对话框中单击"只读"选项使其选中即可完成对文件只读属性的设置。

(2) 设置文件夹的隐藏属性

在"计算机作业"图标上右击,在快捷菜单中选择"属性",在弹出的文件夹"属性"对话框中单击"隐藏"使其选中即可完成对文件夹隐藏属性的设置。

(3) 显示隐藏属性文件夹。显示设置了"隐藏"属性的文件夹,可以在其选中的基础上,选择"工具"菜单的"文件夹选项",弹出"文件夹选项"对话框。选择"查看"→"高级设置"→"隐藏文件和文件夹"命令,选中"显示隐藏的文件、文件夹和驱动器",即可将设置了"隐藏"属性的文件夹重新显示出来。

【实验验证 8】 将“计算机作业”压缩，并练习如何解压缩。

(1) 压缩

选定“计算机作业”文件夹，右击选择“发送到”→ 压缩(zipped)文件夹 命令，压缩结束后，会在原文件夹所在的位置上生成一个同名的压缩文件夹。

(2) 解压缩

选定压缩文件夹，右击选择“全部提取”命令，弹出“提取压缩(Zipped)文件夹”对话框，输入文件的存放路径或者单击“浏览”按钮选择一个存放位置即可。

第 3 章　Office 2010 办公应用案例

本章主要掌握 Office 2010 办公自动化软件中 Word、Excel 和 PowerPoint 的使用，根据实验验证题目的要求完成实验的验证，并根据题目的要求完成实验设计。

3.1　Word 2010 文字处理

3.1.1　实验验证

【实验验证 1】 利用 Word 排版技巧完成如图 3-1 所示的图文混排效果。

图 3-1　图文混排效果

实验步骤如下：

1. 文字的编辑与格式的编排

(1) 文字的编辑

新建一个 Word 文档，利用键盘输入文档的标题以及 3 段文字内容如图 3-2 所示，每一段文字输入结束后按回车键即可开始下一段文字的输入。文本默认的字体是宋体，字号为五号，颜色为黑色。

不能说的秘密
一曲动人的乐章奏开了一段最真挚的爱情 “这是一个不能说的秘密。”这句话是小伦（周杰伦饰）和小雨（桂纶镁饰）这场爱情之旅的开场白， 两人是音乐系的同班同学，一首神秘的钢琴曲促使两人相遇。 两人纯真的爱情如同美妙的音符跳动着，但小雨心中的秘密，却常让小伦摸不着头绪。 一次，两人的约定，却因为一场误会而让小雨从此消失于小伦生活之中……
这场爱情就像个迷宫，可以选择回头，也可以选择找到出口。叶老师（黄秋生饰）把小伦拉回正常的轨道。当小伦以为重新找到出口，却发现一切才正要开始……
一个不能说的秘密，一个不可思议的答案。...

图 3-2　文字内容

（2）格式的编排

① 选中整篇文档。将鼠标移至文档编辑区的左侧，当鼠标变成斜向右指的箭头时，三击鼠标选定整篇文档。

② 字体与字号设置。单击“开始”选项卡中“字体”工具栏组中的字体下拉按钮 宋体 ，选择“华文细黑”，单击字号下拉按钮 五号 选择“小三”。

③ 设置首行缩进。单击“开始”选项卡中“段落”工具栏组右下角的箭头 打开“段落”对话框如图 3-3 所示。在“特殊格式”中选择首行缩进，“磅值”为 2 字符。单击文档的任何一处，取消文档的选定。

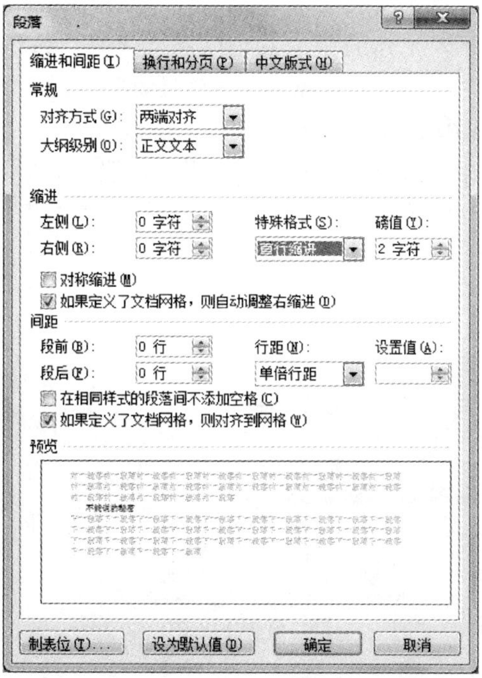

图 3-3　“段落”对话框

④ 设置第 2 段的字体颜色。将鼠标移至第 2 段文字左侧的位置，双击鼠标选定第 2 段文字，单击“开始”选项卡的“字体”工具栏组中的字体颜色按钮，在调色板中选择“蓝色”即可完成第 2 段文字字体颜色的设置，其设置后的效果如图 3-4 所示。

不能说的秘密

一曲动人的乐章奏开了一段最真挚的爱情 “这是一个不能说的秘密。”这句话是小伦（周杰伦饰）和小雨（桂纶镁饰）这场爱情之旅的开场白， 两人是音乐系的同班同学，一首神秘的钢琴曲促使两人相遇。两人纯真的爱情如同美妙的音符跳动着，但小雨心中的秘密，却常让小伦摸不着头绪。 一次，两人的约定，却因为一场误会而让小雨从此消失于小伦生活之中……

这场爱情就像个迷宫，可以选择回头，也可以选择找到出口。叶老师（黄秋生饰）把小伦拉回正常的轨道。当小伦以为重新找到出口，却发现一切才正要开始……

一个不能说的秘密，一个不可思议的答案。...

图 3-4 格式编排后的效果

2. 插入图片

(1) 插入如图 3-1 所示左上角的图片。光标定位于文档的任何一处，单击“插入”选项卡中“插图”工具栏组的“图片”按钮，选择图片文件后，图片会插入到光标所在的位置后。插入图片后，系统自动在“视图”选项卡后增加一个“图片工具格式”选项卡，单击其中“排列”工具栏组中的“位置”按钮如图 3-5 所示，在打开的图片位置列表中选择“顶端居左，四周型文字环绕”。此时图片自动调整位置到页面的左上角，用鼠标拖曳的方式调整图片的大小如图 3-1 所示。

图 3-5 图片位置列表

(2) 插入如图 3-1 所示最下方的多幅图片。将光标定位于文档的最后一行的末尾，按

“回车键”键入一个新行。单击“插入”选项卡中“插图”工具栏组的“图片”按钮，选择电影剧照图片文件即可插入第 1 幅图片，调整图片到合适的大小。此时光标停留在图片的右侧，同样的操作完成后面两幅图片的插入与编辑。其设置效果如图 3-6 所示。

不能说的秘密

一曲动人的乐章奏开了一段最真挚的爱情 “这是一个不能说的秘密。” 这句话是小伦（周杰伦饰）和小雨（桂纶镁饰）这场爱情之旅的开场白， 两人是音乐系的同班同学，一首神秘的钢琴曲促使两人相遇。 两人纯真的爱情如同美妙的音符跳动着，但小雨心中的秘密，却常让小伦摸不着头绪。 一次，两人的约定，却因为一场误会而让小雨从此消失于小伦生活之中……

这场爱情就像个迷宫，可以选择回头，也可以选择找到出口。叶老师（黄秋生饰）把小伦拉回正常的轨道。当小伦以为重新找到出口，却发现一切才正要开始……

一个不能说的秘密，一个不可思议的答案。...

图 3-6 插入图片后的效果

3. 插入艺术字

首先要选中标题文字，然后单击“插入”选项卡中“文本”工具栏组的“艺术字”，在艺术字样式下拉列表中选择一种艺术字的样式即可完成艺术字的插入。插入艺术字后，系统自动在“视图”选项卡后增加一个“绘图工具格式”选项卡，其中的“艺术字样式”工具栏组如图 3-7 所示。

图 3-7 “艺术字样式”工具栏组

4. 分栏

将鼠标移至第 2 段文字左侧的位置，双击鼠标选定第 2 段文字，单击“页面布局”选项卡的“页面设置”工具栏组中的“分栏”按钮，在弹出的下拉菜单中选择“更多分栏”，弹出“分栏”对话框如图 3-8 所示。

选择“两栏”并选中“分隔线”复选框，单击“确定”按钮即可呈现如图 3-1 第 2 段中分栏的效果。

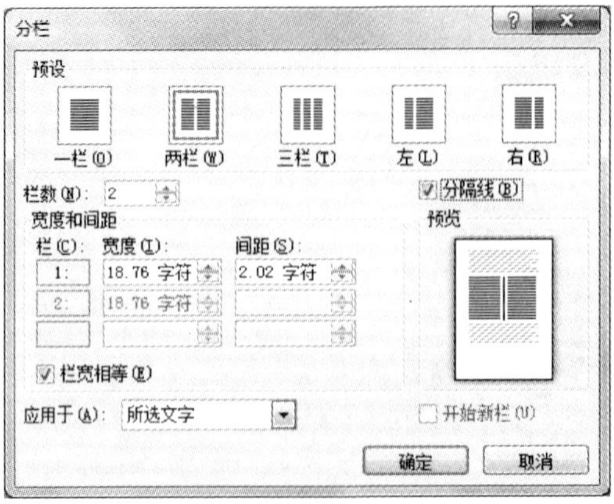

图 3-8 “分栏”对话框

5. 首字下沉

将鼠标定位于第 2 段内，单击“插入”选项卡的“文本”工具栏组中的“首字下沉”按钮，单击“首字下沉”选项，弹出“首字下沉”对话框如图 3-9 所示，选择下沉的位置、字体、下沉的行数以及距正文的距离，单击“确定”按钮即可完成首字下沉的设置。

【注意】 首字下沉时本段文字起始处不能为空格。

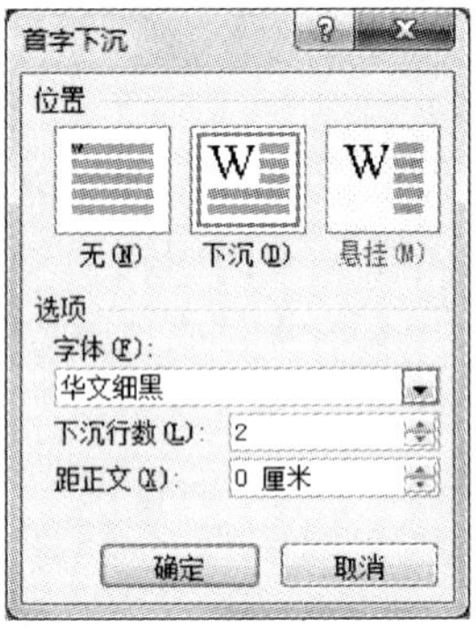

图 3-9 “首字下沉”对话框

6. 页面边框

为文档设置页面边框，单击“页面布局”选项卡的“页面背景”工具栏组中的“页面边框”按钮，弹出“边框和底纹”对话框如图 3-10 所示。

在对话框中选择“方框”，艺术型选择心型，宽度为 3 磅，默认应用于“整篇文档”。此时，在“预览”区域看到页面边框是以页边距为测量基准的。

若完成如图 3-1 所示的以文字的外边缘作为页面边框的测量基准，则单击该对话框右下角的“选项”按钮，弹出“边框和底纹选项”对话框如图 3-11 所示，“测量基准”选择“文字”，确定即可完成以文字作为页面边框测量基准的设置。

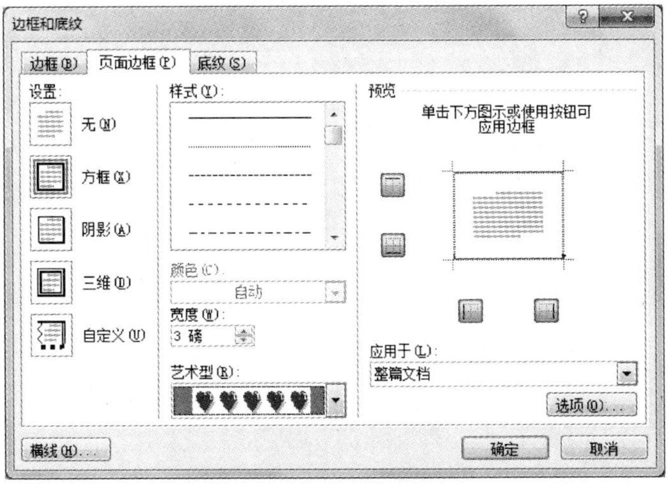

图 3-10 “边框和底纹”对话框

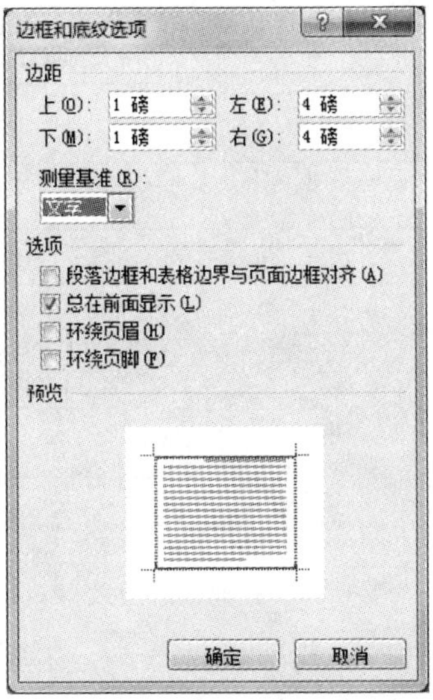

图 3-11 “边框和底纹选项”对话框

7. 水印

单击“页面布局”选项卡的“页面背景”工具栏组中的“水印”按钮，在下拉列表中选择“自定义水印”，弹出“水印”对话框如图 3-12 所示。选择“文字水印”，在“文字”后的下拉框中直接输入“周杰伦之不能说的秘密”，颜色为黑色，默认为“半透明”、“斜式”，单击“确定”按钮即可完成水印的设置。

【实验验证 2】 利用 Word 排版技巧制作如图 3-13 所示的毕业留念册效果。

实验步骤如下：

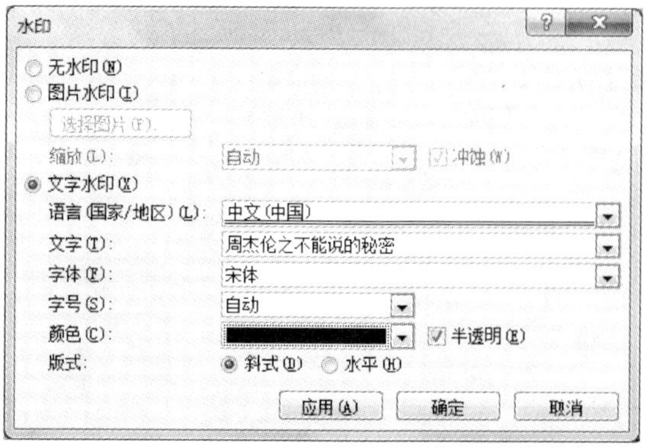

图 3-12 “水印”对话框

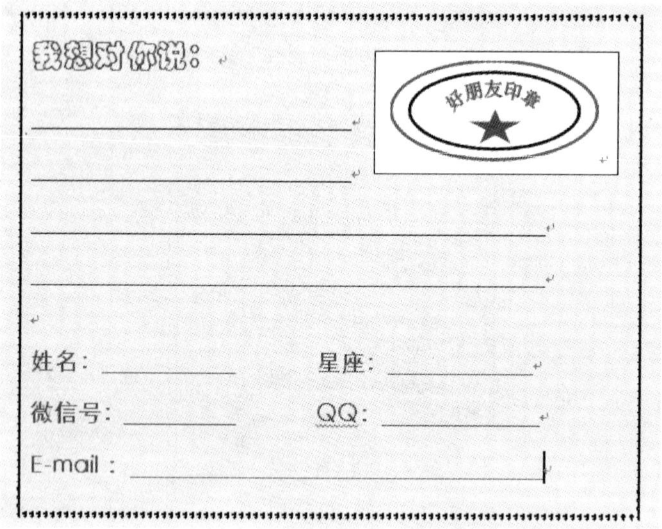

图 3-13 毕业留念册效果

1. 页面设置

新建一个 Word 文档，选择“页面布局”选项卡中“页面设置”工具栏组如图 3-14 所示。

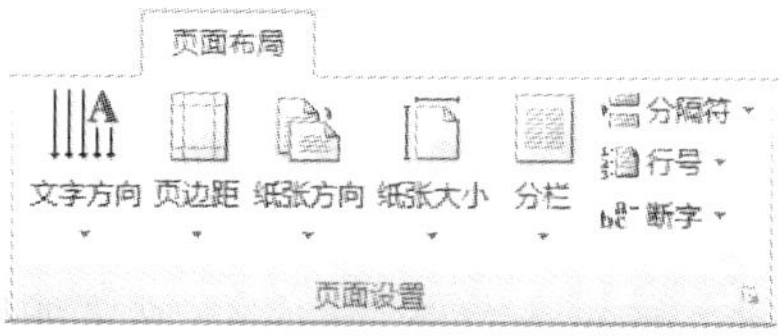

图 3-14 “页面设置”工具栏组

(1) 定义纸张方向。单击“纸张方向”下拉框选择“横向”。

(2) 定义纸张大小。单击“纸张大小”选择“其他页面大小”,在弹出的“页面设置”对话框中设置纸张的自定义大小,宽度为 16 厘米,高度为 14 厘米。

2. 页面背景设置

（1）页面颜色设置。选择“页面布局”选项卡中“页面背景”工具栏组的“页面颜色”，在调色板中选择“橙色，强调文字颜色 6，淡色 80%”。

（2）页面边框设置。单击“页面布局”选项卡的“页面背景”工具栏组中的“页面边框”按钮，弹出“边框和底纹”对话框如图 3-10 所示。在对话框中选择“方框”，艺术型选择心型，宽度为 3 磅。单击该对话框右下角的“选项”按钮，弹出“边框和底纹选项”对话框如图 3-11 所示，“测量基准”选择“文字”。

3. 在文本框中制作印章

（1）添加文本框。单击“插入”选项卡中“文本”工具栏组的“文本框”，在下拉列表中选择“绘制文本框”，在页面中绘制如图 3-13 所示位置与大小的文本框。

（2）制作印章

① 绘制外椭圆。单击“插入”选项卡中“插图”工具栏组的“形状”，在“基本形状”中选择“椭圆”，在页面中绘制一个如图 3-13 所示大小的外椭圆。在外椭圆处于选中状态时，功能区出现“绘图工具格式”选项卡，单击“形状样式”工具栏组中的“形状填充”，设置填充颜色为白色；单击“形状轮廓”，设置形状轮廓的颜色为深蓝。

② 在外椭圆内输入文字。在外椭圆选定的状态下右击，选择“添加文字”。利用“开始”选项卡中“字体”工具栏组设置字体的颜色为蓝色，加粗，字号为三号。输入文字“好朋友印章”。

③ 设置文字为艺术字。利用鼠标拖曳的方式选中文字，此时在“视图”选项卡的右侧出现“绘图工具格式”选项卡，在“艺术字样式”工具栏组中选择样式为“渐变填充-蓝色，强调文字颜色 1”，单击“文本效果”，在下拉列表中选择“转换”中的“跟随路径-上弯弧”。

④ 插入红五星。单击“插入”选项卡中“插图”工具栏组的“形状”，在“星与旗帜”中选择“五角星”，在外椭圆文字下方绘制一个五角星并利用“绘图工具格式”选项卡中“形状样式”工具栏组设置“形状填充”与“形状轮廓”均为红色。

⑤ 绘制内椭圆。单击“插入”选项卡中“插图”工具栏组的“形状”，在“基本形状”中选择“椭圆”，在外椭圆中再绘制一个内椭圆。利用“绘图工具格式”选项卡的“形状样式”工具栏组设置“形状填充”颜色为无填充颜色，“形状轮廓”的颜色为黑色。

⑥ 组合形状。按住 Shift 键分别单击外椭圆、内椭圆与红五星，同时选中三个形状。单击“绘图工具格式”选项卡中“排列”工具栏组的“组合”，在弹出的下拉列表中选择“组合”，则三个形状组合为一个整体。选中形状组合，按 Ctrl+C 快捷键复制形状。

（3）将印章移动至文本框内。单击文本框，则在文本框内有光标在闪烁，按 Ctrl+V 快捷键实现粘贴，此时印章出现在文本框内。调整文本框的大小及其与形状的相对位置如图 3-13 所示。

4. 编辑文字与下划线内容

（1）首行文字的编辑。利用键盘输入文字内容：“我想对你说”，设置其字体颜色为紫色，字号为四号，字体为华文彩云，加粗。

（2）编辑下划线。按 Enter 键换行，单击“开始”选项卡中“字体”工具栏组的“下划线”按钮 U ，在光标所在位置按空格键生成下划线。重复该步骤完成如图 3-13 所示的文档中的下划线。

（3）其他文字的编辑。除首行文字外，其他文字的字体颜色为紫色，字号为五号，字体为华文细黑，加粗。

（4）设置行距。选中整篇文档，单击“开始”选项卡中“段落”工具栏组右下角的箭头按钮 ，弹出“段落”对话框，在该对话框中选择“间距”区域中的“行距”为“1.5 倍行距”。

【实验验证 3】 利用 Word 排版技巧完成如图 3-15 所示的长文档编辑效果：在正文的首页之前自动生成目录页，目录页没有页眉与页码；第 1 页从正文的首页开始，页码居中；奇偶页页眉文字不同，文字对齐方式也不一样，奇数页文字左对齐，偶数页右对齐。

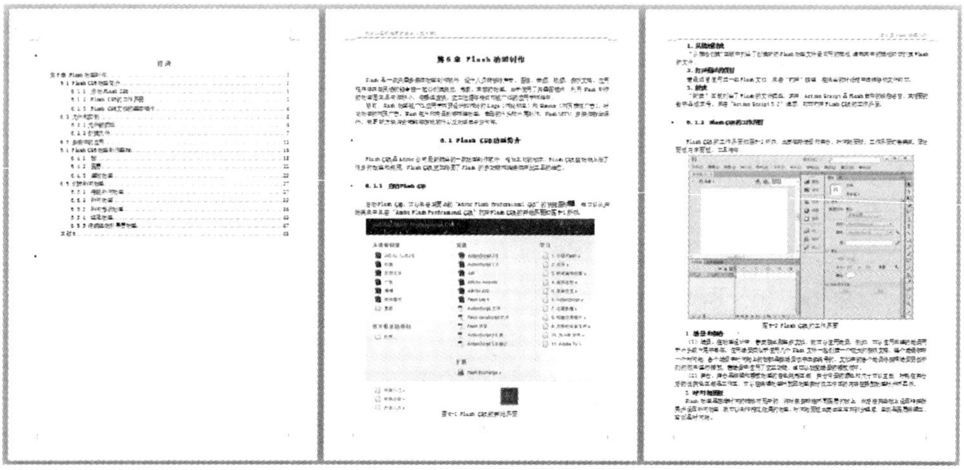

图 3-15 长文档编辑效果

实验步骤如下：

1. 自动生成目录

单击“引用”选项卡中“目录”工具栏组的“目录”按钮，打开“内置”列表框如图 3-16 所示。

（1）插入空白页。将鼠标定位在正文首页的第 1 行文字的最左侧，按 Ctrl+Enter 快捷键，可以在正文的首页前增加一个空白页，此时新增的空白页成为文档的第 1 页。

（2）自动生成目录。单击“引用”选项卡中“目录”工具栏组的“目录”按钮，在“内置”列表框中单击“自动目录 1”，则系统自动生成目录如图 3-17 所示。

（3）调整目录页标题对齐方式。将光标定位于目录页的第 1 行中，利用标尺调整标题的“首行缩进”为 0，单击“开始”选项卡的“段落”工具栏组中的居中按钮使目录页的标题居中。

2. 在页脚中插入页码

（1）插入“页脚”。单击“插入”选项卡的“页眉和页脚”工具栏组中“页脚”，选择“编辑页

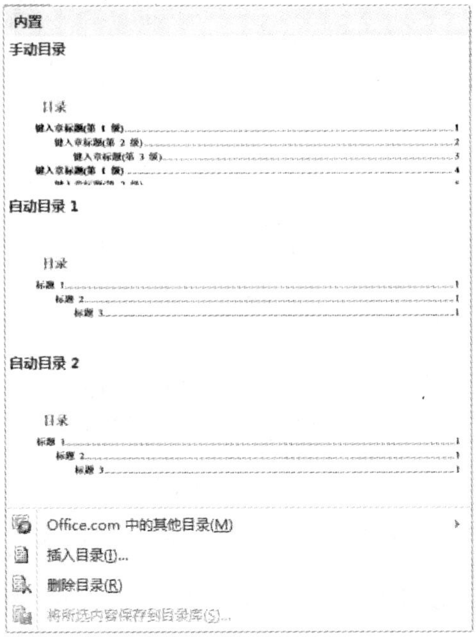

图 3-16 “内置”列表框

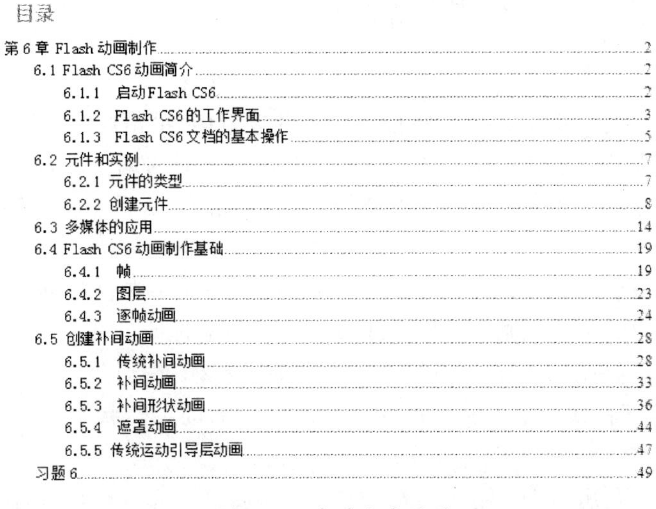

目录

第 6 章 Flash 动画制作......2
6.1 Flash CS6 动画简介......2
6.1.1 启动 Flash CS6......2
6.1.2 Flash CS6 的工作界面......3
6.1.3 Flash CS6 文档的基本操作......5
6.2 元件和实例......7
6.2.1 元件的类型......7
6.2.2 创建元件......8
6.3 多媒体的应用......14
6.4 Flash CS6 动画制作基础......19
6.4.1 帧......19
6.4.2 图层......23
6.4.3 逐帧动画......24
6.5 创建补间动画......28
6.5.1 传统补间动画......28
6.5.2 补间动画......33
6.5.3 补间形状动画......36
6.5.4 遮罩动画......44
6.5.5 传统运动引导层动画......47
习题 6......49

图 3-17 自动生成目录

脚”，此时系统自动在“视图”选项卡右侧增加“页眉和页脚工具设计”选项卡，其中的“选项”工具栏组包括 3 个复选框，全部选中，如图 3-18 所示。即允许设置页脚在首页不同、奇偶页不同。

图 3-18 页眉和页脚“选项”工具栏组

(2) 设置页码编号从0开始。单击“页眉和页脚工具设计”选项卡中“页眉和页脚”工具栏组的“页码”,在下拉列表中选择“设置页码格式”,弹出“页码格式”对话框如图3-19所示。在“页码编号”中设置“起始页码”为0,即将目录页的页码设置为0,正文首页的页码即为1。

图3-19 “页码格式”对话框

(3) 为正文的奇偶页设置页码。跳过目录页,直接将鼠标定位于正文首页的编辑页脚区域,单击“页眉和页脚工具设计”选项卡中“页眉和页脚”工具栏组的“页码”,在下拉列表中选择“页面底端-普通数字2”,即可为正文的奇数页设置页码。同样的操作可以为正文的偶数页设置页码。

双击正文的任何区域,取消页脚的编辑,将当前文档恢复到文档编辑状态。

3. 编辑页眉

(1) 编辑奇数页的页眉。将鼠标定位于正文的首页中,单击“插入”选项卡的“页眉和页脚”工具栏组中“页眉”,选择“编辑页眉”,此时光标位于页眉的编辑区,输入文字内容后单击“开始”选项卡的“段落”工具栏组中的“文本左对齐”按钮使页眉中的文字左对齐,单击“开始”选项卡的“段落”工具栏组中的“下框线”为页眉文字加下框线。

(2) 编辑偶数页的页眉。同样的操作,编辑偶数页的文字内容并设置右对齐及下框线。

(3) 设置目录页不显示页眉,即去掉目录页的页眉下框线。光标定位于目录页的页眉编辑区,选中段落结束标志 ↵ ,单击“开始”选项卡的“段落”工具栏组中的“下框线”,即可取消目录页页眉中的下框线。双击文档的编辑区取消页眉的编辑状态,更新后的目录页效果如图3-20所示。

【实验验证4】 利用Word制作表格的技巧完成如图3-21所示的简历表。

实验步骤如下:

1. 设置纸张方向

新建一个Word文档,选择“页面布局”选项卡中“页面设置”工具栏组,单击“纸张方向”下拉框选择“横向”。

2. 表格布局

如图3-21所示的表格中,行数最多的是8行,列数最多的是5列,因此插入一个8行5列的表格。

目录

第6章 Flash动画制作......1
6.1 Flash CS6动画简介......1
6.1.1 启动Flash CS6......1
6.1.2 Flash CS6的工作界面......2
6.1.3 Flash CS6文档的基本操作......4
6.2 元件和实例......6
6.2.1 元件的类型......6
6.2.2 创建元件......7
6.3 多媒体的应用......13
6.4 Flash CS6动画制作基础......18
6.4.1 帧......18
6.4.2 图层......22
6.4.3 逐帧动画......23
6.5 创建补间动画......27
6.5.1 传统补间动画......27
6.5.2 补间动画......33
6.5.3 补间形状动画......36
6.5.4 遮罩动画......43
6.5.5 传统运动引导层动画......47
习题6......48

图 3-20　目录页效果

<table>
<tr><th colspan="5">简历表</th></tr>
<tr><td>姓名</td><td></td><td>性别</td><td></td><td rowspan="4">照
片</td></tr>
<tr><td>出生日期</td><td></td><td>政治面貌</td><td></td></tr>
<tr><td>籍贯</td><td></td><td>民族</td><td></td></tr>
<tr><td>家庭地址</td><td colspan="3"></td></tr>
<tr><td>联系方式</td><td></td><td>E-mail</td><td colspan="2"></td></tr>
<tr><td rowspan="2">个
人
简
历</td><td colspan="3" rowspan="2"></td><td>爱好与特长</td></tr>
<tr><td></td></tr>
</table>

图 3-21　简历表

单击“插入”选项卡中“表格”工具栏组中的“表格”，打开下拉列表如图3-22所示。单击“绘制表格”，鼠标将变成“画笔”的形状。

(1) 绘制表格外边框

按住鼠标左键不松开并拖动鼠标，在文档中画出一个如图3-21所示大小的表格外框。

【注意】 在拖动鼠标的过程中，可以粗略的观察横向标尺与竖直标尺上分别出现一条短虚线随着鼠标的移动而变化位置，当横向标尺上的虚线到达38刻度，竖直标尺上的虚线到达20刻度时松开鼠标。

(2) 拆分表格

当光标位于表格内时，功能区会增加“表格工具”选项卡，单击其中的“布局”项，在“合并”工具栏组中单击“拆分单元格”，在弹出的“拆分单元格”对话框中设置列数为5，行数为

8,如图3-23所示。单击“确定”按钮即可将表格拆分为8行5列的表格,其中每个单元格的行高和列宽都相同,如图3-24所示。

图3-22 “表格”下拉列表

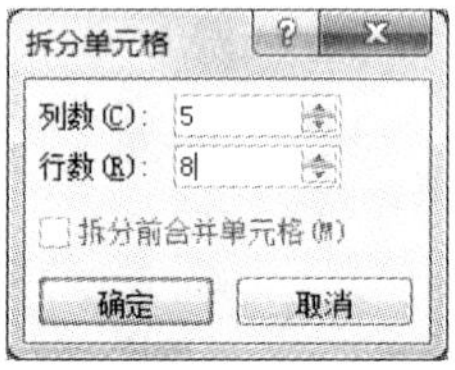

图3-23 “拆分单元格”对话框

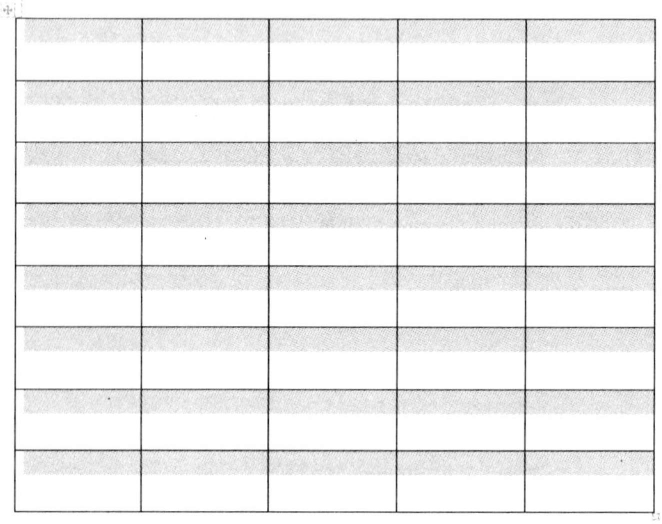

图3-24 拆分后的表格

(3) 调整表格内各个单元格的布局

① 合并单元格。利用鼠标拖曳的方式选中如图3-24所示第1行中的所有单元格,单击“表格工具”选项卡“布局”项中“合并”工具栏组的“合并单元格”,完成如图3-21所示第1行的布局调整。同样的操作完成其他需要合并的单元格,合并后的表格如图3-25所示。

② 调整行高与列宽。利用鼠标拖曳的方式选中如图3-25所示的第6行,右击选择“表格属性”命令,打开“表格属性”对话框如图3-26所示,输入行的指定高度为“0.8厘米”。同样的操作完成如图3-25所示选中区域的行高度为“0.8厘米”。

其他单元格行高与列宽的调整可使用鼠标拖曳的方式完成,单元格布局调整后的表格如图3-27所示。

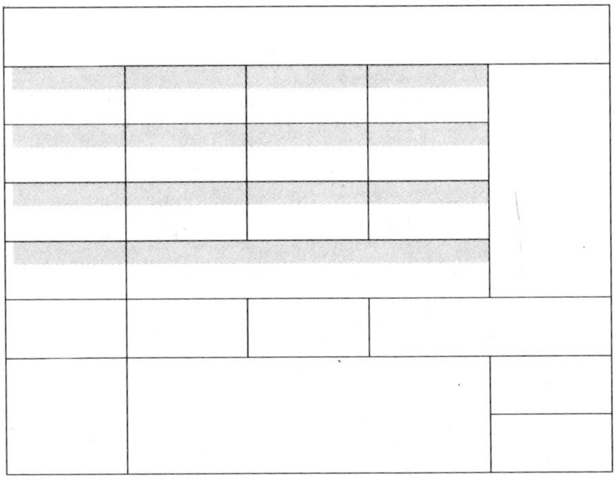

图 3-25　合并后的表格

图 3-26　“表格属性”对话框

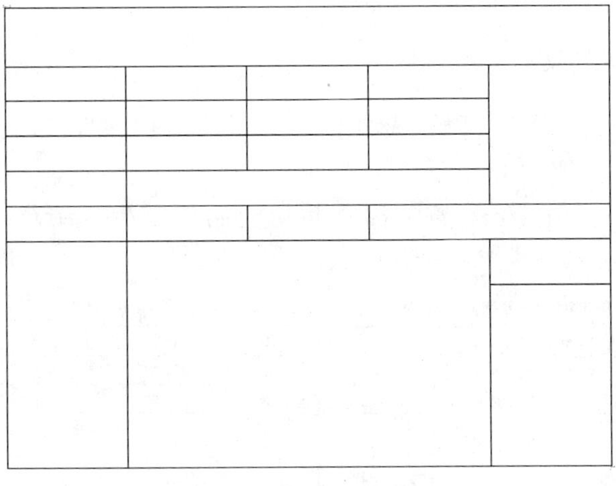

图 3-27　完成单元格布局调整的表格

3. 编辑文字

（1）输入文字。在表格中输入如图 3-28 所示的文字。

简历表				
姓名		性别		照片
出生日期		政治面貌		
籍贯		民族		
家庭地址				
联系方式		E-mail		
个人简历				爱好与特长

图 3-28　输入文字后的表格

（2）调整文字对齐方式。单击表格左上角的 ✥ 按钮选中整个表格，单击“表格工具”选项卡“布局”项中“对齐方式”工具栏组的“水平居中”按钮 ☰，则表格中的文字无论在水平方向还是垂直方向，均为居中对齐方式。

（3）编辑竖排文字。“照片”与“个人简介”为竖排文字，可以将光标定位于每一个文字后按 Enter 键，即可将每 1 个文字显示在每 1 行中呈现竖排文字的效果。

（4）文字的字体设置。选中除了第 1 行之外的所有单元格，利用“开始”选项卡中“字体”工具栏组设置字体为宋体，字号为小四，加粗。同样的操作，设置第 1 行的字体为华文细黑，字号为三号，加粗。

4. 为单元格设置底纹

选中“照片”单元格，单击“开始”选项卡中“段落”工具栏组的“底纹”，在调色板中选择“白色，背景 1，深色 15%”。

【实验验证 5】 利用 Word 的邮件合并功能制作学生成绩单，部分学生成绩单如图 3-29 所示。

2012-2013 学年第 2 学期学生成绩单

班级	六年级 1 班	姓名	高聪
语文	92	数学	90
英语	90	科学	100
家长意见： 家长签名：			

矿大附小（盖章）
2013 年 7 月 27 日

2012-2013 学年第 2 学期学生成绩单

班级	六年级 1 班	姓名	胡城城
语文	85	数学	80
英语	82	科学	87
家长意见： 家长签名：			

矿大附小（盖章）
2013 年 7 月 27 日

图 3-29　学生成绩单

实验步骤如下：

1. 制作 Word 主文档

新建一个 Word 文档，保存文件名为“主文档.docx”，在文档中编辑如图 3-30 所示的学生成绩单。

2012-2013 学年第 2 学期学生成绩单

班级		姓名	
语文		数学	
英语		科学	
家长意见: 家长签名:			

矿大附小（盖章）
2013 年 7 月 27 日

图 3-30 Word 主文档

2. 制作 Excel 数据源文档

打开 Excel 2010，新建一个工作表，命名为“学生成绩表”，编辑如图 3-31 所示的文档内容，保存文件名为“学生成绩表.xlsx”。

	A	B	C	D	E	F	G	H
1	班级	学号	姓名	数学	语文	英语	科学	学期
2	六年级1班	20060101	高聪	90	92	90	100	12
3	六年级1班	20060102	胡城城	80	85	82	87	12
4	六年级1班	20060103	叶蕾	88	98	80	89	12
5	六年级1班	20060104	姚安安	100	100	100	98	12
6	六年级1班	20060105	万苗苗	98	99	90	100	12
7	六年级2班	20060201	路铭	67	65	100	100	12
8	六年级2班	20060202	马凯	78	68	80	80	12
9	六年级2班	20060203	陈力	82	89	80	86	12
10	六年级2班	20060204	高文茂	80	78	84	82	12
11	六年级2班	20060205	王栋	100	100	90	90	12
12	六年级3班	20060301	朱琳	100	89	98	80	12

图 3-31 Excel 数据源文档

3. 邮件合并

(1) 选取数据源。打开“主文档.docx”，单击“邮件”选项卡中“开始邮件合并”工具栏组的“选择收件人”，在下拉列表中选择“使用现有列表”，在弹出的“选取数据源”对话框中选择“学生成绩表.xlsx”并单击“打开”按钮，弹出“选择表格”对话框如图 3-32 所示，选择“学生成绩表$”，单击“确定”按钮。

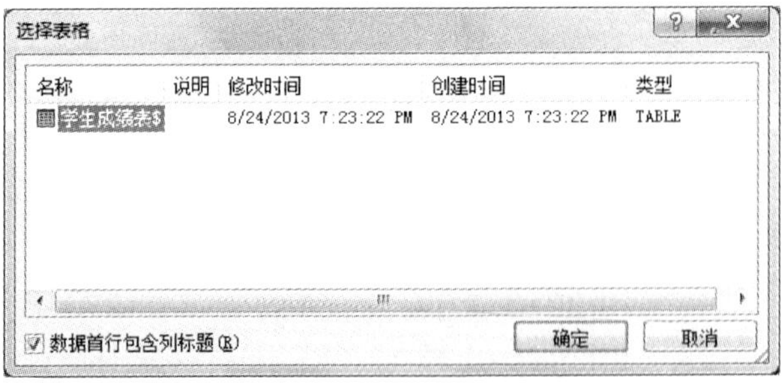

图 3-32 “选择表格”对话框

(2) 插入合并域。将光标定位到主文档中需要插入数据源的位置，单击“邮件”选项卡中“编写和插入域”工具栏组的“插入合并域”按钮，在下拉列表中(如图 3-33 所示)将数据源逐项插入主文档相应的位置，如图 3-34 所示。

图 3-33 “插入合并域”下拉列表

2012-2013 学年第 2 学期学生成绩单

班级	«班级»	姓名	«姓名»
语文	«语文»	数学	«数学»
英语	«英语»	科学	«科学»
家长意见: 家长签名:			

矿大附小（盖章）
2013 年 7 月 27 日

图 3-34 插入合并域

(3) 完成邮件合并。单击“邮件”选项卡中“完成”工具栏组的“完成并合并”按钮，在弹出的下拉列表中选择“编辑单个文档”命令，弹出“合并到新文档”对话框如图 3-35 所示，可以选择合并记录的范围是："全部"、"当前记录"或指定范围，选择"全部"选项并单击"确定"按钮，完成邮件合并。系统会自动处理并生成每位学生的成绩单如图 3-29 所示，并在新文档中全部列出来。

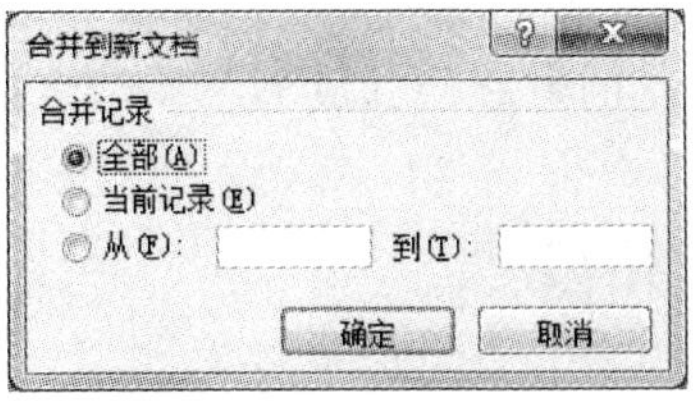

图 3-35 "合并到新文档"对话框

3.1.2 实验设计

【实验设计 1】 从下面 5 个主题中选择一个，按照要求完成文档的图文混排。

（1）主题："我和我的家人"、"温馨的宿舍，温暖的家"、"我的大学生活"、"我和我的小伙伴们"、"我眼中的 idol"。

（2）排版技巧：字体与段落设置、插入艺术字、插入图片、分栏、首字下沉、页面背景、页面边框、水印等。

（3）排版要求：使用上面的排版技巧，文字内容要切合主题，文字至少 3 段，每段不少于 5 行，正文使用五号字体，标题使用艺术字，副标题要注明班级、学号和姓名。

【实验设计 2】 从下面 6 个主题中选择一个，制作一个节日电子贺卡。

（1）主题："元旦"、"新年"、"中秋"、"儿童节"、"教师节"、"母亲节"。

（2）排版技巧：页面背景、页面边框、文本框、形状与艺术字等。

（3）排版要求：使用上面的排版技巧，文字内容要切合主题，在页面的页脚位置注明班级、学号和姓名。

【实验设计 3】 运用百度百科及其他下载方式生成一篇与本专业相关的 Word 文档，完成长文档的排版。

排版要求：

（1）在文档中设置各级标题的样式级别。

（2）在正文的首页之前自动生成目录页。

（3）目录页没有页眉与页码。

（4）第 1 页从正文的首页开始，页码居中。

（5）奇偶页页眉不同，奇数页文字右对齐，文本内容为"长文档排版"，偶数页左对齐文本内容为"班级、学号和姓名"。

（6）页脚中显示日期和时间。

【实验设计 4】 利用 Word 制作一个包括表格的文档，文档的标题是"求职信息"。

设计要求：

（1）表格内要设计单元格填写班级、学号和姓名。

（2）单元格内容必须包括专业、特长、所获荣誉、就业方向、学习成绩等信息，可以根据个人的设计目标增加其他求职信息。

（3）文档的页数为2页，第1页以表格的形式组织求职信息，第1页上要有本人的电子照片。

（4）第2页自行组织与求职相关的文档以实现图文混排，要求必须包含1张本人的家庭合影，适当的组织文字介绍自己的家庭使其成为求职信息的一部分。

3.2 Excel 2010 电子表格处理

【实验验证1】 在"学生成绩登记表.xlsx"文件中，将工作表"社体2"班的学生不及格的总成绩用红色、加粗、加删除线的字体格式显示，并加黄色底纹。设置后的效果如图3-36所示。

课程名称：大学计算机

班级名称	序号	姓名	笔试成绩	实验成绩	总成绩	备注
社体2班	1	陈洋洋	98	84	94	
社体2班	2	池强	43	60	48	不及格
社体2班	3	傅小武	81	79	80	
社体2班	4	葛晓军	78	84	80	
社体2班	5	韩香香	89	90	89	

社体1 社体2 艺设1 艺设2 Sheet2

图3-36　条件格式的设置

实验步骤如下：

① 打开工作簿。单击"文件"选择"打开"，找到目标文件"学生成绩登记表.xlsx"双击即可打开工作簿文件。

② 选择列。单击窗口左下角的工作表"社体2"将其切换为当前工作表。将鼠标指向列标题F，此时的鼠标会变成粗体向下指的箭头，单击鼠标即可选定"社体2"工作表中的第F列"总成绩"列。

③ 条件格式的设置。单击"开始"选项卡，在"条件格式"工具栏组中选择"突出显示单元格规则"的"其他规则"命令，弹出"新建格式规则"对话框，如图3-37所示。选择规则类型为"只为包含以下内容的单元格设置格式"，在"编辑规则说明"中选择小于并输入60，单击"格式"按钮，在弹出的"设置单元格格式"对话框中完成对学生的不及格总成绩格式的设置：红色、加粗、加删除线并加黄色底纹。单击"确定"按钮关闭设置对话框。

④ 保存工作簿文件。保存对文件的修改，学生不及格成绩的条件格式设置运行结果如图3-36所示（只显示了表中包含不及格学生的部分数据）。

【实验验证2】 如图3-38所示，利用公式计算"总成绩"列，计算的规则是：总成绩＝笔试成绩＊70％＋实验成绩＊30％。

实验步骤如下：

（1）在目标单元格F3中单击鼠标，选中F3。

（2）在F3单元格中输入等号"＝"。

（3）生成公式：D3＊70％＋E3＊30％。当在单元格中输入等号之后，单击D3单元格，则单元格中的表达式变为"＝D3"；接着从键盘中输入"＊70％＋"，单元格中的表达式为

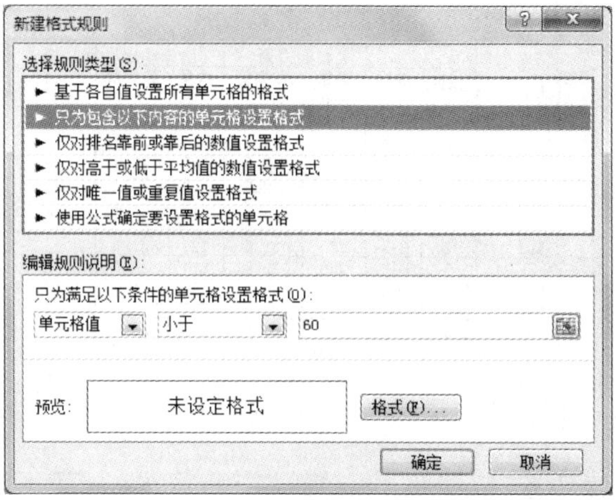

图 3-37 “新建格式规则”对话框

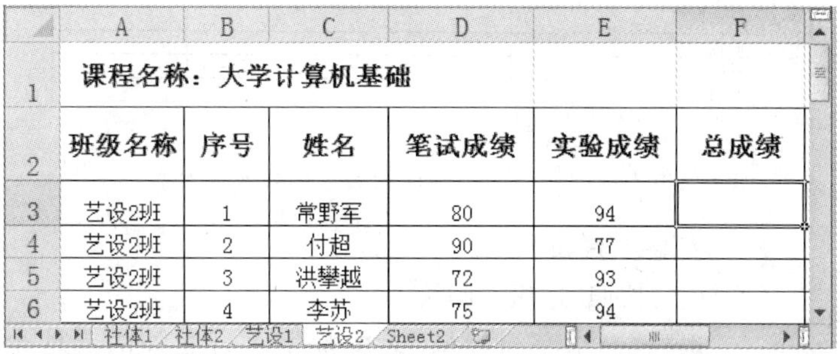

	A	B	C	D	E	F
1	课程名称：大学计算机基础					
2	班级名称	序号	姓名	笔试成绩	实验成绩	总成绩
3	艺设2班	1	常野军	80	94	
4	艺设2班	2	付超	90	77	
5	艺设2班	3	洪攀越	72	93	
6	艺设2班	4	李苏	75	94	

图 3-38 利用公式计算总成绩

“＝D3＊70％＋”；再单击 E3 单元格，单元格中的表达式会变为“＝D3＊70％＋E3”；继续输入“＊30％”完成表达式的输入。键入回车，即可得到总成绩列中 F3 单元格的计算结果，如图 3-39 所示。

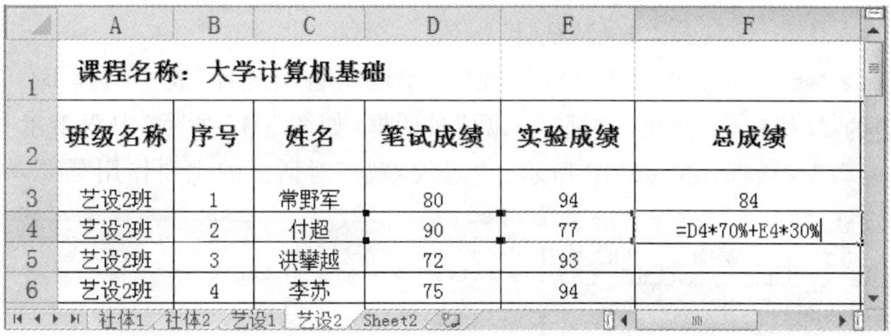

	A	B	C	D	E	F
1	课程名称：大学计算机基础					
2	班级名称	序号	姓名	笔试成绩	实验成绩	总成绩
3	艺设2班	1	常野军	80	94	84
4	艺设2班	2	付超	90	77	=D4*70%+E4*30%
5	艺设2班	3	洪攀越	72	93	
6	艺设2班	4	李苏	75	94	

图 3-39 公式的应用

(4) 重复(3)中的操作可以完成 F4 单元格以及其他单元格的公式输入，保存文件。

【实验验证 3】 工作簿文件“单元格引用.xlsx”中有两个工作表：“一季度销售量”表(如图 3-40 所示)和“一季度销售额统计”表(如图 3-41 所示)。请参照一季度中每个月的销售量完成各个书店在一季度的销售额统计。

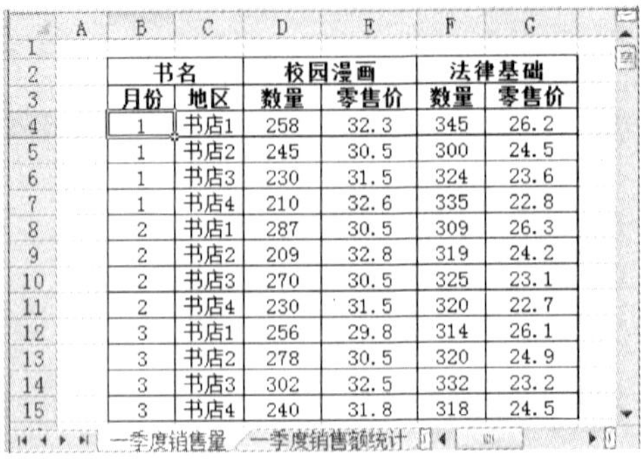

书名		校园漫画		法律基础	
月份	地区	数量	零售价	数量	零售价
1	书店1	258	32.3	345	26.2
1	书店2	245	30.5	300	24.5
1	书店3	230	31.5	324	23.6
1	书店4	210	32.6	335	22.8
2	书店1	287	30.5	309	26.3
2	书店2	209	32.8	319	24.2
2	书店3	270	30.5	325	23.1
2	书店4	230	31.5	320	22.7
3	书店1	256	29.8	314	26.1
3	书店2	278	30.5	320	24.9
3	书店3	302	32.5	332	23.2
3	书店4	240	31.8	318	24.5

图 3-40 一季度销售量表

一季度销售额统计

地区	校园漫画			法律基础		
	数量	零售价	销售额	数量	零售价	销售额
书店1						
书店2						
书店3						
书店4						
小计						

图 3-41 一季度销售额统计表

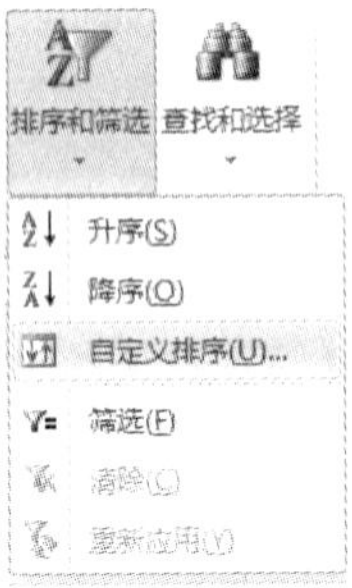

图 3-42 排序工具栏

实验步骤如下:

(1) 按照“地区”排序

选择“一季度销售量”表中除第一行之外的其他全部行;单击“开始”选项卡的“编辑”工具栏组中的“排序和筛选”按钮,如图 3-42 所示,选择“自定义排序”;在弹出的“排序”对话框中选择排序的主要关键字为“地区”,按升序排序,如图 3-43 所示,单击“确定”关闭对话框即可完成按照书店的升序排序的设置。

“一季度销售量”表排序后的效果如图 3-44 所示。

(2) “数量”统计

如图 3-41 所示,在“一季度销售额统计”表中选择 B4 单元格,单击“编辑栏”中的 f_x 按钮,在弹出的“插入函数”对话框(如图 3-45 所示)中双击求和函数 SUM 弹出“函数参数”对话框,如图 3-46 所示。“函数参数”对话框的主要作用是要求用户输入或

书名		校园漫画		法律基础	
月份	地区	数量	零售价	数量	零售价
1	书店1	258	32.3	345	26.2
1	书店2	245	30.5	300	24.5
1	书店3	230	31.5	324	23.6
1	书店4	210	32.6	335	22.8
2	书店1	287	30.5	309	26.3
2	书店2	209	32.8	319	24.2
2	书店3	270	30.5	325	23.1
2	书店4	230	31.5	320	22.7
3	书店1	256	29.8	314	26.1
3	书店2	278	30.5	320	24.9
3	书店3	302	32.5	332	23.2
3	书店4	240	31.8	318	24.5

图 3-43 按地区的升序排序

A	B	C	D	E	F	G
	书名		校园漫画		法律基础	
	月份	地区	数量	零售价	数量	零售价
	1	书店1	258	32.3	345	26.2
	2	书店1	287	30.5	309	26.3
	3	书店1	256	29.8	314	26.1
	1	书店2	245	30.5	300	24.5
	2	书店2	209	32.8	319	24.2
	3	书店2	278	30.5	320	24.9
	1	书店3	230	31.5	324	23.6
	2	书店3	270	30.5	325	23.1
	3	书店3	302	32.5	332	23.2
	1	书店4	210	32.6	335	22.8
	2	书店4	230	31.5	320	22.7
	3	书店4	240	31.8	318	24.5

图 3-44　排序后的"一季度销售量"表

者选择单元格区域。此时，将工作表切换到"一季度销售量"表中，然后拖动鼠标选择书店 1 三个月的销售数量，松开鼠标后在 f_x 后的编辑区中显示"＝SUM(一季度销售量！D4：D6)"，单击确定完成 B4 单元格中公式的输入。

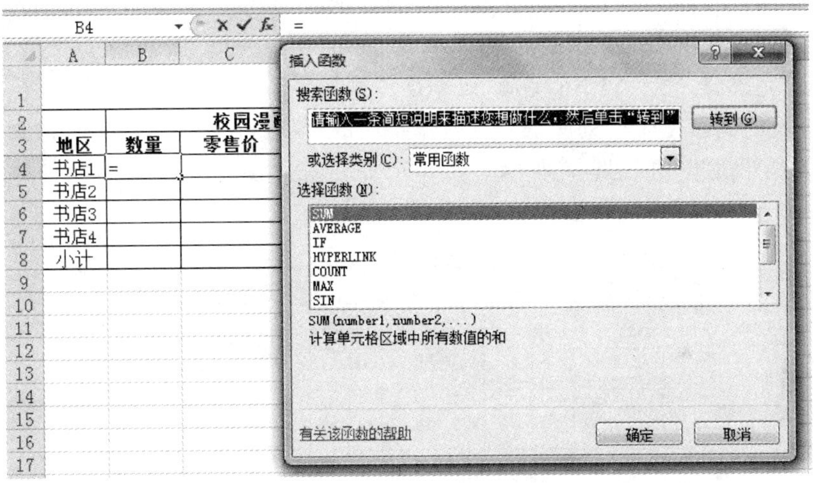

图 3-45　"插入函数"对话框

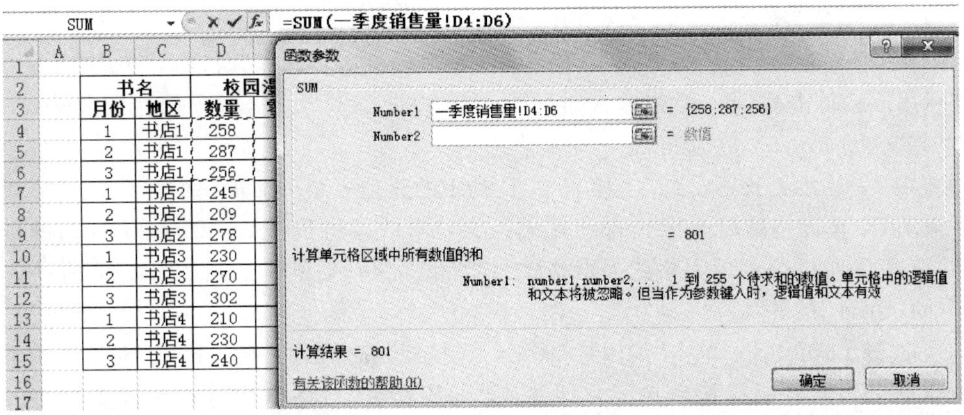

图 3-46　"函数参数"对话框

重复上面的操作完成 B 列中的其他三个书店的“数量”统计。E 列中的数量统计可以重复 B 列的操作过程，统计后的工作表如图 3-47 所示。

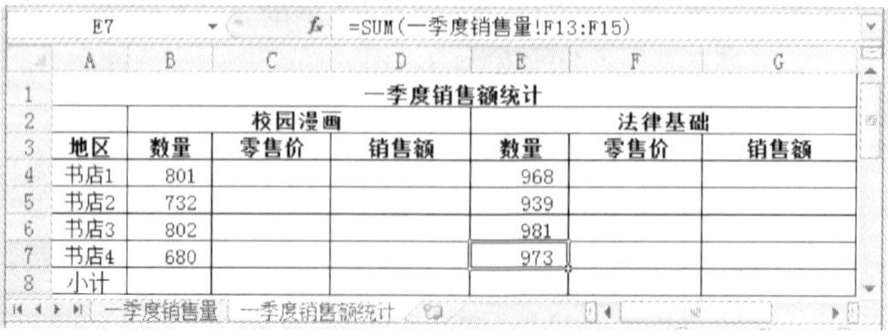
E7 =SUM(一季度销售量!F13:F15)

	A	B	C	D	E	F	G
1	一季度销售额统计						
2		校园漫画			法律基础		
3	地区	数量	零售价	销售额	数量	零售价	销售额
4	书店1	801			968		
5	书店2	732			939		
6	书店3	802			981		
7	书店4	680			973		
8	小计						

一季度销售量 一季度销售额统计

图 3-47　完成数量统计后的工作表

（3）“零售价”统计

在“一季度销售额统计”表中，“零售价”统计的标准是将“一季度销售量”工作表中的零售价求平均值，可以利用“AVERAGE”函数完成求平均的计算。

在“一季度销售额统计”表中选择 C4 单元格，单击“编辑栏”中的 fx 按钮，在弹出的“插入函数”对话框中双击求平均函数 AVERAGE 并在“函数参数”对话框中按照步骤（2）的方法设置参数，完成公式“＝AVERAGE(一季度销售量！E4:E6)”的自动生成。

重复上面的操作完成 C 列中的其他三个书店的“零售价”统计。F 列中的数量统计可以重复 C 列的操作过程，并设置 C 列和 F 列单元格的显示格式为“货币”，统计后的工作表如图 3-48 所示。

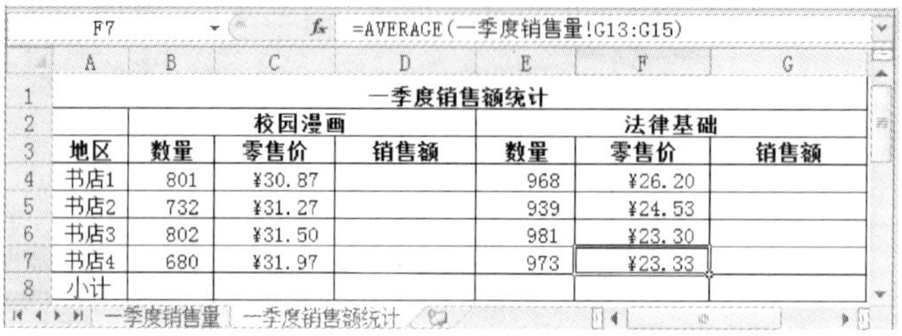
F7 =AVERAGE(一季度销售量!G13:G15)

	A	B	C	D	E	F	G
1	一季度销售额统计						
2		校园漫画			法律基础		
3	地区	数量	零售价	销售额	数量	零售价	销售额
4	书店1	801	¥30.87		968	¥26.20	
5	书店2	732	¥31.27		939	¥24.53	
6	书店3	802	¥31.50		981	¥23.30	
7	书店4	680	¥31.97		973	¥23.33	
8	小计						

一季度销售量 一季度销售额统计

图 3-48　完成零售价统计后的工作表

（4）“销售额”统计

① 在“一季度销售额统计”表中，销售额 ＝ 零售价×数量，选择 D4 单元格，输入等号“＝”后用鼠标单击 C4 单元格，输入乘号“ * ”后单击 B4 单元格，回车后完成公式“＝C4 * B4”的定义。

② 在“一季度销售额统计”工作表中，D 列中的其他三个书店的“销售额”统计可以直接向下拖动 D4 单元格的填充标志自动完成。G 列中的零售价统计可以重复 D 列的操作过程，并设置 D 列和 G 列单元格的显示格式为“货币”，统计后的工作表如图 3-49 所示。

（5）“小计”的计算

① 选择 B8 单元格，单击“编辑栏”中的 fx 按钮，在弹出的“插入函数”对话框中双击求和函数 SUM，通过鼠标拖动单元格区域在“函数参数”对话框中进行参数设置，公式“＝SUM(B4:B7)”便自动生成。

② 重复步骤①完成 E8 单元格数量的求和，同样的操作完成 D8 和 G8 单元格的销售额求和。

G7 =F7*E7

地区	校园漫画 数量	校园漫画 零售价	校园漫画 销售额	法律基础 数量	法律基础 零售价	法律基础 销售额
书店1	801	¥30.87	¥24,724.20	968	¥26.20	¥25,361.60
书店2	732	¥31.27	¥22,887.20	939	¥24.53	¥23,036.80
书店3	802	¥31.50	¥25,263.00	981	¥23.30	¥22,857.30
书店4	680	¥31.97	¥21,737.33	973	¥23.33	¥22,703.33
小计						

一季度销售额统计；工作表标签：一季度销售量、一季度销售额统计

图 3-49　完成销售额统计后的工作表

③ 选择 C8 单元格，单击“编辑栏”中的 f_x 按钮，在弹出的“插入函数”对话框中双击求平均函数 AVERAGE，通过鼠标拖动单元格区域在“函数参数”对话框中进行参数设置，公式“＝AVERAGE (C4:C7)”便自动生成。

④ 重复步骤③完成 F8 单元格零售价的求平均。

⑤ 按住 Ctrl 键，分别单击 C8、D8、F8 和 G8 单元格，使其同时选中。右击选择“设置单元格格式”，在弹出的“设置单元格格式”对话框中单击“数字”选项卡中的“货币”，单击“确定”按钮即可设定选中单元格的显示格式为“货币”。

统计“小计”后的工作表如图 3-50 所示。

G8 =SUM(G4:G7)

地区	校园漫画 数量	校园漫画 零售价	校园漫画 销售额	法律基础 数量	法律基础 零售价	法律基础 销售额
书店1	801	¥30.87	¥24,724.20	968	¥26.20	¥25,361.60
书店2	732	¥31.27	¥22,887.20	939	¥24.53	¥23,036.80
书店3	802	¥31.50	¥25,263.00	981	¥23.30	¥22,857.30
书店4	680	¥31.97	¥21,737.33	973	¥23.33	¥22,703.33
小计	3015	¥31	¥94,612	3861	¥24	¥93,959

一季度销售额统计；工作表标签：一季度销售量、一季度销售额统计

图 3-50　完成小计统计后的工作表

【实验验证 4】 在如图 3-51 所示的小学生成绩表总分列后面增加一列，显示成绩的等级。

班级	学号	姓名	数学	语文	英语	科学	总分	成绩等级
六年级1班	20060101	高聪	90	92	90	100	372	
六年级1班	20060102	胡城城	80	85	82	87	334	
六年级1班	20060103	叶蕾	88	98	80	89	355	
六年级1班	20060104	姚安安	100	100	100	98	398	
六年级1班	20060105	万苗苗	98	99	90	100	387	
六年级2班	20060201	路铭	67	65	100	100	332	
六年级2班	20060202	马凯	78	68	80	80	306	
六年级2班	20060203	陈力	82	89	80	86	337	
六年级2班	20060204	高文茂	80	78	84	82	324	
六年级2班	20060205	王栋	100	100	90	90	380	
六年级3班	20060301	朱琳	100	89	98	80	367	
六年级3班	20060302	耿茴	100	90	90	89	369	
六年级3班	20060303	王欣宇	68	78	75	60	281	
六年级3班	20060304	温明晨	67	65	68	69	269	
六年级3班	20060305	马小文	100	100	90	98	388	
各科平均分			87	86	86	87	347	

工作表标签：案例4

图 3-51　小学生成绩表

实验步骤如下：

① 选择 J2：J18 单元格区域，单击“开始”选项卡中的“边框”工具栏，选择“所有框线”，为第 J 列设置边框。在 J2 单元格中输入文本：成绩等级，用格式刷将 J2 单元格的格式设置与 I2 单元格的相同，如图 3-51 所示。

② 选择 J3 单元格，单击公式选项卡中的 f_x 插入函数工具栏，在弹出的“插入函数”对话框中双击条件函数“IF”，弹出“函数参数”对话框并设置其中的三个参数如图 3-52 所示。

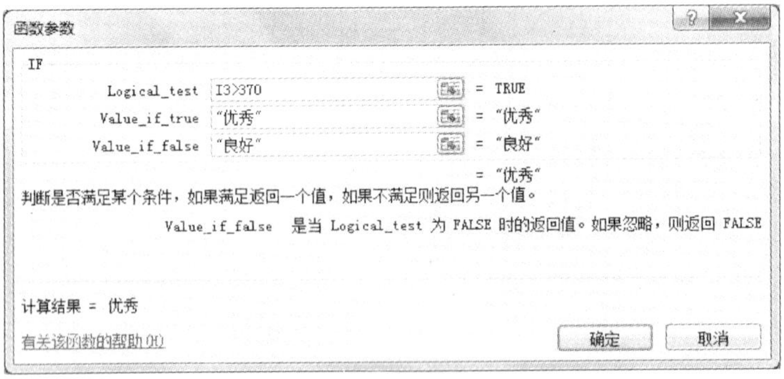

图 3-52 为 IF 函数设置参数

单击“确定”按钮完成公式中的参数设置。第 J 列中其他学生的成绩等级可以采用鼠标向下拖动填充标志的方式完成。

③ 成绩等级的设置效果如图 3-53 所示。

	A	B	C	D	E	F	G	H	I	J
1										
2		班级	学号	姓名	数学	语文	英语	科学	总分	成绩等级
3		六年级1班	20060101	高聪	90	92	90	100	372	优秀
4		六年级1班	20060102	胡城城	80	85	82	87	334	良好
5		六年级1班	20060103	叶蕾	88	98	80	89	355	良好
6		六年级1班	20060104	姚安安	100	100	100	98	398	优秀
7		六年级1班	20060105	万苗苗	98	99	90	100	387	优秀
8		六年级2班	20060201	路铭	67	65	100	100	332	良好
9		六年级2班	20060202	马凯	78	68	80	80	306	良好

案例4

图 3-53 利用 IF 函数统计成绩等级

【实验验证 5】 如图 3-53 所示，在小学生成绩表“成绩等级”列后面增加一列，用 * 显示单元格所在行的学生成绩中是否有满分成绩。学生四门课成绩中只要有一门课得 100 分，就可以在指定单元格中显示 * ，否则不显示任何内容。

实验步骤如下：

① 选择 K2：K18 单元格区域，单击“开始”选项卡中的“边框”工具栏，选择“所有框线”，为第 K 列设置边框。在 K2 单元格中输入文本：是否有满分成绩，用格式刷将 K2 单元格的格式设置与 J2 单元格的相同，如图 3-54 所示。

② 选择 K3 单元格，直接输入公式：=IF(OR(E3=100,F3=100,G3=100,H3=100),"*",""），第 K 列中其他学生的“是否有满分成绩”可以采用鼠标向下拖动填充标志的方式完成。

③ 是否有满分成绩列的设置效果如图 3-55 所示。

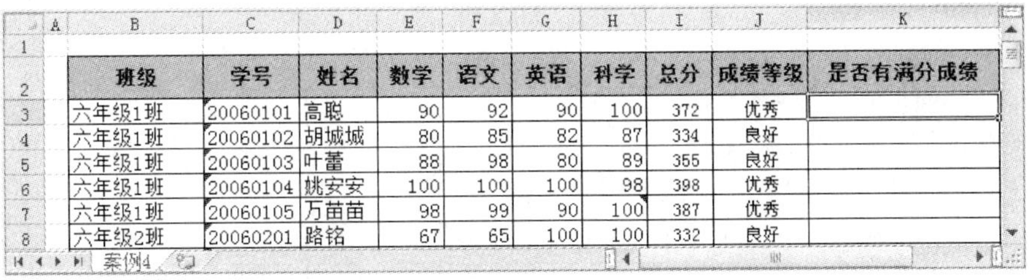

班级	学号	姓名	数学	语文	英语	科学	总分	成绩等级	是否有满分成绩
六年级1班	20060101	高聪	90	92	90	100	372	优秀	
六年级1班	20060102	胡城城	80	85	82	87	334	良好	
六年级1班	20060103	叶蕾	88	98	80	89	355	良好	
六年级1班	20060104	姚安安	100	100	100	98	398	优秀	
六年级1班	20060105	万苗苗	98	99	90	100	387	优秀	
六年级2班	20060201	路铭	67	65	100	100	332	良好	

图 3-54　编辑“是否有满分成绩”列

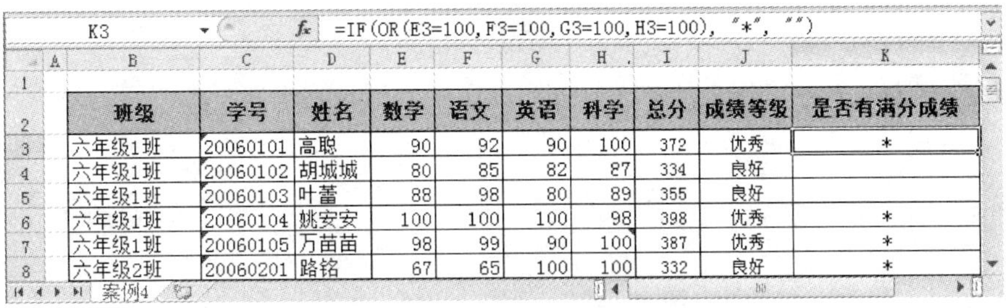

K3　=IF(OR(E3=100,F3=100,G3=100,H3=100), "*", "")

班级	学号	姓名	数学	语文	英语	科学	总分	成绩等级	是否有满分成绩
六年级1班	20060101	高聪	90	92	90	100	372	优秀	*
六年级1班	20060102	胡城城	80	85	82	87	334	良好	
六年级1班	20060103	叶蕾	88	98	80	89	355	良好	
六年级1班	20060104	姚安安	100	100	100	98	398	优秀	*
六年级1班	20060105	万苗苗	98	99	90	100	387	优秀	*
六年级2班	20060201	路铭	67	65	100	100	332	良好	*

图 3-55　利用 OR 函数和 IF 函数统计数据

【实验验证 6】　如图 3-55 所示的小学生成绩表，请先按照成绩等级的降序排序，相同成绩等级的学生按照总分的升序排序。

实验步骤如下：

(1) 将鼠标定位在表格内的任意一个单元格中，单击“开始”选项卡“编辑”工具栏组中的“排序和筛选”工具栏。

(2) 选择“自定义排序”弹出“排序”对话框，如图 3-56 所示。在“主要关键字”中选择“成绩等级”，“次序”选择“降序”。单击“添加条件”按钮，在“次要关键字”中选择“总分”，“次序”选择“升序”。单击“确定”按钮完成排序。

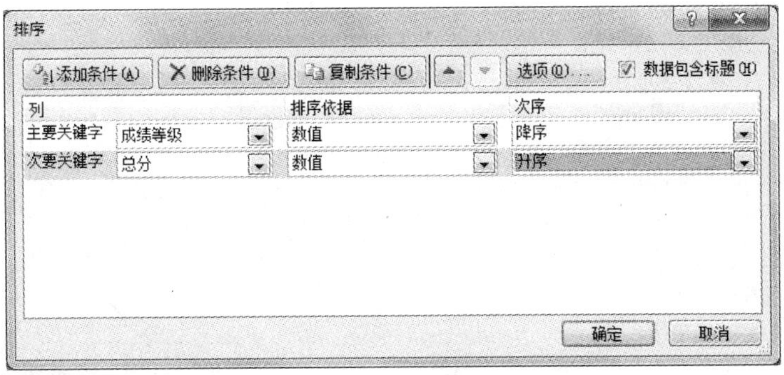

图 3-56　多列排序设置

(3) 排序后的工作表如图 3-57 所示。

【实验验证 7】　如图 3-57 所示的小学生成绩表，筛选出六年级 2 班的优秀生。

实验步骤如下：

(1) 单击“开始”选项卡“编辑”工具栏组中的“排序和筛选”工具栏。

班级	学号	姓名	数学	语文	英语	科学	总分	成绩等级	是否有满分成绩
六年级1班	20060101	高聪	90	92	90	100	372	优秀	*
六年级2班	20060205	王栋	100	100	90	90	380	优秀	*
六年级1班	20060105	万苗苗	98	99	90	100	387	优秀	*
六年级3班	20060305	马小文	100	100	90	98	388	优秀	*
六年级1班	20060104	姚安安	100	100	100	98	398	优秀	*
六年级3班	20060304	温明晨	67	65	68	69	269	良好	
六年级3班	20060303	王欣宇	68	78	75	60	281	良好	
六年级2班	20060202	马凯	78	68	80	80	306	良好	
六年级2班	20060204	高文茂	80	78	84	82	324	良好	
六年级2班	20060201	路铭	67	65	100	100	332	良好	*

案例5

图 3-57　多列排序后的工作表

（2）单击“筛选”，在工作表的第 2 行各列标题的右下角将出现下拉按钮，如图 3-58 所示。

班级	学号	姓名	数学	语文	英语	科学	总分	成绩等级	是否有满分成绩
六年级1班	20060101	高聪	90	92	90	100	372	优秀	*
六年级2班	20060205	王栋	100	100	90	90	380	优秀	*
六年级1班	20060105	万苗苗	98	99	90	100	387	优秀	*
六年级3班	20060305	马小文	100	100	90	98	388	优秀	*
六年级1班	20060104	姚安安	100	100	100	98	398	优秀	*

案例5

图 3-58　工作表的筛选

（3）单击“班级”列右下角的下拉按钮，选择“六年级 2 班”，单击“成绩等级”列右下角的下拉按钮，选择“优秀”，如图 3-59 所示，即可完成六年级 2 班优秀生的筛选，结果如图 3-60 所示。

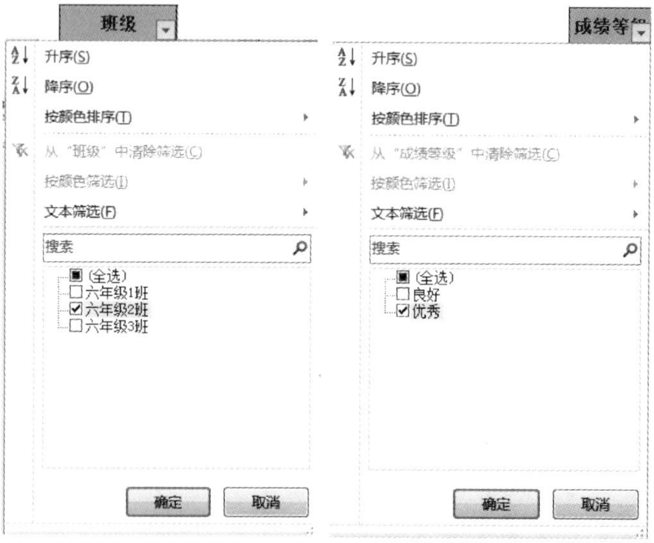

图 3-59　对班级和成绩等级条件的筛选

班级	学号	姓名	数学	语文	英语	科学	总分	成绩等级	是否有满分成绩
六年级2班	20060205	王栋	100	100	90	90	380	优秀	*

图 3-60　筛选结果

【实验验证 8】 在如图 3-57 所示的小学生成绩表中，以“成绩等级”为分类汇总列，对各门课程的成绩进行分类平均汇总。

实验步骤如下：

(1) 调整列的顺序。为了显示效果的清晰，调整“成绩等级”列至“姓名”列右侧，调整的方法是选中“数学”列，单击“开始”选项卡中的“插入”工具栏，选中“插入单元格”即可在“数学”列的左侧插入一个空白列。将“成绩等级”列剪切到新插入的空白列中完成列的调整。

(2) 按照成绩等级的升序排序。选中当前工作表中任意一个单元格，单击“开始”选项卡中“编辑”工具栏组的“排序和筛选”工具栏，选择“自定义排序”，在弹出的“排序”对话框中设置主要关键字为“成绩等级”，单击“确定”按钮完成排序。

(3) 设置分类汇总。单击“数据”菜单，在“分级显示”工具栏组（如图 3-61 所示）中选择“分类汇总”，在弹出的“分类汇总”对话框中设置各个汇总选项：“分类字段”选择“成绩等级”，“汇总方式”选择“平均值”，在“选定汇总项”中选择“数学”、“语文”、“英语”、“科学”、“总分”，单击“确定”按钮，完成分类汇总，如图 3-62 所示。

图 3-61 分组显示工具栏组

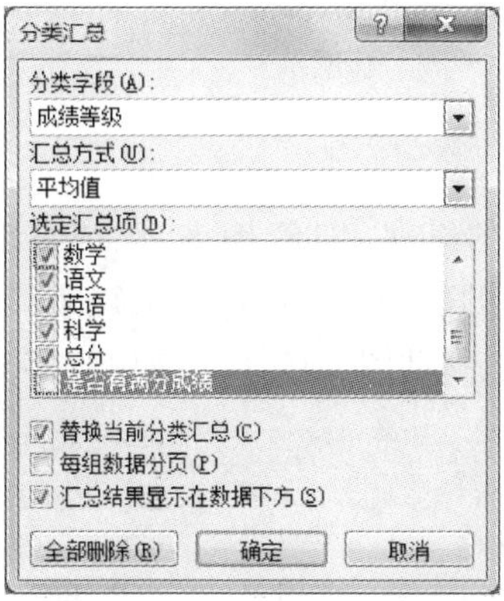

图 3-62 “分类汇总”的设置

(4) 分类汇总的效果，如图 3-63 所示。

	A	B	C	D	E	F	G	H	I
1									
2		班级	学号	姓名	成绩等级	数学	语文	英语	科学
3		六年级3班	20060304	温明晨	良好	67	65	68	69
4		六年级3班	20060303	王欣宇	良好	68	78	75	60
5		六年级2班	20060202	马凯	良好	78	68	80	80
6		六年级2班	20060204	高文茂	良好	80	78	84	82
7		六年级2班	20060201	路铭	良好	67	65	100	100
8		六年级1班	20060102	胡城城	良好	80	85	82	87
9		六年级2班	20060203	陈力	良好	82	89	80	86
10		六年级1班	20060103	叶蕾	良好	88	98	80	89
11		六年级3班	20060301	朱琳	良好	100	89	98	80
12		六年级3班	20060302	耿笛	良好	100	90	90	89
13					良好 平均值	81	81	84	82
14		六年级1班	20060101	高聪	优秀	90	92	90	100
15		六年级2班	20060205	王栋	优秀	100	100	90	90
16		六年级1班	20060105	万苗苗	优秀	98	99	90	100
17		六年级3班	20060305	马小文	优秀	100	100	90	98
18		六年级1班	20060104	姚安安	优秀	100	100	100	98
19					优秀 平均值	98	98	92	97
20					总计平均值	87	86	86	87

图 3-63 分类汇总的效果

【实验验证 9】 在如图 3-57 所示的小学生成绩表中,制作部分同学的数学、语文和英语成绩的柱形图。

实验步骤如下:

(1) 选择数据区域。在图 3-57 中选择 D3 单元格至 G10 单元格的数据区域。

(2) 插入图表。选择“插入”选项卡中的“图表”工具栏组,单击柱形图,选择二维柱形图,系统将自动生成相应图表,如图 3-64 所示。

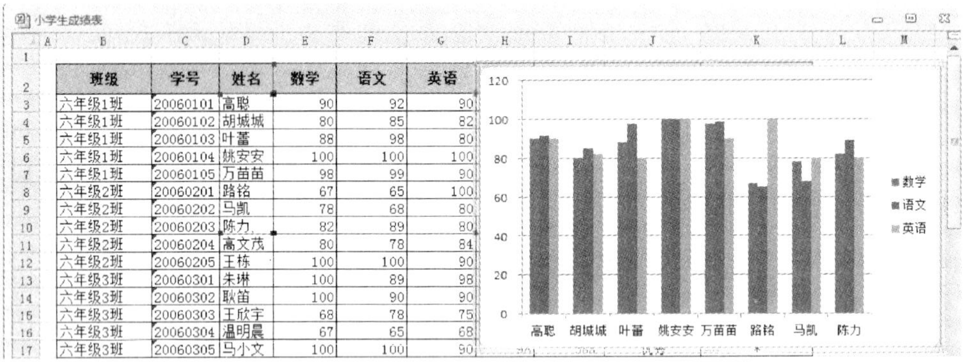

班级	学号	姓名	数学	语文	英语
六年级1班	20060101	高聪	90	92	90
六年级1班	20060102	胡城城	80	85	82
六年级1班	20060103	叶蕾	88	98	80
六年级1班	20060104	姚安安	100	100	100
六年级1班	20060105	万苗苗	98	99	90
六年级2班	20060201	路铭	67	65	100
六年级2班	20060202	马凯	78	68	80
六年级2班	20060203	陈力	82	89	80
六年级2班	20060204	高文茂	80	78	84
六年级2班	20060205	王栋	100	100	90
六年级3班	20060301	朱琳	100	89	98
六年级3班	20060302	耿笛	100	90	90
六年级3班	20060303	王欣宇	68	78	75
六年级3班	20060304	温明晨	67	65	68
六年级3班	20060305	马小文	100	100	90

图 3-64 生成图表

(3) 图表的修改。选择图表,系统自动切换工具栏为“设计”选项卡中的“图表工具”。利用这些丰富的图表工具可以完成以下操作:图表类型的更改、数据处理、图表布局更改、图表样式调整、移动图表位置等,如图 3-65 所示。

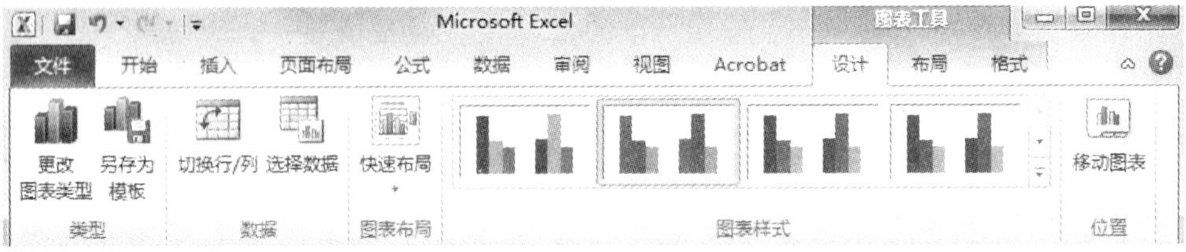

图 3-65 图表工具

3.3 PowerPoint 2010 演示文稿

3.3.1 实验验证

【实验验证 1】 制作一个主题为“Flash 动画的魅力”的报告演示文稿,幻灯片的制作效果如图 3-66 所示。演示文稿中共 12 页幻灯片,其设置的主要内容包括:母版的修改及使用、幻灯片文字的编辑、设置滚动字幕、插入图片、插入 Flash 动画、艺术字、项目符号的使用、插入 SmartArt 列表图和循环图、形状中文字的编辑、超链接与动作按钮、插入声音以及幻灯片放映等。

图 3-66　报告演示文稿

1. 新建演示文稿

(1) 新建空白演示文稿。启动 PowerPoint 2010，系统自动创建文件名为“演示文稿 1”的空白演示文稿。

(2) 复制幻灯片。如图 3-66 所示，12 张幻灯片的版式都是重新设计的版面布局，因此，可以单击第 1 张幻灯片，按 Ctrl+C 快捷键复制当前幻灯片，再按 11 次 Ctrl+V 快捷键生成其他 11 张版式相同的幻灯片。

2. 母版的修改与使用

单击“视图”选项卡中“母版视图”工具栏组的“幻灯片母版”，打开幻灯片母版视图，此时，在“开始”选项卡的左侧出现“幻灯片母版”选项卡如图 3-67 所示。

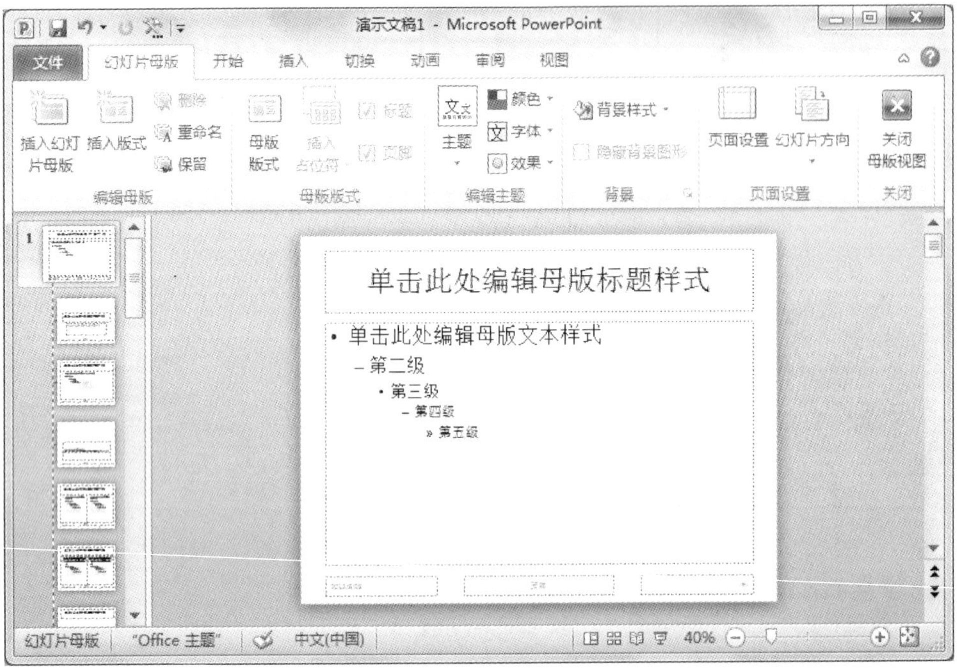

图 3-67　幻灯片母版视图

（1）母版的修改

如图 3-67 所示，单击“插入”选项卡中“图像”工具栏组的“图片”，在弹出的“插入图片”对话框中选择一张背景图片，在母版编辑区调整图片的大小，即可完成母版背景的设置。单击“幻灯片母版”选项卡中的“关闭母版视图”，窗口切换至普通视图下的幻灯片编辑窗口。

（2）母版的使用

为母版设置了背景之后，单击“开始”选项卡中“幻灯片”工具栏组的“新建幻灯片”右下角的箭头，打开的“Office 主题”版式列表框中出现带有背景图片的版式，部分版式如图 3-68 所示，当新建幻灯片时，就可以直接使用其中的母版版式。

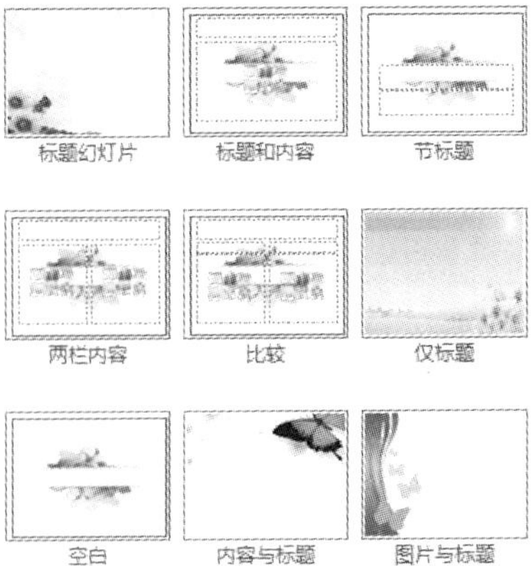

图 3-68　修改母版后的“Office 主题”版式

(3) 为12张幻灯片选择版式。按照如图3-66所示的12张幻灯片的版式,单击“开始”选项卡中“幻灯片”工具栏组的“版式”右侧的箭头,在打开的“Office主题”版式列表框中分别为12张幻灯片选择相应的版式。

3. 插入艺术字

如图3-66所示,在第1、6、10、12张幻灯片中使用到艺术字,下面以第1张幻灯片为例讲述在幻灯片中插入艺术字的方法。

(1) 单击“插入”选项卡中“文本”工具栏组的“艺术字”按钮,在艺术字样式下拉列表中选择艺术字的样式为“填充—蓝色,强调文字颜色6,渐变轮廓”。此时在“视图”选项卡的右侧出现“绘图工具格式”选项卡帮助用户进一步编辑艺术字的格式。

(2) 在幻灯片的艺术字编辑框中输入艺术字的文字内容为“Flash动画的魅力”。

(3) 单击“绘图工具格式”选项卡中“艺术字效果”的“文本效果”,选择“转换”-“弯曲”-“朝鲜鼓”。

(4) 同样的操作方法完成第6、10、12张幻灯片中的艺术字。

4. 插入图片

如图3-66所示,在第1张幻灯片中插入一张按钮图片。

(1) 在第1张幻灯片的编辑状态下,单击“插入”选项卡中“图像”工具栏组的“图片”按钮,弹出“插入图片”对话框如图3-69所示。

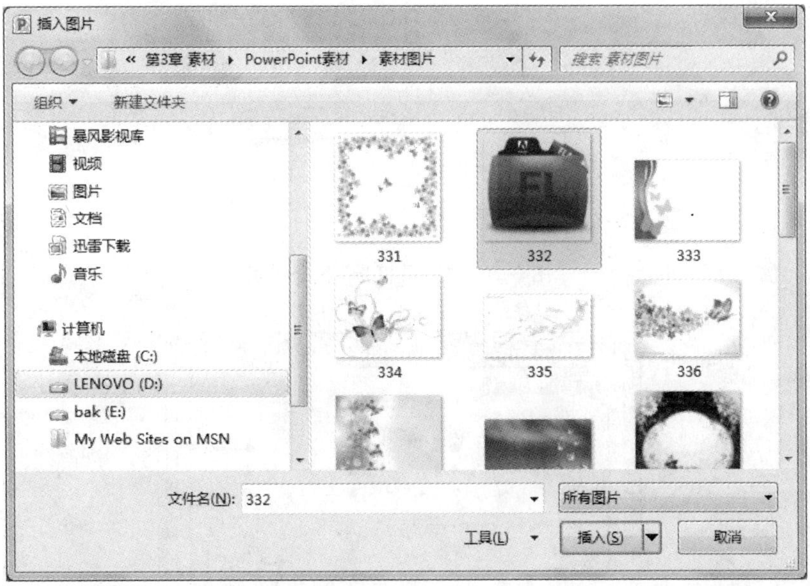

图3-69 “插入图片”对话框

(2) 选择目标图片,单击“插入”命令按钮,图片被插入到第1张幻灯片的编辑区。

(3) 使用鼠标调整图片的大小与位置如图3-66所示。

5. 文字的编辑与项目符号的使用

如图 3-66 所示,在第 3 张幻灯片中完成文字的编辑与项目符号的使用。

(1) 标题文字的编辑。第 3 张幻灯片的版式为“仅标题”,单击标题栏输入标题文字“主要内容”,设置其字体为“微软雅黑”,字号为 44。

(2) 添加文本框并编辑文字。单击“插入”选项卡中“文本”工具栏组的“文本框”按钮,在幻灯片的编辑区画出一个文本框并输入如图 3-66 所示第 3 张幻灯片中的多行文字,设置其字体为“华文细黑”,字号为 36。

(3) 添加项目符号并设置其颜色

① 添加项目符号。在文本框中选中前 3 行文本,单击“开始”选项卡中“段落”工具栏组的“项目符号”右侧的箭头,在下拉列表中(如图 3-70 所示)选择 ✓ 项。

② 项目符号颜色的设置。在如图 3-70 所示的下拉列表中单击“项目符号和编号”按钮,打开“项目符号和编号”对话框如图 3-71 所示,在颜色选项中选择“蓝色”即可完成项目符号颜色的设置。

③ 同样的操作方法,选中后面两行文字,为其设置项目符号为 ➢,颜色为蓝色。

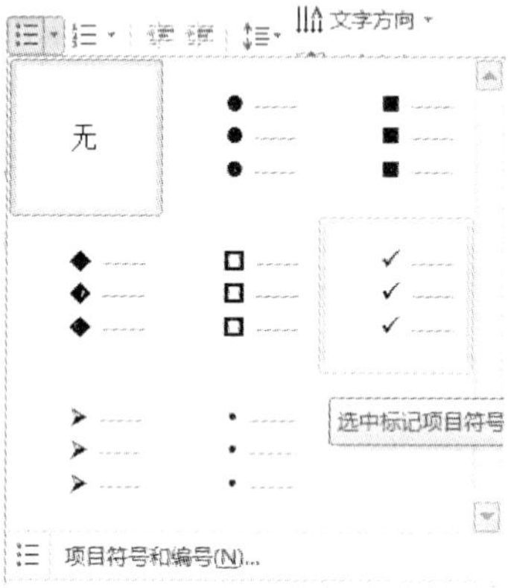

图 3-70 “项目符号”下拉列表

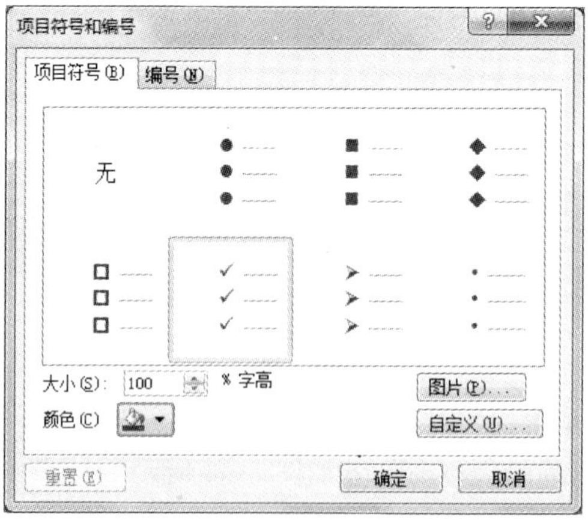

图 3-71 “项目符号和编号”对话框

【说明】 按照上面的步骤完成后的第 3 张幻灯片的版面如图 3-72 左图所示，图 3-72 右图所示是第 3 张幻灯片设置了超链接及其效果后的最终版面。

图 3-72 当前设置与设置超链接后的对比图

6. 插入 SmartArt 列表图和循环图

如图 3-66 所示，在第 4、6、12 张幻灯片中插入 SmartArt 列表图和循环图。

(1) 编辑第 4 张幻灯片

① 标题文字的编辑。第 4 张幻灯片的版式为“仅标题”，单击第 4 张幻灯片标题栏输入标题文字“Flash 能做什么？”，设置其字体为“幼圆”，字号为 40。

② 插入 SmartArt 列表图。单击“插入”选项卡中“插图”工具栏组的“SmartArt”按钮，打开“选择 SmartArt 图形”对话框如图 3-73 所示，单击“列表”选择“垂直框列表”即可在幻灯片编辑区插入 SmartArt 列表图。

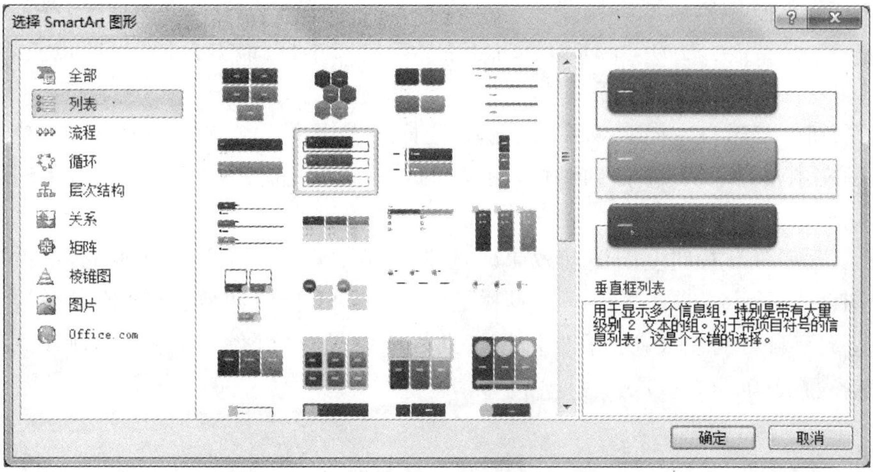

图 3-73 “选择 SmartArt 图形”对话框

③ 编辑 SmartArt 列表图中的文字。插入 SmartArt 列表图后，其编辑状态如图 3-74 所示，单击左侧的编辑区输入文字后，在右侧编辑区中选中文字内容，设置其字体为“华文细黑”，字号为 28。利用鼠标调整右侧区域各编辑框的尺寸使其适合文字内容。

(2) 编辑第 6 张幻灯片

单击第 6 张幻灯片的编辑区，选择“插入”选项卡中“插图”工具栏组的“SmartArt”按钮，打开“选择 SmartArt 图形”对话框，单击“循环”选择“连续循环”即可在幻灯片编辑区插入 SmartArt 连续循环图。SmartArt 连续循环图中文字的编辑与 SmartArt 列表图中文字

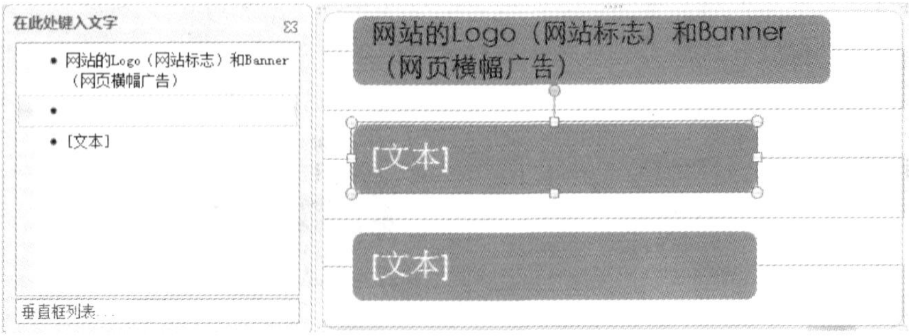

图 3-74　SmartArt 列表图的编辑

的编辑相同。

（3）编辑第 12 张幻灯片

在第 6 张幻灯片中选中 SmartArt 连续循环图，按组合键 Ctrl＋C 快捷键进行复制，再单击第 12 张幻灯片，按 Ctrl＋V 快捷键实现粘贴。

7. 添加滚动字幕

在第 4 张幻灯片的底部添加从右边滚动到左边，然后再从左边滚动回右边的字幕“Flash 动画的魅力”。

（1）添加并编辑自右向左效果的字幕。单击“插入”选项卡中“文本”工具栏组的“文本框”按钮，在幻灯片编辑区底部画出一个文本框并输入文字“Flash 动画的魅力”，设置其字体为“华文彩云”，字号为 36，字体颜色为红色。拖动文本框到幻灯片底部的最左边，使最后一个字恰好拖出幻灯片的编辑区。

（2）添加并编辑自左向右效果的字幕。同样的操作插入文本框并编辑文字或者直接复制(1)中的文本框，拖动文本框到幻灯片底部的最右边，使最后一个字恰好拖出幻灯片的编辑区。

（3）设置字幕自右向左的滚动效果。选中幻灯片编辑区左侧的文本框，单击“动画”选项卡(如图 3-75 所示)，单击“动画”工具栏组中的“飞入”按钮，“效果选项”选择“自右侧”按钮 (即文字自右向左滚动)，在“计时”工具栏组中设置“开始”为“上一动画之后”，在“持续时间”输入“05.00”(5 秒)。

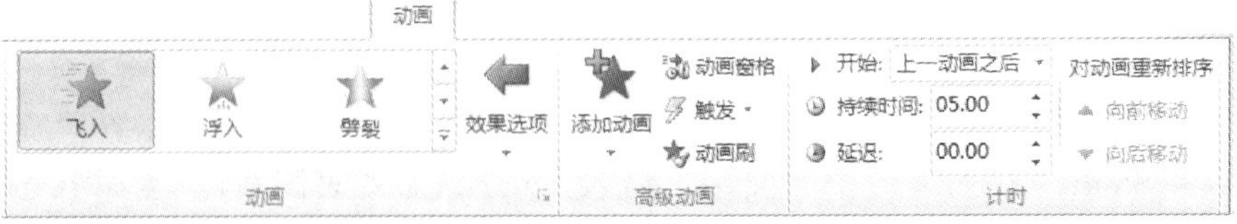

图 3-75　“动画”工具栏组

（4）同样的操作，设置字幕自左向右的滚动效果。与(3)不同的是，“效果选项”要选择“自左侧”按钮 (即文字自左向右滚动)。

（5）预览效果。选择第 4 张幻灯片，单击“幻灯片放映”选项卡中“开始放映幻灯片”工具栏组中的“从当前幻灯片开始”，即可预览第 4 张幻灯片中滚动字幕的效果。

8. 形状中文字的编辑

如图 3-66 所示，在第 5、7、8、9、10、11 张幻灯片中插入形状并编辑其中的文字。

(1) 编辑第 5 张幻灯片

① 插入形状。单击“插入”选项卡中“插图”工具栏组的“形状”按钮，在下拉列表中的“基本形状”里单击“缺角矩形”按钮，在幻灯片的编辑区画出一个缺角矩形，其大小与位置如图 3-66 第 5 张幻灯片所示。

② 编辑形状中的文字。在形状上右击选择“编辑文字”，在形状中输入文字“Flash 动画作品欣赏”。设置其字体为“华文细黑”，字号为 36，加粗，文字颜色为黑色，形状填充为黄色。

(2) 编辑第 7 张幻灯片

① 插入形状。单击“插入”选项卡中“插图”工具栏组的“形状”按钮，在下拉列表中的“基本形状”里单击“泪滴形”按钮，在幻灯片的编辑区画出一个泪滴形，其大小与位置如图 3-66 第 7 张幻灯片所示。

② 编辑形状中的文字。在形状上右击选择“编辑文字”，在形状中输入文本内容。设置其字体为“宋体”，字号为 28，文字颜色为黑色，形状填充为“蓝色，强调文字颜色 2，淡色 60%”。也可以使用文本框，对文字进行编辑之后将文本框拖动至形状中合适的位置。

(3) 编辑第 8 张幻灯片

第 8 张幻灯片中包括两个形状，复制第 7 张幻灯片中的形状，在第 8 张幻灯片按 2 次 Ctrl+V 快捷键，此时在幻灯片编辑区出现两个形状，调整形状的大小和位置如图 3-66 第 8 张幻灯片所示，修改其中的文字。

(4) 编辑第 9、10、11 张幻灯片

复制第 7 张幻灯片中的形状到第 9、10、11 张幻灯片中，修改其中的文字即可。

9. 插入 Flash 动画

如图 3-66 所示，在第 2、5、12 张幻灯片中插入 Flash 动画。

(1) 使用“Shockwave Flash Object”控件插入 Flash 动画

① 显示“其他控件”工具栏。单击快速访问工具栏右侧的按钮选择“其他命令”，弹出“PowerPoint 选项”对话框如图 3-76 所示。选择“快速访问工具栏”项，在“从下列位置选择命令”下拉框中选择“开发工具选项卡”，在其下方的下拉列表框中双击“其他控件”命令，则该按钮出现在对话框右侧的“自定义快速访问工具栏”下方的列表中。单击“确定”按钮回到幻灯片编辑窗口，则“其他控件”工具栏出现在工作窗口顶部快速访问工具栏最右侧的位置。

② 使用“其他控件”工具栏设置动画播放区域。单击“其他控件”工具栏，弹出“其他控件”对话框如图 3-77 所示，选择“Shockwave Flash Object”控件，单击“确定按钮”。此时鼠标的形状变成“+”，在第 2 张幻灯片中需要插入 Flash 动画的地方画出一个方框，即动画播放区域。

③ 修改“Shockwave Flash Object”控件的属性。双击方框，打开“Shockwave Flash Object”控件的属性设置框如图 3-78 所示。

图 3-76 “PowerPoint 选项”对话框

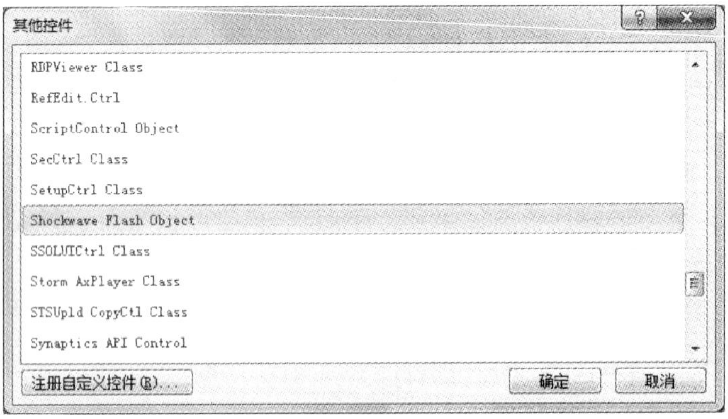

图 3-77 “其他控件”对话框

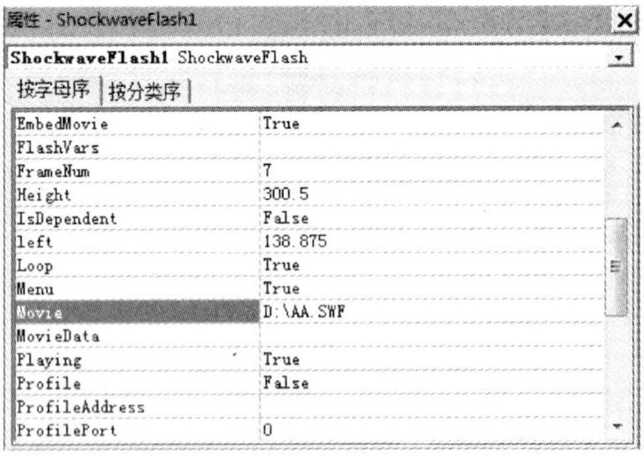

图 3-78 “Shockwave Flash Object”控件的属性设置框

在“Movie”属性中输入“D:\AA.SWF”,在“EmbedMovie”选项中选择“True”选项。

④ 预览动画效果。关闭“Shockwave Flash Object”控件属性设置框所在的窗口,选择第2张幻灯片,单击“幻灯片放映”选项卡中“开始放映幻灯片”工具栏组中的“从当前幻灯片

开始”，即可预览第 2 张幻灯片中动画播放的效果。

（2）使用“插入”选项卡插入 Flash 动画

选择第 5 张幻灯片，单击“插入”选项卡中“媒体”工具栏组的“视频”按钮 ，选择“文件中的视频”，在弹出的对话框中选择目标视频文件即可。

（3）使用超链接插入 Flash 动画

第 12 张幻灯片如图 3-79 所示，右键单击“逐帧动画”选择“超链接”，弹出“编辑超链接”对话框如图 3-80 所示。选择“现有文件或网页”，找到目标文件单击“确定”按钮即可完成超链接的编辑。同样的操作完成图 3-79 中其他文本的超链接设置。

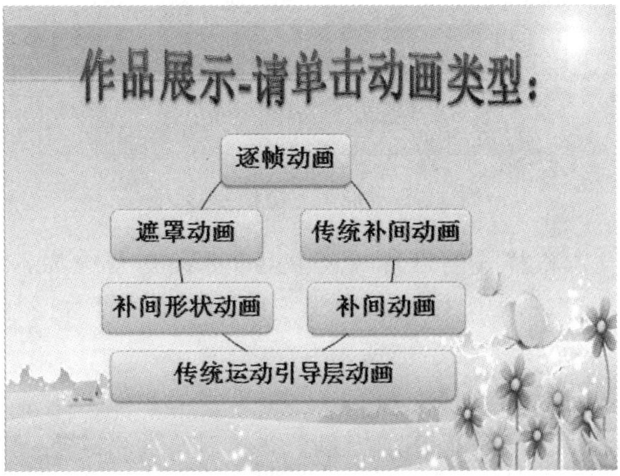

图 3-79　第 12 张幻灯片

图 3-80　“编辑超链接”对话框

10. 超链接

如图 3-66 所示，在第 3、6 张幻灯片中编辑超链接。

（1）编辑第 3 张幻灯片的超链接

① 插入超链接。如图 3-72 左图所示，选中第 1 行文字“Flash 能做什么”，右击选择“超链接”弹出“插入超链接”对话框如图 3-81 所示。单击“本文档中的位置”，在“请选择文档中

的位置”下拉列表框中选择“4. 幻灯片 4”，单击“确定”按钮即可完成对第 1 行文字超链接的设置。同样的操作设置其他行的文字超链接。

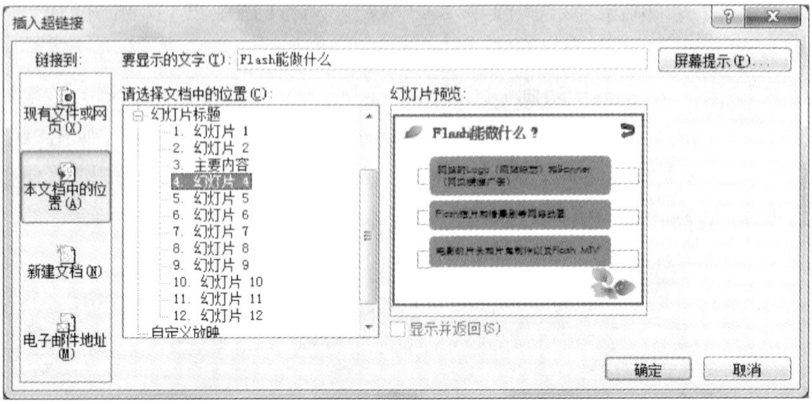

图 3-81 “插入超链接”对话框

② 设置超链接后文本框样式的设置。选中第 3 张幻灯片中为各行设置了超链接的文本框，单击“绘图工具格式”选项卡中“形状样式”工具栏组中的“强烈效果 - 黑色，强调颜色 4”样式，设置后的效果如图 3-72 右图所示。

（2）编辑第 6 张幻灯片的超链接

为第 6 张幻灯片的 SmartArt 循环图中各个文本框设置超链接。当演示文稿放映时，单击“逐帧动画”，幻灯片切换到第 7 张幻灯片；单击“传统补间动画”和“补间动画”，幻灯片切换到第 8 张幻灯片；单击“补间形状动画”，幻灯片切换到第 9 张幻灯片；单击“遮罩动画”，幻灯片切换到第 10 张幻灯片；单击“传统运动引导层动画”，幻灯片切换到第 11 张幻灯片。

其操作方法可以参考(1)，即选中文字后右击选择“超链接”，在打开的“插入超链接”对话框中设置链接目标。

11. 动作按钮

如图 3-66 所示，在第 4、5、6 张幻灯片中插入动作按钮，单击动作按钮时，幻灯片切换到第 3 张幻灯片。在第 7、8、9、10、11 张幻灯片中插入动作按钮，单击动作按钮时，幻灯片切换到第 6 张幻灯片。

（1）在第 4、5、6 张幻灯片中插入动作按钮

选择第 4 张幻灯片，单击“插入”选项卡中“插图”的“形状”，动作按钮形状在下拉列表框的最底部如图 3-82 所示。

图 3-82 动作按钮

单击其中一个动作按钮，在幻灯片编辑区的合适位置画出按钮的形状和大小，松开鼠标即可弹出“动作设置”对话框如图 3-83 所示。在“超链接到”中选择“幻灯片”，打开“超链接

到幻灯片”对话框如图 3-84 所示，单击目标幻灯片后确定，即可完成动作按钮的设置。同样的操作完成其他幻灯片动作按钮的设置。

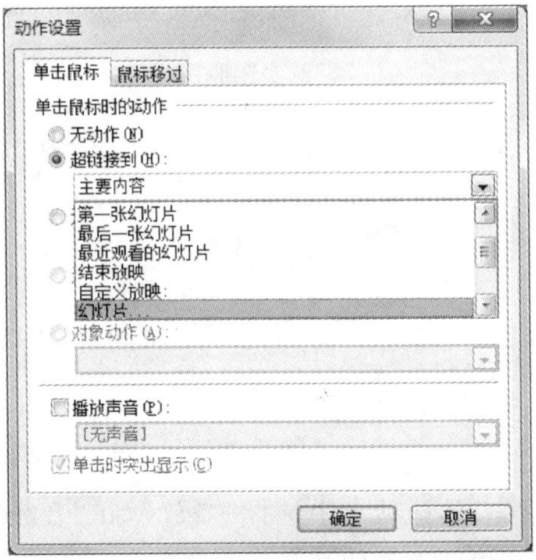

图 3-83 “动作设置”对话框

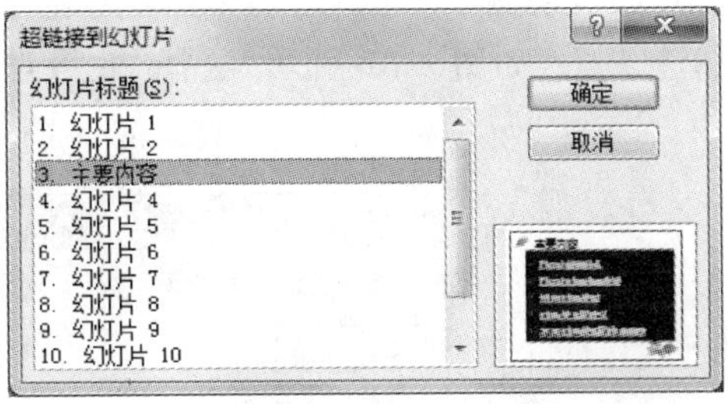

图 3-84 “超链接到幻灯片”对话框

（2）在第 7、8、9、10、11 张幻灯片中插入动作按钮

① 画出形状。选择第 7 张幻灯片，单击“插入”选项卡中“插图”的“形状”，在下拉列表的“箭头总汇”中单击左箭头 ⇦，在幻灯片编辑区中画出箭头的形状和大小，利用“绘图工具格式”选项卡中“形状样式”工具栏组的“形状填充”为箭头填充蓝色。

② 为形状设置动作。单击“插入”选项卡的“链接”工具栏组中的“动作”按钮 ，弹出“动作设置”对话框，其设置方法与前面的操作相同。

同样的操作完成其他幻灯片动作按钮的设置。

12. 插入声音

如图 3-66 所示，为演示文稿插入声音。

（1）插入音频文件

选择第 1 张幻灯片，单击“插入”选项卡中“媒体”工具栏组的“音频”按钮 ，选择“文件中的音频”，在弹出的“插入音频”对话框中选择声音文件。此时，幻灯片编辑区出现如图 3-85 所示的小喇叭图标并处于选中状态。同时，PPT 的工作窗口中出现“音频工具”选项卡如图 3-86 所示。

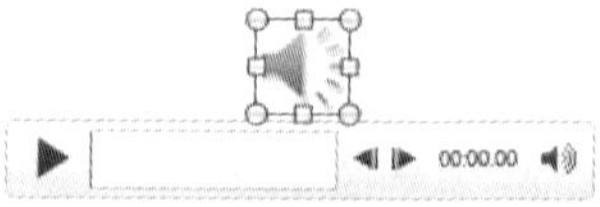

图 3-85　小喇叭图标

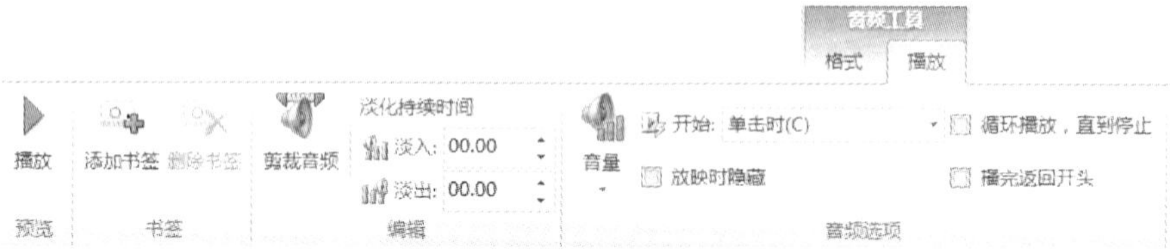

图 3-86　音频工具

（2）设置音频选项

在如图 3-86 所示的音频工具选项卡中选择“播放”，在“音频选项”的“开始”项中选择“自动”，单击“放映时隐藏”左侧的方框使其变成选中状态 ☑ 。

（3）“动画窗格”中音频参数设置

① 单击“动画”选项卡中“高级动画”工具栏组的“动画窗格”，打开“动画窗格”设置框，在“动画窗格”中的声音文件上右击（如图 3-87 所示）选择“效果选项”，弹出 “播放音频”对话框如图 3-88 所示。

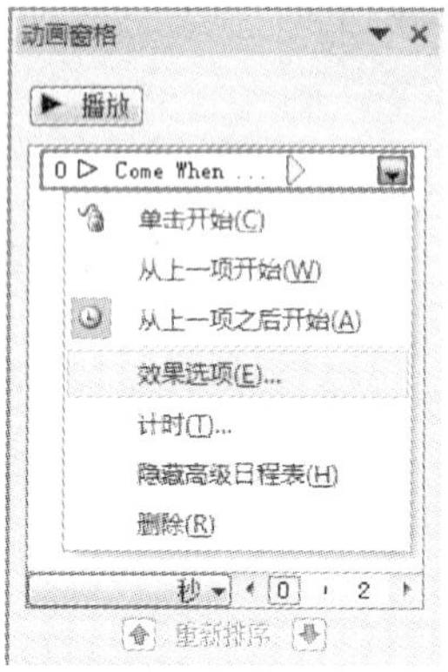

图 3-87　动画窗格

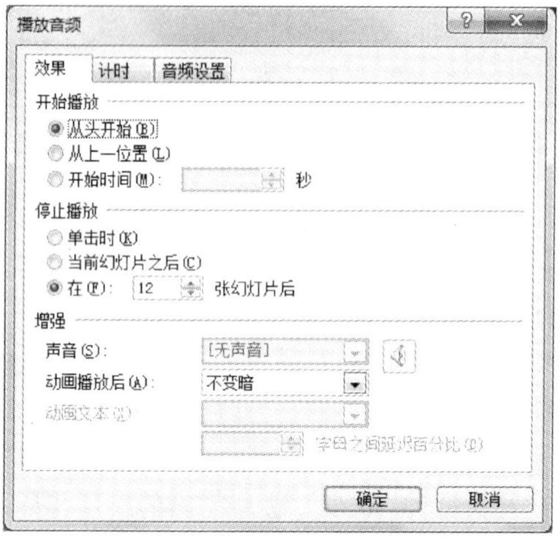

图 3-88　“播放音频”对话框

② 在“播放音频”对话框的“效果”选项卡中设置“开始播放”为“从头开始”，“停止播放”选择“在 12 张幻灯片之后”。至此，完成在演示文稿中插入声音的设置。

13. 幻灯片放映

（1）设置幻灯片中对象的播放动画

为第 3 张幻灯片中的对象设置动画效果。

① 设置标题行的动画效果。选中标题行所在文本框，单击“动画”选项卡中“高级动画”

工具栏组上的“添加动画”按钮，弹出动画效果下拉列表如图 3-89 所示，在“进入”选项中选择“翻转式由远及近”选项。

图 3-89　动画效果下拉列表

单击“动画”选项卡中“高级动画”工具栏组的“动画窗格”，打开“动画窗格”设置框，设置了动画效果的对象会出现在设置框的列表中。在工作窗口右侧的“动画窗格”下方的标题行上右击选择“效果选项”，弹出“翻转式由远及近”对话框，其中的参数设置如图 3-90 所示。

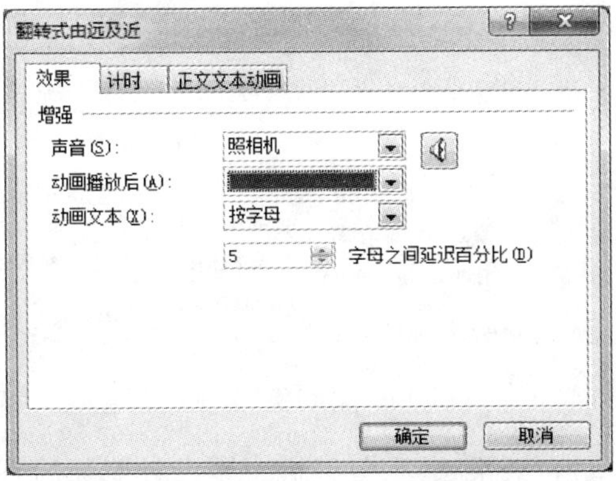

图 3-90　“翻转式由远及近”对话框“效果”项

设置“翻转式由远及近”对话框的“计时”项中的参数如图 3-91 所示。

② 设置第 3 张幻灯片目录文本框中各行的动画。分别选择每行，重复①的操作即可，完成动画设置后的幻灯片编辑区及动画窗格如图 3-92 所示。

(2) 设置幻灯片切换效果

单击第 1 张幻灯片，在如图 3-93 所示的“切换”选项卡的“切换到此幻灯片”工具栏组中

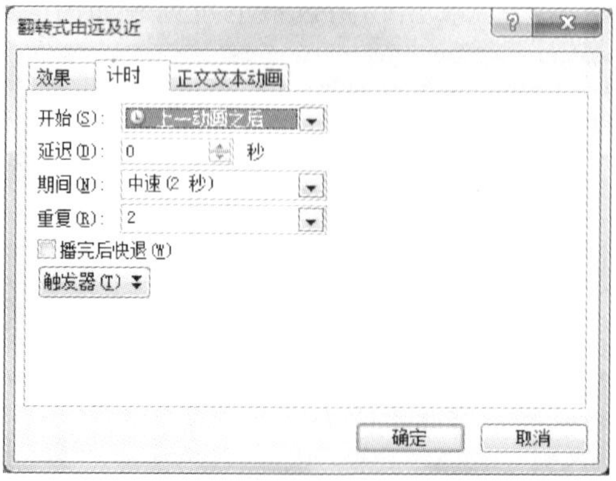

图 3-91 “翻转式由远及近”对话框“计时”项

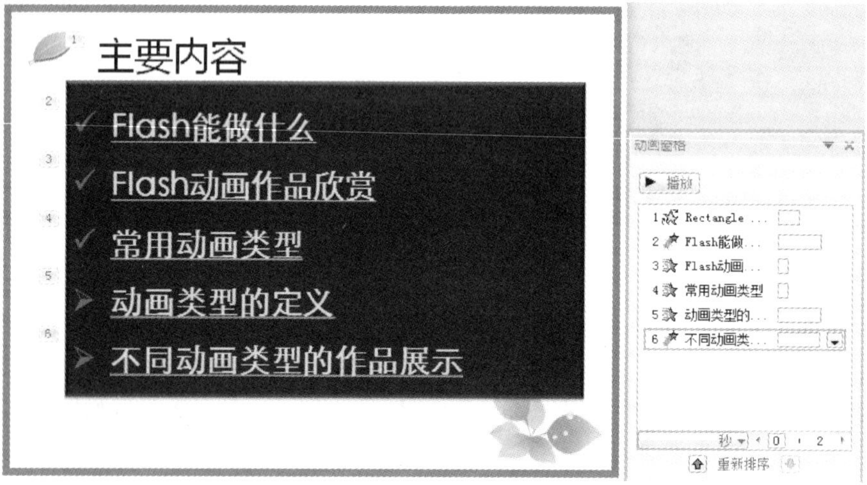

图 3-92 完成动画设置后的幻灯片编辑区及动画窗格

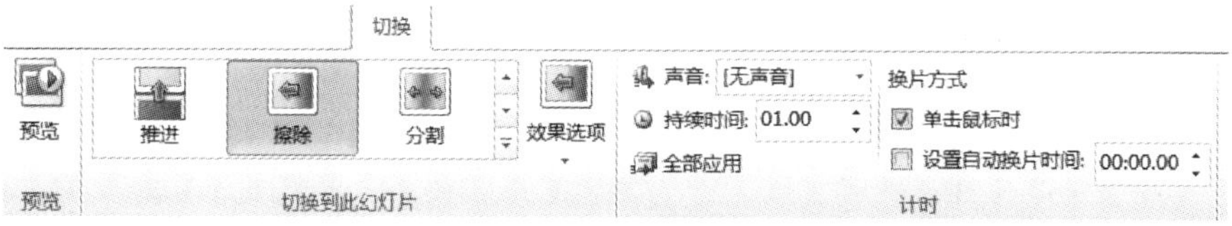

图 3-93 “切换”选项卡

选择一种效果如“擦除”,单击“效果选项”可以进一步设置擦除的方向是自右侧、自顶部、自左侧等。

利用“计时”工具栏组可以设置幻灯片切换时的声音,切换所持续的时间(秒),换片的方式可以选择单击时换片,也可以设置自动换片的时间,即设定经过特定秒数后自动移至下一张幻灯片的时间。

依次选定第 2、3、4…张幻灯片,重复上面的操作即可完成所有幻灯片切换效果的设置。

(3) 幻灯片放映

保存演示文稿,单击“幻灯片放映”选项卡的“开始放映幻灯片”工具栏组中的“从头开始”按钮 或者按 F5 键，即以全屏方式放映幻灯片。若单击“从当前幻灯片开始”按钮 或者按 Shift+F5 快捷键，即从当前幻灯片开始以全屏方式放映幻灯片。

3.3.2 实验设计

【实验设计 1】 使用 PPT、Authorware、Flash、电子书等多种课件制作工具，在下面 10 个题目中任选一个，完成教学课件作品的制作，幻灯片数不低于 15 张，能够实现自动播放。

(1) 作品的题目仅给出知识点的范围，可以围绕下列题目的知识点另行定义题目。

① 艺术的发展史。

② 计算机在体育运动中的应用。

③ Windows 7 的使用。

④ 如何利用 Word 制作电子贺卡/求职简历/毕业留言册/…。

⑤ 利用 Word 完成图文混排。

⑥ 长文档的排版。

⑦ 在 PPT 中利用多种元素制作清晰动感的演示文稿。

⑧ Flash 动漫制作技巧。

⑨ PS 的神奇力量。

⑩ 网页设计。

(2) 作品提交方式

存放作品的总文件夹以“学号-姓名-作品名称”命名，总文件夹下设“运行文件”、“源文件”和“支持与说明”三个子文件夹，具体要求如下：

① “运行文件”文件夹

该文件夹用于存放可脱离开发环境直接运行的文件。

② “源文件”文件夹

该文件夹用于存放程序源文件(.ppt)、素材图片、背景音乐等文件。如由于文件容量原因则可以选择性提供主要部分，但要能反映作品的原创性。

③ “支持与说明”文件夹

该文件夹用于存放作品简介、作品截图以及保证作品正常运行的说明文档。

作品简介是指不少于 500 字的作品简介(Word 格式)，如涉及引用请一并在此注明出处。

作品截图是指作品代表图片 1 张，JPEG 格式，分辨率为 800×600。

说明文档是指保证作品正常运行的说明(Word 格式)，包括开发、安装、配置的系统与软件版本及要求，分步骤详细的安装配置说明等。

第 4 章　Internet 应用

本章要求掌握 IE 浏览器的使用，利用搜索引擎查找相关资料、收发邮件、在网上图书馆进行图书期刊数据库的检索、网上购物等，根据实验验证题目的要求完成实验的验证。

4.1　IE 浏览器的使用

【实验验证 1】 浏览网页。

（1）启动 IE 浏览器，在桌面上双击 IE 的图标即可打开 IE 浏览器。

（2）在地址栏中输入网址："http://www.cumt.edu.cn"，按 Enter 键，打开中国矿业大学的主页。

（3）移动鼠标到网页左下方的"数字校园"，鼠标指针变为手形时单击鼠标，打开中国矿业大学数字化校园建设首页，如图 4-1 所示。

图 4-1　中国矿业大学数字化校园建设网页

（4）鼠标单击数字化校园建设首页中的"知识普及"，打开"知识普及"网页，单击窗口左上角的"后退"工具栏，可以从当前访问的页面退回到上次访问的中国矿业大学数字化校园建设首页中。当单击"后退"工具栏后，再单击"前进"工具栏，可以回到刚才访问的"知识普及"页面中。

【实验验证 2】 将百度设置为 IE 浏览器的主页。

选择"工具"菜单中的"Internet 选项",弹出"Internet 选项"对话框如图 4-2 所示。在"主页"区域的地址栏中输入网址"http://www.baidu.com",单击"确定"按钮。

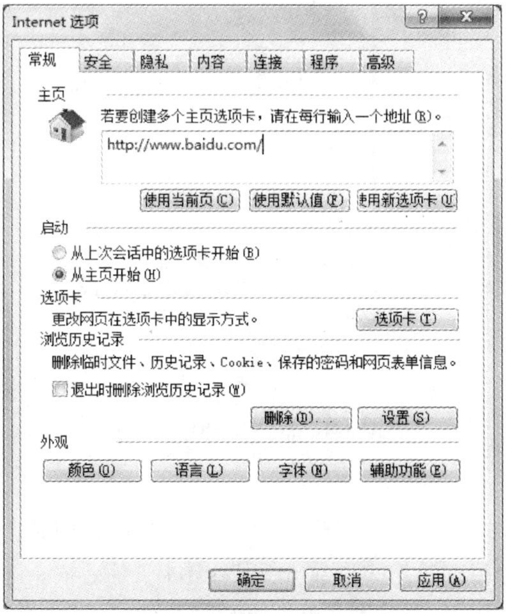

图 4-2 "Internet 选项"对话框

【实验验证 3】 将中国矿业大学网址添加到收藏夹。

在 IE 地址栏输入 www.cumt.edu.cn,按 Enter 键,单击"收藏夹"菜单,选择"添加到收藏夹"弹出"添加收藏"对话框,单击"添加"按钮。

【实验验证 4】 整理收藏夹,将中国矿业大学的网址移动到"大学"文件夹。

(1) 单击"收藏夹"菜单,选择"整理收藏夹"弹出"整理收藏夹"对话框。

(2) 单击"新建文件夹"按钮,新建文件夹的名字输入为"大学",单击"中国矿业大学",单击"移动"按钮,在"浏览文件夹"对话框中单击"大学"文件夹,然后单击"确定"按钮,"中国矿业大学"就移动到"大学"文件夹中了,最后单击"关闭"按钮,关闭"整理收藏夹"对话框。如图 4-3 所示。

【实验验证 5】 设置"退出时删除浏览历史记录"。

(1) 选择"工具"菜单中的"Internet 选项",弹出"Internet 选项"对话框。

(2) 在"浏览历史记录"区域,选定"退出时删除浏览历史记录",单击临时文件、历史记录、Cookie、保存的密码和网页表单信息等选项左面的复选框,使其被选中,就可以实现在退出 IE 时删除各项浏览历史记录,然后单击"删除"按钮。

【实验验证 6】 保存网页和网页图片。

(1) 启动 IE 浏览器。

(2) 在 IE 的地址栏输入 www.163.com,按 Enter 键,打开网易主页。

(3) 选择"文件"菜单项中的"另存为",弹出"保存网页"对话框;选择网页存放路径为 D 盘根目录即"D:\",文件名为"保存网易网页",保存类型选"网页,全部(*.htm;*.html)",

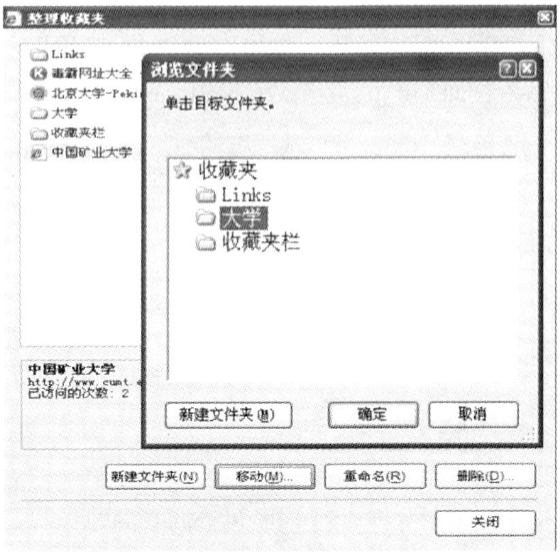

图 4-3　整理收藏夹对话框

单击“保存”按钮,如图 4-4 所示。

(4) 在网易网站上任选一幅图片保存,鼠标移至待保存图片上,单击鼠标右键,在弹出的快捷菜单中选择“图片另存为”选项,弹出“保存图片”对话框;选择图片存放路径为 D 盘根目录即“D:\”,文件名为“网易图片”,单击“保存”按钮。

图 4-4　“保存网页”对话框

4.2　百度搜索引擎的使用

【实验验证 7】　利用百度搜索引擎搜索“大学计算机基础”的相关资料,并复制部分习题以“大学计算机基础练习题.docx”为文件名保存到 D 盘 jsjjc 文件夹。

(1) 启动 IE 浏览器。

(2) 在地址栏中输入网址："http://www.baidu.com"，按 Enter 键，打开百度的网页搜索页面。

(3) 单击"网页"选项卡，在搜索文本框中输入"大学计算机基础"，单击"百度一下"按钮，如图 4-5 所示。

图 4-5　大学计算机基础网页搜索窗口

如果想在"大学计算机基础"的搜索结果中进一步搜索"练习题"，可在窗口底部单击"结果中找"，在提示用户输入新的关键字的窗口中输入"练习题"，单击"结果中找"按钮，则百度会在已经查找到的网页中再次搜索指定的信息。

(4) 在搜索文本框中输入"大学计算机基础 练习题"，单击"百度一下"按钮，单击想打开的链接，复制、粘贴部分练习题以文件名"大学计算机基础练习题.docx"保存到 D:\jsjjc 中(如果 D 盘无此文件夹，可自己建立)。

【实验验证 8】 利用百度搜索引擎搜索"漫画"图片，任选一张图片保存到 D 盘 jsjjc 文件夹中(文件名自定)。

(1) 在百度主页中，单击"图片"选项，切换至"百度图片"的窗口中，输入关键字"漫画"，单击"百度一下"按钮，就可以搜索到相应关键字的图片，如图 4-6 所示。

图 4-6　漫画图片搜索窗口

（2）鼠标移到想保存的图片上右击选择“图片另存为”命令，输入文件保存路径及文件名，单击“保存”按钮；或者直接将图片拖动到本地目标文件夹中。

【实验验证9】 利用百度搜索引擎搜索“中国矿业大学南湖校区”的地图。

在百度主页中，单击“地图”选项，切换至“百度地图”的窗口中。输入关键字“中国矿业大学南湖校区”，单击“百度一下”按钮，就可以搜索到矿大南湖校区的地图，如图4-7所示。

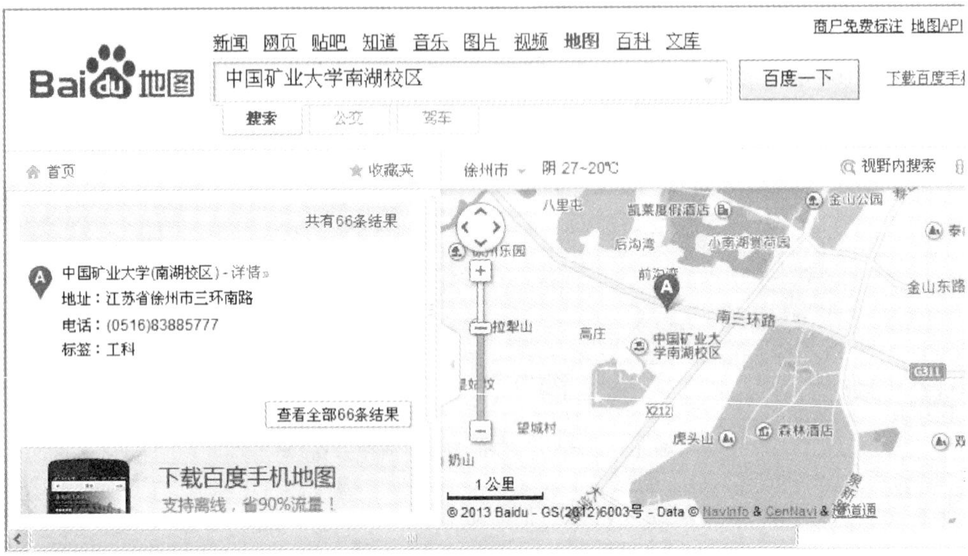

图4-7 中国矿业大学南湖校区地图搜索窗口

4.3 电子邮件的使用

【实验验证10】 申请免费的电子邮箱。

（1）在IE的地址栏输入“http://mail.163.com”，按Enter键，打开“网易邮箱”页面；单击“注册”按钮，打开“注册网易免费邮箱”窗口。

（2）单击“注册字母邮箱”，输入邮件地址的名称，名称可是6～18个字符，必须以字母开头，包含字母、数字和下划线。然后选择邮箱的一个后缀，其后缀包括：@163.com、@126.com和@yeah.net。最后输入密码、确认密码并输入验证码，如图4-8所示，单击“立即注册”按钮。

（3）跳过手机验证，直接单击“提交”按钮下方的“跳过这一步，进入邮箱”，字母邮箱就注册完成，申请到的电子邮件地址为：jsjcumt@163.com。

【实验验证11】 将实验验证7中保存的“大学计算机基础练习题.docx”作为附件发送一封电子邮件。

（1）打开“网易邮箱”页面；在“邮箱账号登录”选项卡中输入邮箱名和密码，单击“登录”按钮，即可打开网易电子邮箱窗口。

（2）单击“写信”按钮，即可打开写邮件的界面，如图4-9所示；填写“收件人”的邮箱地址（也可以填写自己的邮箱地址，给自己发邮件），写好主题和邮件内容，单击“添加附件”，在

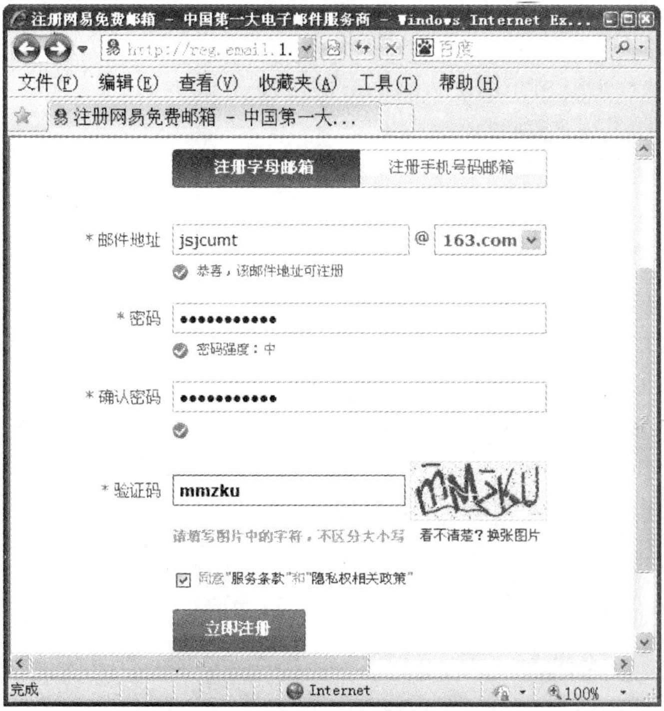

图 4-8　注册网易免费邮箱窗口

弹出的“选择要上载的文件”对话框中选择“大学计算机基础练习题.docx”，单击“打开”按钮，然后单击“发送”按钮，即可将邮件发送给对方。

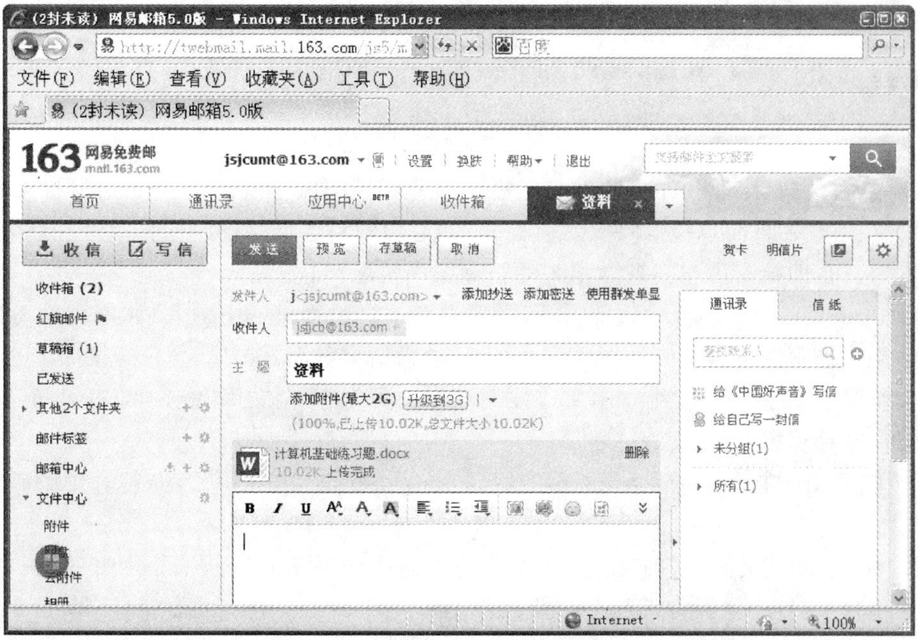

图 4-9　网易邮箱写邮件窗口

【实验验证 12】 接收电子邮件。

（1）打开“网易邮箱”页面，登录自己的电子邮箱。

（2）单击“收信”按钮，单击需要打开的电子邮件，即可查看邮件内容。

4.4 网上图书馆

【实验验证 13】 在中国矿业大学图书馆查找与“心理学”相关的图书的馆藏情况，并在结果中查找北京大学出版社出版的“心理学”图书的馆藏情况。

（1）打开 IE，在地址栏输入“http://lib.cumt.edu.cn”，按 Enter 键，打开中国矿业大学图书馆主页，如图 4-10 所示。

图 4-10 中国矿业大学图书馆主页

（2）单击“书刊检索”下的“馆藏书刊检索”，进入“中国矿业大学图书馆书目检索系统”。

（3）在馆藏书目简单检索“题名”后面输入“心理学”，选择“所有书刊”单选按钮，然后单击“检索”按钮，即检索出与心理学相关的馆藏图书情况。

（4）在检索后的列表框中选择“出版社”，在其右边的列表框中输入“北京大学”，然后单击“在结果中检索”按钮，打开如图 4-11 所示的检索结果页面。

【实验验证 14】 利用“维普中文科技期刊全文数据库 全文库”查询 2011 年至 2012 年标题中包含“计算机”的论文。

（1）打开 IE，在地址栏输入“http://lib.cumt.edu.cn”，按 Enter 键，打开中国矿业大学图书馆主页。

（2）单击“电子资源”下的“中/外文数据库”，进入图书馆的“电子资源”窗口，在“中文数据库”中选择“维普中文科技期刊全文数据库 全文库”，单击“矿大镜像站点”链接，打开“维普期刊资源整合服务平台”。

（3）单击“中国期刊全文数据库”，打开中国期刊全文数据库，检索项选择“篇名”，检索

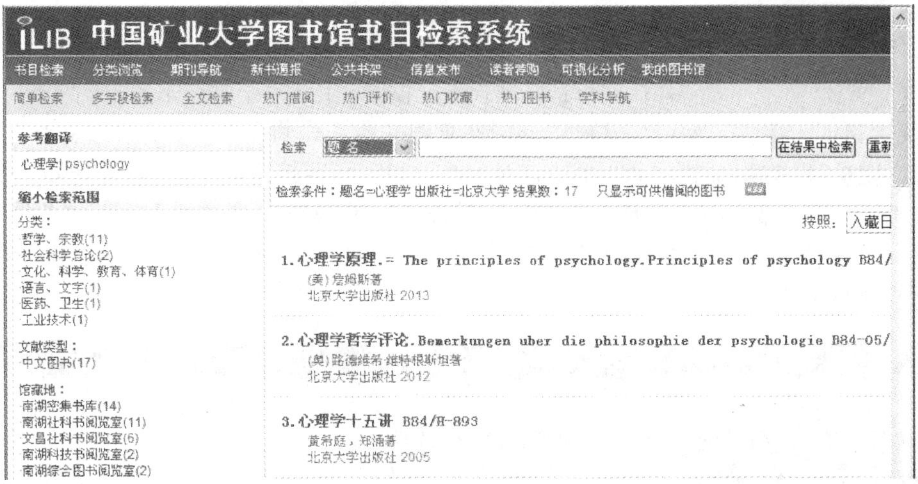

图 4-11　书目检索结果页面

词输入“计算机”，选择检索期刊的时间段为“2011-2012”，范围默认为“全部期刊”，单击“检索”即可检索到题名中包含“计算机”的期刊论文如图 4-12 所示。

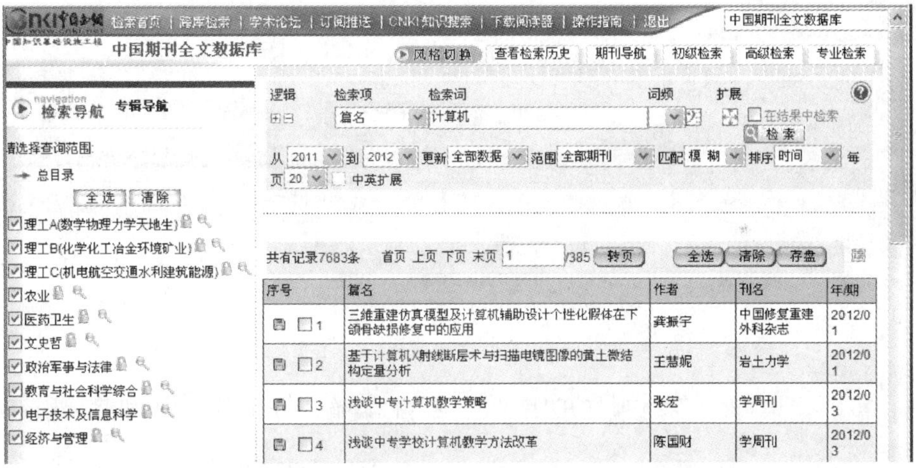

图 4-12　维普中文科技期刊全文数据库期刊检索页面

单击论文的标题可以看到文章中包括完整摘要与关键词在内的详细介绍，若想浏览全文，可以单击“下载阅读 CAJ 格式全文”或单击“下载阅读 PDF 格式全文”，如图 4-13 所示。

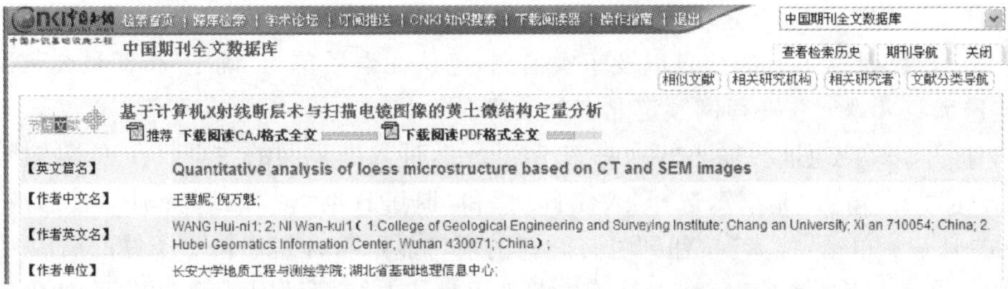

图 4-13　显示论文完整摘要与关键词的页面

4.5 电子商务

【实验验证 15】 在 www.12306.cn 网站查询并购买徐州至北京的火车票。

(1) 打开 IE,在地址栏输入"http://www.12306.cn",按 Enter 键,打开铁路客户服务中心主页,主页的部分内容如图 4-14 所示;单击"网上购票用户注册"按钮,在"新用户注册"窗口输入用户名、密码、语音查询密码、验证码、姓名、身份证号、手机号以及电子邮件等信息之后就可以注册成功。

图 4-14 铁路客户服务中心主页

(2) 单击"购票/预约"按钮,打开"用户登录"窗口,输入登录名、密码和验证码,进入"我的 12306"窗口。

(3) 在"我的 12306"窗口中单击"车票预定",然后单击"余票查询"按钮,在"余票查询"窗口选择"单程"选项,出发地选"徐州",目的地选"北京",然后选择出发日期及时间,单击"查询"按钮,即可显示所选日期徐州至北京的余票信息,如图 4-15 所示。

(4) 选择目标车次,单击其右侧的"预定"按钮,打开"预定"窗口;在"预订"窗口中填写"乘车人信息",乘车人可以是 1 位,也可以是多位;然后单击"提交订单"按钮,打开"确认订单提交"窗口,核对乘车人的信息以及车次信息,确认无误后单击"确定"按钮后付款即可。

【实验验证 16】 在携程网预定北京的酒店。

(1) 打开 IE,在地址栏输入"www.ctrip.com",进入携程网的主页。在主页酒店预定的区域"入住城市"输入"北京",选择"入住日期"和"退房日期"。"酒店级别"默认为"不限",如图 4-16 所示;单击"搜索"按钮即可打开新的窗口显示符合用户输入条件的酒店列表。

(2) 可以在"筛选酒店"区域选择筛选条件以生成"关键字"用于筛选酒店,如价格区间、星级、位置、品牌等。单击"搜索"按钮,在符合筛选条件的酒店列表中选择"房型",单击"预

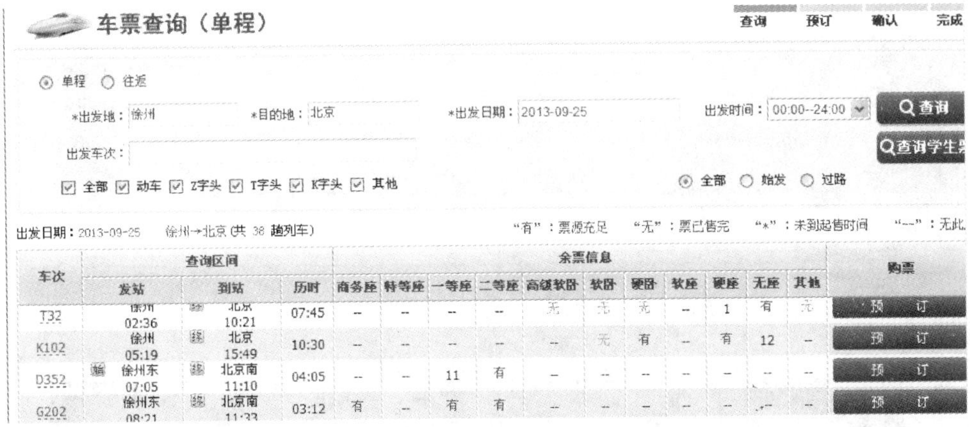

图 4-15 铁路客户服务中心车票查询页面

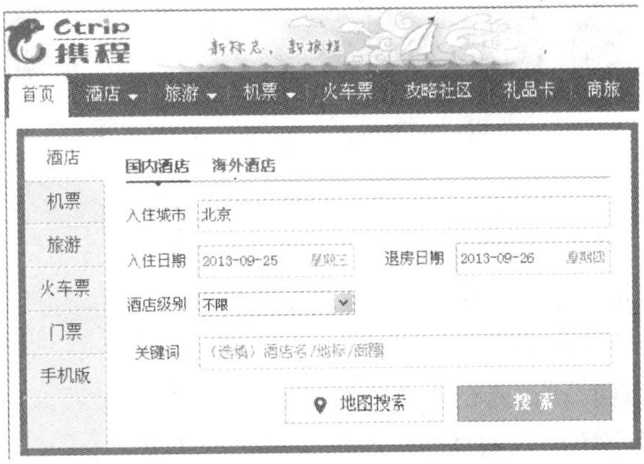

图 4-16 携程网酒店预定页面

定”按钮弹出“会员登录”窗口。

(3) 免费注册或者会员登录。可以免费注册为携程的会员,也可以使用已注册的会员的用户名、密码和验证码,即可进入“提交订单”界面,审核“预定信息”并填写入住信息如“预定间数”、“入住人”、“到店时间”、“联系人”、“确认方式”和“联系手机”等。单击“提交订单”弹出“预定成功”即可完成酒店的预定。

【实验验证 17】 在淘宝网购买爱国者移动电源。

(1) 打开 IE,在地址栏输入“www. taobao. com”,按下 Enter 键进入淘宝网主页。

(2) 单击窗口中的“免费注册”按钮,输入相关信息进行淘宝网账户的注册;在淘宝网主页单击“登录”,输入正确的“登录名”和“登录密码”即可登录淘宝账户。

(3) 在“搜索”文本框中输入“爱国者移动电源”,单击“搜索”按钮即可打开符合搜索条件的所有宝贝;将“爱国者移动电源 E100”再次输入到“搜索”文本框中,然后单击“搜索”按钮就可以在同等型号中对比价格,以便选择合适的价格与信誉较高的卖家,如图 4-17 所示。

(4) 选择满意的商品后打开购买商品的链接,若还有其他商品要买,可以单击“加入购物车”,把此商品放入购物车等待和其他商品一起合并付款。若单击“立即购买”,在打开的“确定订单信息”窗口确认收货地址和订单信息,单击“提交订单”后选择付款方式,付款到支

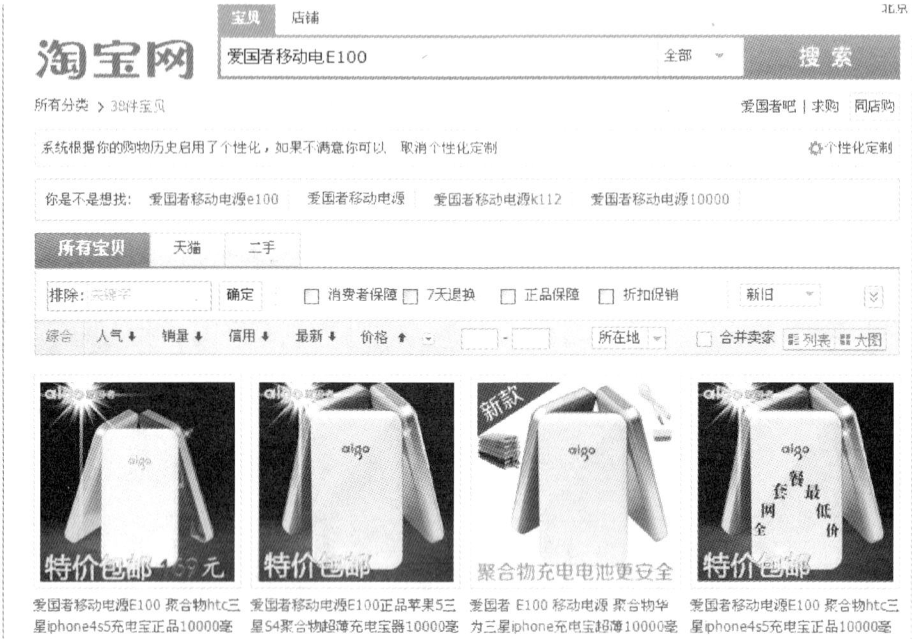

图 4-17　淘宝网搜索结果页面

付宝，即完成淘宝购物过程。

【实验验证 18】 在美团网团购。

（1）打开 IE，在地址栏输入“www.meituan.com”，按下 Enter 键进入美团网首页。

（2）单击“登录”按钮，输入正确的“账号”、“密码”和“验证码”即可登录美团账户。若用户尚未注册，可以单击美团首页的“注册”按钮进行美团网账户的注册。

（3）在“搜索”文本框中输入商品名称如“台灯”，则会打开相关链接如图 4-18 所示。

图 4-18　美团网搜索商品页面

(4) 单击“去看看”,在打开的网页中可看到更为详细的产品信息,单击“抢购”按钮弹出“订单”窗口,选择商品的类型和购买数量,修改“收货地址”,选择“希望送货的时间”,检查无误后就可以单击“提交订单”。

(5) 选择支付方式后付款即可。

第 5 章　Access 数据库应用

本章主要掌握 Access 2010 数据库的使用，根据实验题目的要求和步骤完成数据库、表、查询以及小型数据库应用系统开发等知识点的实验验证。

【实验验证 1】　在计算机 D:盘创建空数据库“学生成绩查询数据库”。

（1）指定数据库文件名。启动 Access 2010 如图 5-1 所示，系统默认新建一个空数据库。在新建文件窗口右下方“文件名”后的文本框中输入“学生成绩查询数据库”，系统自动默认其扩展名是.accdb。

（2）指定存储位置。单击文件名右侧的文件夹图标，在弹出的“文件新建数据库”对话框中选择数据库文件的存储位置为 D:\，单击“创建”按钮即可完成空数据库的建立。

图 5-1　创建空数据库

【实验验证 2】　在“学生成绩查询数据库”中创建“学生信息表”。

实验步骤如下：

（1）在“学生成绩查询数据库”设计窗口中单击“创建”菜单选择“表”，单击工具栏最左侧的“设计视图”按钮，在弹出的“另存为”对话框中输入表名称“学生信息表”，单击“确定”按钮进入表结构设计器。

(2) 根据表 5-1 所示的表结构设计要求完成表结构的设计。

表 5-1 学生信息表结构设计要求

字段名	数据类型	字段大小	默认值	有效性规则	有效性文本
班级编号	数字	整型			
学号	文本	8			
姓名	文本	4			
性别	文本	1	男	"男"Or"女"	您输入的性别有误,男或女
出生年月	日期/时间				
是否子弟	是/否		True		
特长	文本	20			

根据表 5-1 所示的表结构设计要求完成“学生信息表”中的字段名称、数据类型、字段大小、默认值、有效性规则和有效性文本的创建,表结构的创建如图 5-2 所示。

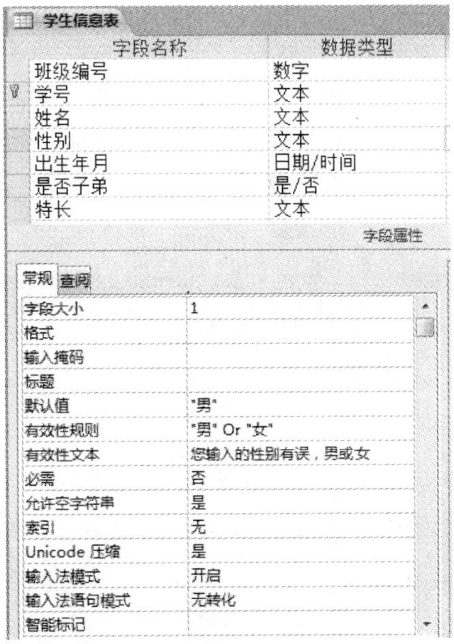

图 5-2 “学生信息表”表结构的设计

(3) 定义主键。选择学号字段,单击工具栏上的“主键”按钮(如图 5-3 所示),当学号字段名左侧出现一个钥匙形状时,就表明已经设定了学号为表的主键。

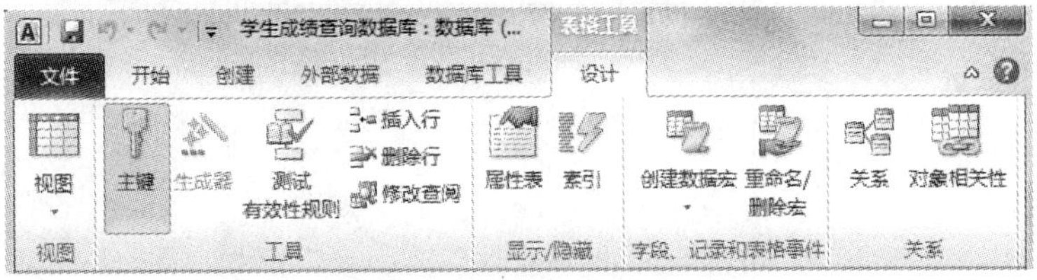

图 5-3 设定表的主键

（4）保存，关闭表设计视图窗口，完成表结构设计。

【实验验证 3】 完成“学生信息表”记录的输入。

实验步骤如下：

（1）在数据库工作窗口的左侧选择“学生信息表”，右击选择“打开”命令即可打开“学生信息表”的数据表视图。

（2）在数据表视图中按照要求输入表记录的内容，如图 5-4 所示。

学生信息表

班级编号	学号	姓名	性别	出生年月	是否子弟	特长	单击以添加
61	20060102	胡城城	男	1999/10/9	☑	乒乓球	
61	20060103	叶蕾	女	1999/12/9	☐	乒乓球	
61	20060104	姚安安	女	1999/12/4	☐	网球	
61	20060105	万苗苗	女	2000/1/2	☑	乒乓球	
62	20060201	路铭	男	2000/1/4	☐	无	
62	20060202	马凯	男	2000/5/9	☑	乒乓球	
62	20060203	陈力	男	2000/5/3	☐	网球	
62	20060204	高文茂	男	2000/6/8	☑	乒乓球	
62	20060205	王栋	男	2000/7/9	☑	无	
63	20060301	朱琳	女	2000/7/27	☐	网球	

记录: 第 14 项(共 46 项) 无筛选器 搜索

图 5-4 输入表记录

【实验验证 4】 为“学生成绩查询数据库”中的“班级表”和“学生信息表”建立关系。

实验步骤如下：

（1）分析两个表的共同字段为“班级编号”，为“班级表”设定主键为“班级编号”，如图 5-5 所示。

图 5-5 为“班级表”设定主键

（2）单击“数据库工具”菜单中的“关系”按钮，在关系设计窗口中右击选择“显示表”弹出“显示表”对话框如图 5-6 所示，按住 Ctrl 键可以同时选中“班级表”和“学生信息表”，单击“添加”按钮，选中的两张表被添加到“关系”设计窗口中，单击“关闭”按钮关闭“显示表”对话框。

图 5-6 在关系中添加表

(3) 选择班级表中的班级编号，按住鼠标左键向学生信息表的班级编号拖动，松开鼠标左键后弹出“编辑关系”对话框如图 5-7 所示。在“实施参照完整性”、“级联更新相关字段”和“级联删除相关记录”复选框中打钩表示“选中”，单击“创建”按钮完成设置过程。

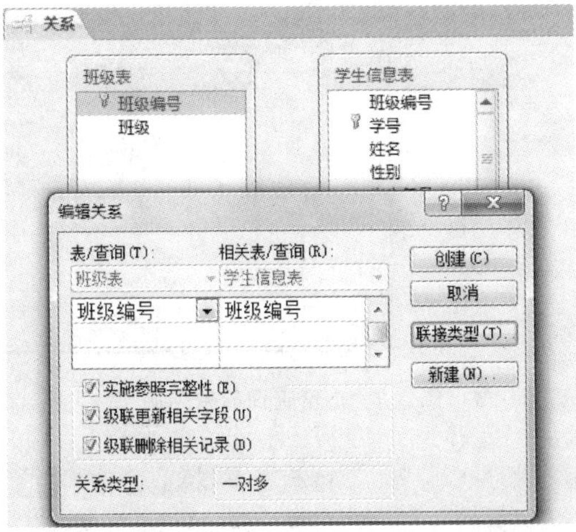

图 5-7 “编辑关系”对话框

(4) 两个表的关系建立如图 5-8 所示。

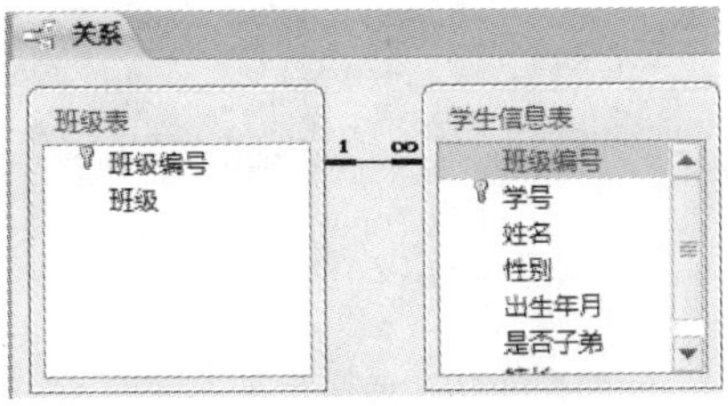

图 5-8 表之间的关系

【实验验证 5】 查询学生信息表中所有女生的信息，字段只显示学号、姓名、性别和特长。

实验步骤如下：

(1) 创建查询。单击“创建”菜单，在工具栏上选择“查询设计”。

(2) 指定查询的数据源。在“显示表”对话框中双击学生信息表，在“查询 1”设计视图窗口中就会出现“学生信息表”，如图 5-9 所示。关闭“显示表”对话框，完成表的添加。

(3) 选择查询字段。在“查询 1”设计视图窗口中的“学生信息表”中，分别双击学号、姓名、性别和特长字段完成字段的添加，如图 5-10 所示。

(4) 设置查询条件。如图 5-11 所示，要查询女生的信息，需要为女生字段设置查询条件为：“女”。

(5) 保存查询名为“【例 5-5】”，单击工具栏上“数据表视图”按钮 ，运行结果如图 5-12 所示。

【实验验证 6】 查询学生信息表中所有 2000 年以后出生的有“乒乓球”特长的学生信息，字段只显示学号、姓名、出生年月和特长。

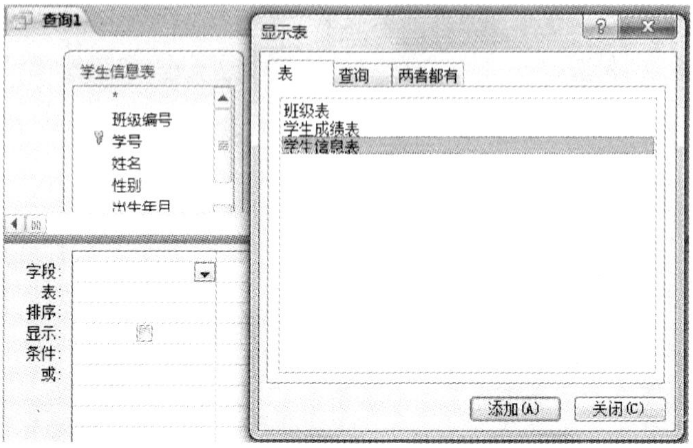

图 5-9　指定查询的数据源

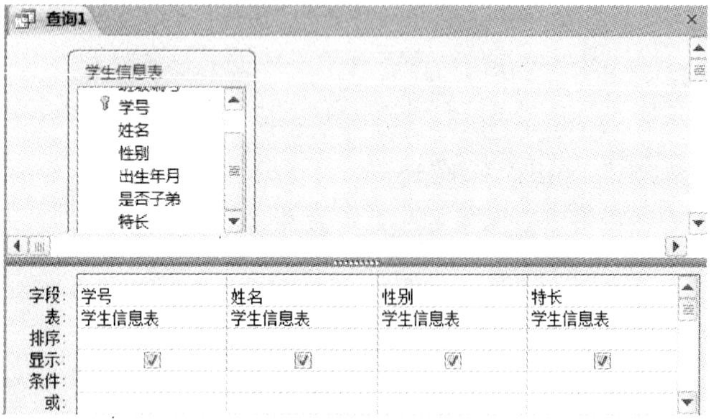

图 5-10　选择查询字段

图 5-11　设置查询条件

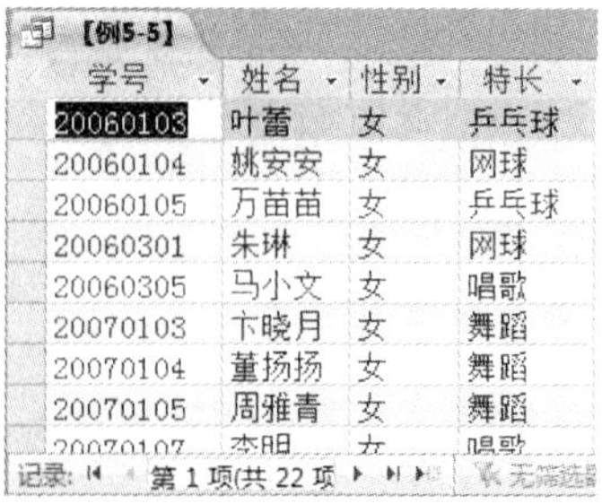

图 5-12　【例 5-5】运行结果

实验步骤如下：

(1) 创建查询。单击“创建”菜单，在工具栏上选择“查询设计”命令。

(2) 指定查询的数据源。在“显示表”对话框中双击学生信息表，在“查询1”设计视图窗口中就会出现“学生信息表”，关闭“显示表”对话框，完成表的添加。单击保存按钮保存查询名称为“【例5-6】”。

(3) 选择查询字段。在“【例5-6】”设计视图窗口的“学生信息表”中，分别双击学号、姓名、出生年月和特长字段完成字段的添加，如图5-13所示。

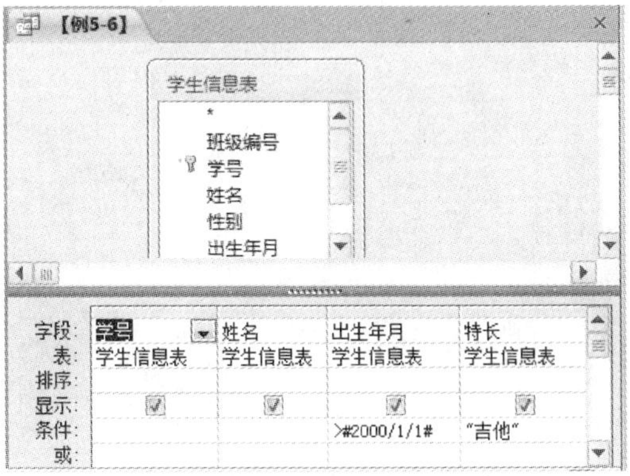

图5-13 为查询选择字段

(4) 设置查询条件。如图5-13所示，要查询2000年以后出生的有“吉他”特长的学生信息，需要为出生年月字段设置查询条件为：＞＃2000/1/1＃ 并在特长字段的条件行中输入：“吉他”。

(5) 保存，运行结果如图5-14所示。

图5-14 查询运行结果

【实验验证7】 创建查询，显示五年级2班姓“刘”的学生的班级、学号、姓名、性别和出生年月。

实验步骤如下：

(1) 创建查询。单击“创建”菜单，在工具栏上选择“查询设计”。

(2) 指定查询的数据源。在“显示表”对话框中分别双击班级表和学生信息表，关闭“显示表”对话框，完成表的添加。单击保存按钮保存查询名称为“【例5-7】”。

(3) 选择查询字段。在“【例5-7】”设计视图窗口中，双击“班级表”中班级字段，然后分别双击“学生信息表”中的学号、姓名、性别和出生年月字段，完成字段的添加。

（4）设置查询条件如图5-15所示。

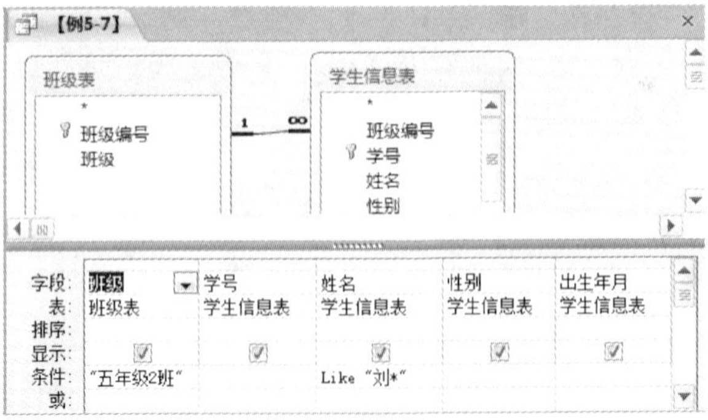

图5-15　设置查询条件

（5）保存，运行结果如图5-16所示。

图5-16　查询运行结果

【实验验证8】 创建查询，显示学生信息表中的年龄信息，字段只显示学号、姓名、性别和年龄。

实验步骤如下：

（1）创建查询。单击“创建”菜单，在工具栏上选择“查询设计”命令。

（2）选定查询的数据源。在“显示表”对话框中双击学生信息表，关闭“显示表”对话框，完成表的添加。单击保存按钮 保存查询名称为“【例5-8】”。

（3）选择查询字段，如图5-17所示。

图5-17　选择查询字段

（4）保存，运行结果如图5-18所示。

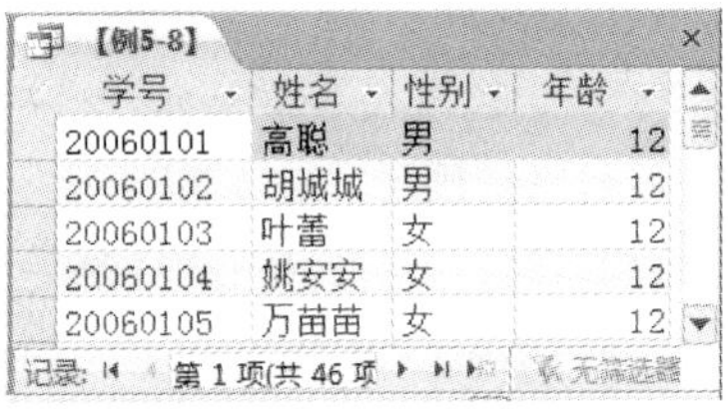

图5-18　查询运行结果

【实验验证9】 创建查询，先按照性别的升序排序，再按照出生年月的降序排序，显示学生信息表中的学号、姓名、性别和出生年月。

实验步骤如下：

(1) 创建查询。

(2) 指定查询的数据源。在“显示表”对话框中双击学生信息表，在“查询 1”设计视图窗口中就会出现“学生信息表”，关闭“显示表”对话框，完成表的添加。单击保存按钮 保存查询名称为“【例 5-9】”。

(3) 选择查询字段。

(4) 设置排序依据。如图 5-19 所示，在性别字段的“排序”行选择升序，在出生年月字段的“排序”行选择降序。

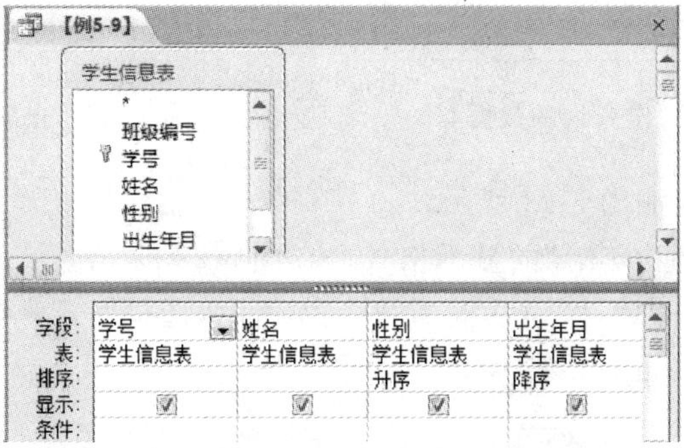

图 5-19 设置排序依据

(5) 保存，运行结果如图 5-20 所示。

图 5-20 查询运行结果

【实验验证 10】 创建统计查询，以“【例 5-8】”为查询的数据源，统计学生的平均年龄，要求保留 1 位小数。字段只显示学生的平均年龄。

实验步骤如下：

(1) 创建查询。

(2) 选定查询的数据源。在“显示表”对话框中单击“查询”选项卡，双击“【例 5-8】”将查询“【例 5-8】”添加到“查询 1”设计视图中。单击保存按钮 保存查询名称为“【例 5-10】”如图 5-21 所示。

(3) 选择查询字段。

(4) 设置“总计”行。选择“查询工具设计”选项卡的“显示/隐藏”组，单击“汇总”按钮，则查询设计视图会在“表”和“排序”之间显示“总计”行。在“年龄”字段下的“总计”行选择平均值。“总计”行的设置如图 5-22 所示。

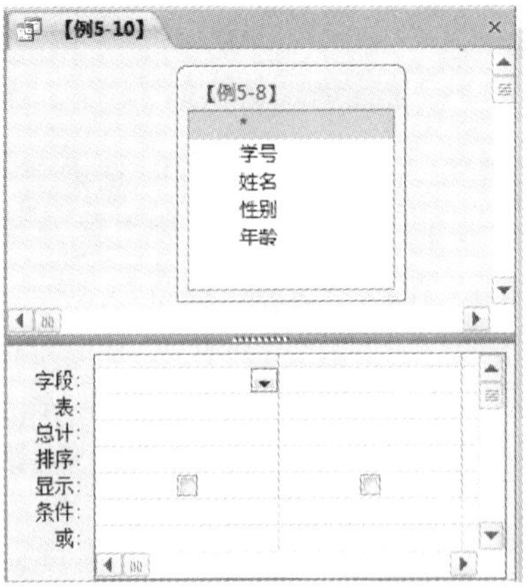

图 5-21　选定查询的数据源

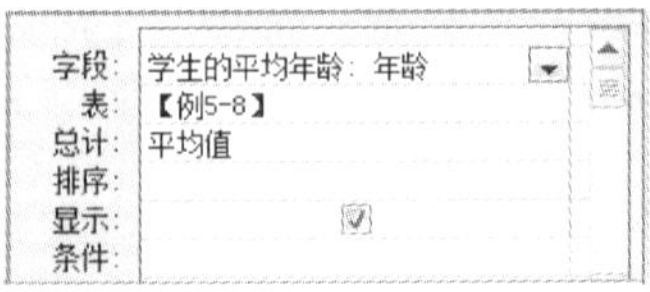

图 5-22　查询的“总计”行

(5) 保存，运行结果如图 5-23 所示。

(6) 设置“学生的平均年龄”的显示格式。在图 5-22 的“学生的平均年龄：年龄”字段列中右击选择“属性”，打开“属性”对话框如图 5-24 所示，选择格式为“标准”，小数位数为“1”。

(7) 保存，运行结果如图 5-25 所示。

图 5-23　查询运行结果

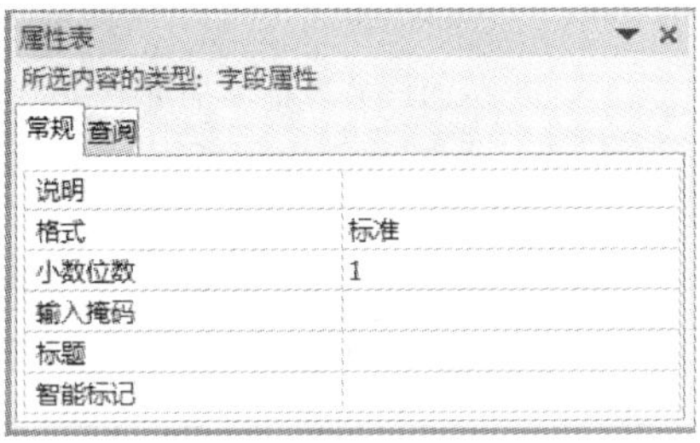

图 5-24　“属性”对话框

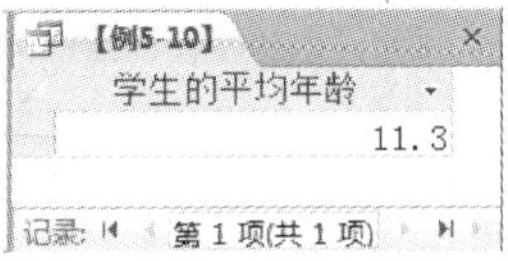

图 5-25　调整格式后学生的平均年龄

【实验验证 11】 创建分组查询，以“【例 5-8】”为查询的数据源，分别统计男女生的平均年龄，要求保留 1 位小数。字段只显示性别和平均年龄。

实验步骤如下：

(1) 创建查询。

(2) 选定查询的数据源。在“显示表”对话框中单击“查询”选项卡，双击“【例 5-8】”将查询“【例 5-8】”添加到“查询 1”设计视图中。单击保存按钮保存查询名称为“【例 5-10】”。

(3) 选择查询字段。

(4) 设置“总计”行。选择“查询工具设计”选项卡的“显示/隐藏”组，单击“汇总”按钮，则查询设计视图会在“表”和“排序”之间显示“总计”行。

在“性别”字段下的“总计”行选择“Group By”(分组)，在“年龄”字段下的“总计”行选择“平均值”。其设置如图 5-26 所示。

(5) 设置“平均年龄”的显示格式。在如图 5-26 所示的“平均年龄：年龄”字段列中右击选择“属性”命令，打开“属性”对话框，选择格式为“标准”，小数位数为“1”。

(6) 保存,运行结果如图 5-27 所示。

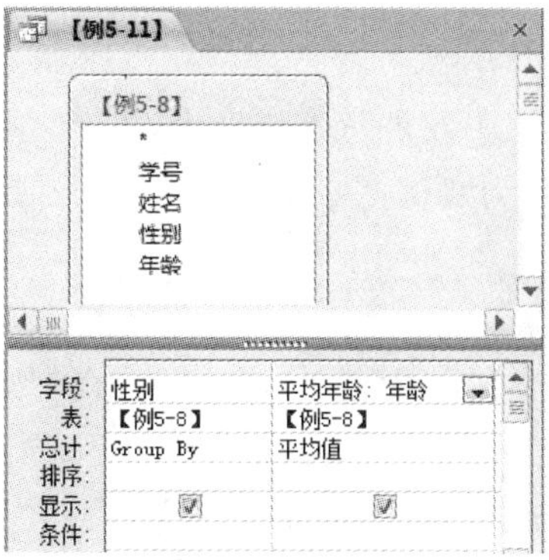

图 5-26 查询的“总计”行

图 5-27 男女生的平均年龄

【实验验证 12】 创建单参数查询,根据用户输入的某种特长查询具备此特长的学生的相关信息,字段显示学号、姓名、性别和特长,按照性别的降序排序。

实验步骤如下:

(1) 创建查询。

(2) 指定查询的数据源。在“显示表”对话框中双击学生信息表,关闭“显示表”对话框,完成表的添加。单击保存按钮保存查询名称为“【例 5-12】”。

(3) 选择查询字段。

(4) 设置排序依据。在性别字段的“排序”行选择“降序”。

(5) 设置查询条件。在特长字段的“条件”行中输入:[请输入查询的特长:],其设置如图 5-28 所示。

图 5-28 参数查询中条件的设置

(6) 保存,运行时首先弹出对话框,提示信息为“请输入查询的特长:”,如图 5-29 所示。在提示框中输入“乒乓球”,单击“确定”按钮后得到单参数查询的运行结果如图 5-30 所示。

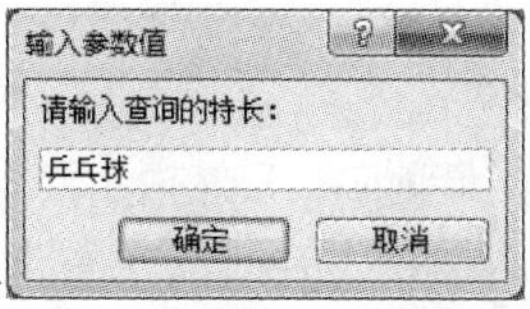

图 5-29 输入参数提示框

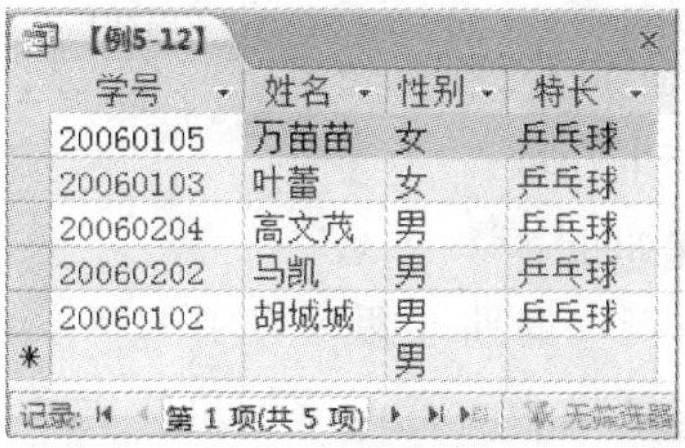

图 5-30 给定参数后的查询结果

【实验验证 13】 创建多参数查询,根据用户输入的班级编号和特长查询学生的相关信息，字段显示顺序为：班级编号、学号、姓名、性别、出生年月和特长，按照性别的降序排序。

实验步骤如下：

（1）创建查询。

（2）指定查询的数据源。在“显示表”对话框中双击学生信息表，关闭“显示表”对话框，完成表的添加。单击保存按钮保存查询名称为“【例 5-13】”。

（3）选择查询字段。

（4）设置排序依据。

（5）设置查询条件。在班级编号字段的“条件”行中输入：[请输入查询的班级编号：]，在特长字段的“条件”行中输入：[请输入查询的特长：]，其设置如图 5-31 所示。

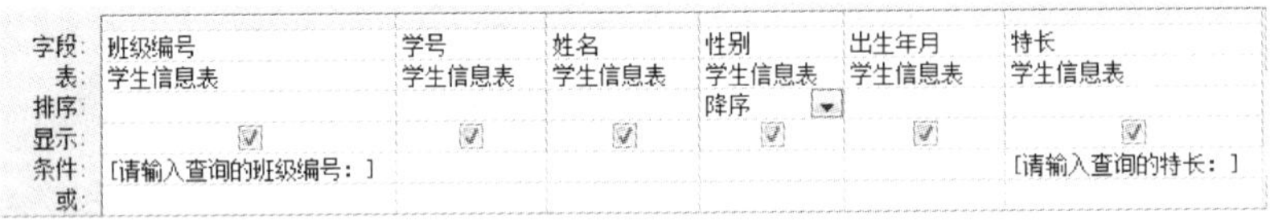

图 5-31　多参数查询中排序及条件设置

（6）保存，运行时首先弹出对话框，提示信息为“请输入查询的班级编号：”，如图 5-32。在提示框中输入班级编号“52”，单击“确定”按钮后得到第二个输入参数的提示框。如图 5-33 所示，在第二个输入参数提示框中输入特长“吉他”，单击“确定”按钮后得到多参数查询的运行结果，如图 5-34 所示。

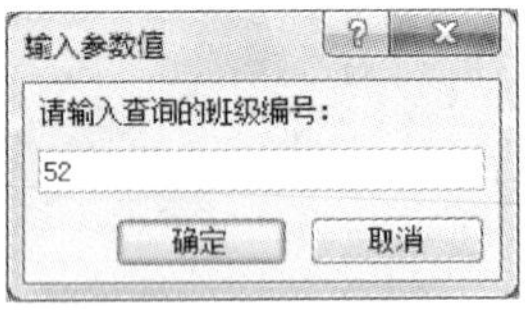

图 5-32　输入第一个参数

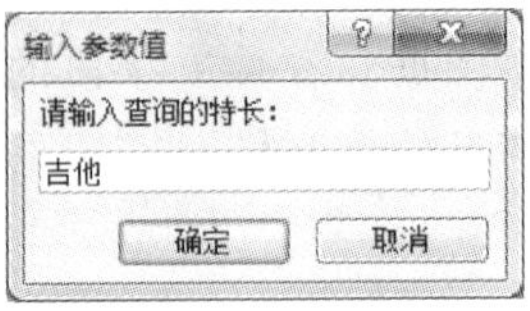

图 5-33　输入第二个参数

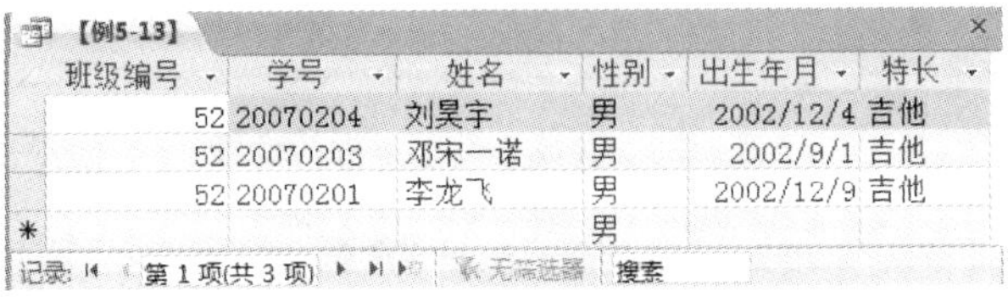

图 5-34　给定多参数后的查询结果

【实验验证 14】 创建交叉表查询，按照学生的班级和特长统计每个班特长生的人数以及无特长的学生人数。

实验步骤如下：

（1）创建新查询抽取两个表中的字段。单击“创建”菜单，在工具栏上选择“查询设计”。在“显示表”对话框中为查询添加班级表和学生信息表，关闭对话框。在查询设计视图中分别在两个表中选择字段：班级、特长和姓名，保存查询名为“【例 5-14】数据源”，完成交叉表查询数据源的设计。

（2）新建交叉表查询向导。单击“创建”菜单，选择“查询向导”，在弹出的“新建查询”对话框中选择“交叉表查询向导”选项，如图 5-35 所示，单击“确定”按钮开始进行交叉表查询的设计。

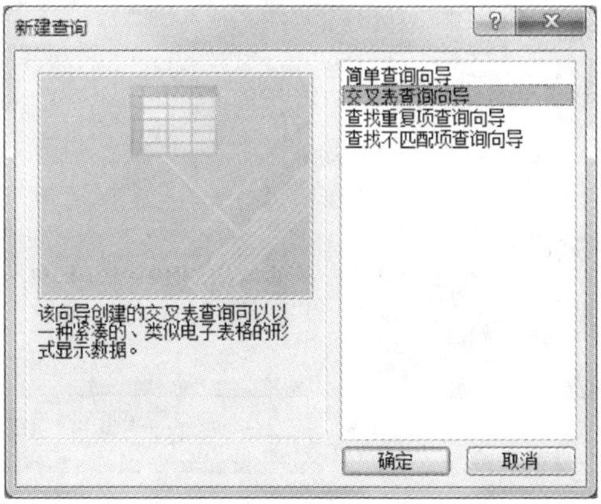

图 5-35　新建交叉表查询向导

(3) 为查询指定数据源。在“交叉表查询向导”对话框中的“视图”项选择“查询”，然后在“视图”项上方的查询列表中选择“查询：【例 5-14】数据源”，如图 5-36 所示，单击“下一步”按钮。

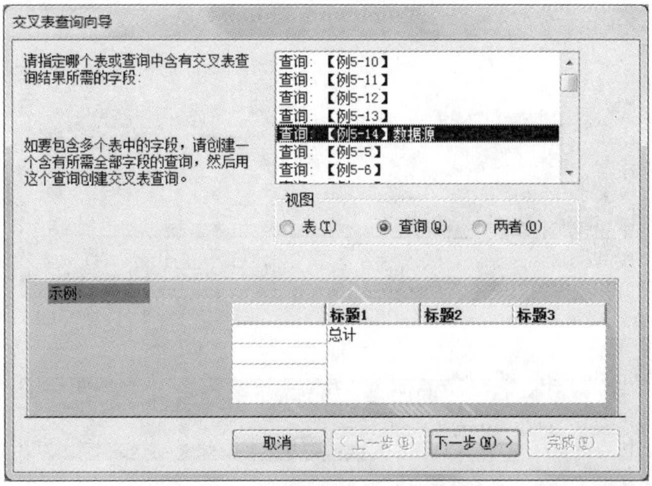

图 5-36　为查询指定数据源

(4) 为交叉表查询指定行标题。在“可用字段”项中双击“班级”字段，则班级字段设定为交叉表查询的行标题，如图 5-37 所示。当查询运行时班级字段及其字段内容显示在查询表中的第一列中，单击“下一步”按钮进行列标题的设置。

(5) 为交叉表查询指定列标题。选择“特长”字段，则特长字段设定为交叉表查询的列标题，如图 5-38 所示。当查询运行时特长字段的内容将无重复的显示在查询表中第一行记录的上方，即原来字段名显示的位置上，单击“下一步”按钮进行交叉点数据的设置。

(6) 为交叉表查询指定交叉点数据。如图 5-39 所示，选择“姓名”字段，默认选择计数函数“Count”。取消“是，包括各行小计(Y)”项前面的 ☑ 。单击“下一步”按钮，为交叉表查询指定文件名。

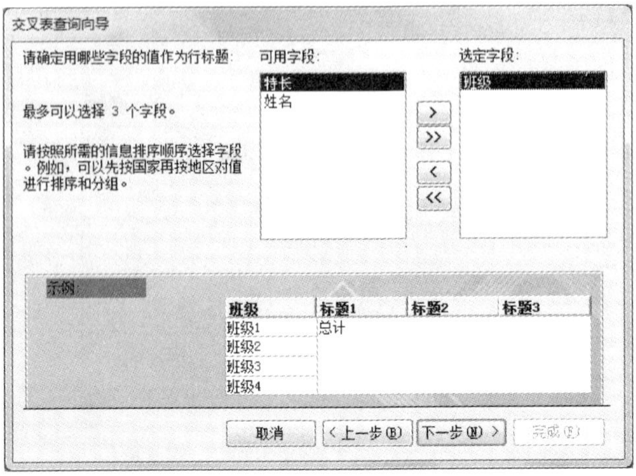

图 5-37　为交叉表查询指定行标题

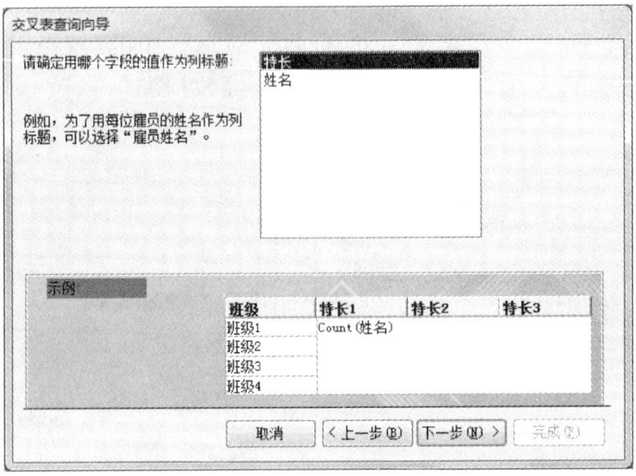

图 5-38　为交叉表查询指定列标题

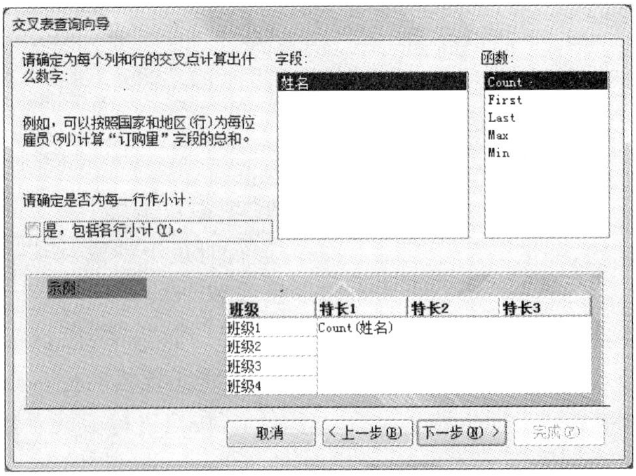

图 5-39　为交叉表查询指定交叉点数据

(7) 为交叉表查询指定文件名为“【例 5-14】”，如图 5-40 所示，系统默认的完成查询时的查询运行方式是“查看查询”，单击“完成”按钮。

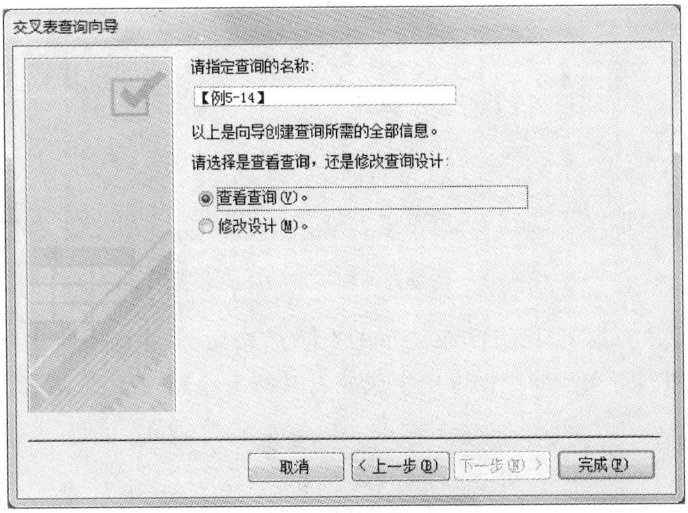

图 5-40　为交叉表查询指定文件名

(8) 查看交叉表查询的运行结果，如图 5-41 所示。

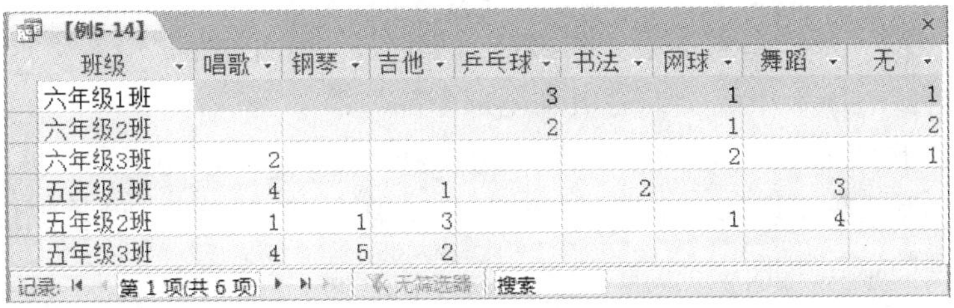

【例5-14】

班级	唱歌	钢琴	吉他	乒乓球	书法	网球	舞蹈	无
六年级1班				3		1		1
六年级2班				2		1		2
六年级3班	2					2		1
五年级1班	4		1		2		3	
五年级2班	1	1	3			1	4	
五年级3班	4	5	2					

记录: 第 1 项(共 6 项)　无筛选器　搜索

图 5-41　交叉表查询的运行结果

【实验验证 15】　使用生成表查询将学生信息表中六年级的学生信息筛选出来生成毕业生信息表。

实验步骤如下：

(1) 创建查询。

(2) 指定查询的数据源。在“显示表”对话框中双击学生信息表，关闭“显示表”对话框，完成表的添加。单击保存按钮 保存查询名称为“【例 5-15】”。

(3) 选择查询字段。在“【例 5-15】”设计视图窗口的学生信息表中，双击“ * ”即表示将所有字段添加到查询设计视图中。双击“班级编号”，并在“显示”行取消方框中的对号，即表示运行结果中不显示此字段内容。

(4) 设置查询条件。如图 5-42 所示，为班级编号字段设置查询条件为：Like "6＃" 。

(5) 选择查询的类型为生成表查询。在“查询工具设计”菜单中单击“生成表”查询按钮 ，在弹出的“生成表”对话框中定义生成新表的名称是“【例 5-15】毕业生信息表”，如图 5-42 所示，系统默认将表存放在“当前数据库”中，单击“确定”按钮。

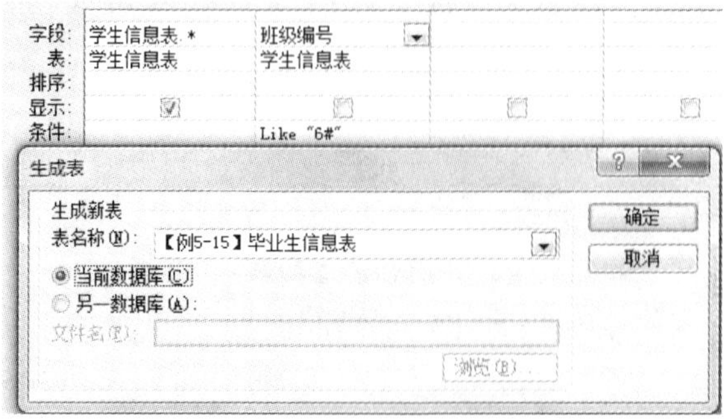

图 5-42　选择查询的类型为生成表查询

（6）保存，单击“查询工具设计”菜单下的“运行”按钮 弹出系统提示框如图 5-43 所示。单击“是”按钮即可在当前数据库中生成新表“【例 5-15】毕业生信息表”。

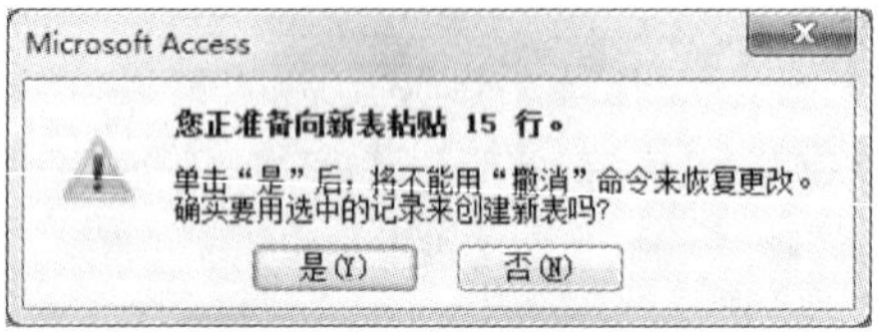

图 5-43　系统提示框

【实验验证 16】 学生信息表中六年级的学生已经生成了新的“毕业生信息表”，利用删除查询将学生信息表中六年级学生的信息全部删除。

实验步骤如下：

例题分析：为了数据表的安全性，复制“学生信息表”到“【例 5-16】学生信息表”中作为本例中删除查询的数据源表。

（1）创建查询。

（2）指定查询的数据源。在“显示表”对话框中双击表“【例 5-16】学生信息表”，关闭“显示表”对话框，完成表的添加。单击保存按钮 保存查询名称为“【例 5-16】”。

（3）选择查询的类型为删除查询。在“查询工具设计”菜单中单击“删除”查询按钮 ，查询设计视图的结构将发生变化如图 5-44 所示，增加了“删除”行。

（4）设定删除条件。如图 5-44 所示，为班级编号字段设置删除条件为：Like "6＃" 。

（5）保存，单击“查询工具设计”菜单下的“运行”按钮 弹出系统提示框如图 5-45 所示。单击“是”，系统将自动删除指定的记录。

图 5-44　删除查询设计视图

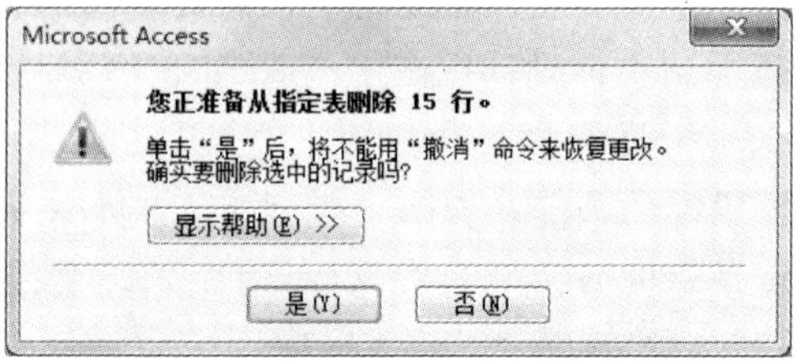

图 5-45　运行删除查询的信息提示

【实验验证 17】 新学年到了，学生将升入高年级中，如一年级的学生变成二年级，五年级的学生升入六年级等。其班级编号也要相应发生变化，如 11 变成 21，51 变成 61。创建更新查询，将"【例 5-16】学生信息表"中学生的班级编号升级。

实验步骤如下：

说明：为了数据表的安全性，复制"【例 5-16】学生信息表"到"【例 5-17】学生信息表"中作为本例中更新查询的数据源表。

(1) 创建查询。

(2) 指定查询的数据源。在"显示表"对话框中双击表"【例 5-17】学生信息表"，关闭"显示表"对话框，完成表的添加。单击保存按钮保存查询名称为"【例 5-17】"。

(3) 选择查询的类型为更新查询。在"查询工具设计"菜单中单击"更新"查询按钮，查询设计视图的结构将发生变化，增加了"更新到"行，如图 5-46 所示。

(4) 设定更新内容。如图 5-46 所示，在"更新到"行中输入：[班级编号]+10 。

(5) 保存，单击"查询工具设计"菜单下的"运行"按钮 弹出系统提示框如图 5-47 所示。单击"是"按钮，系统将自动更新"【例 5-17】学生信息表"表中班级编号字段的内容。

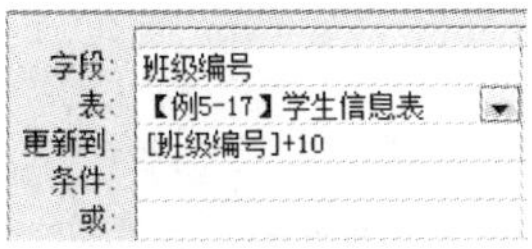

图 5-46 更新查询设计视图

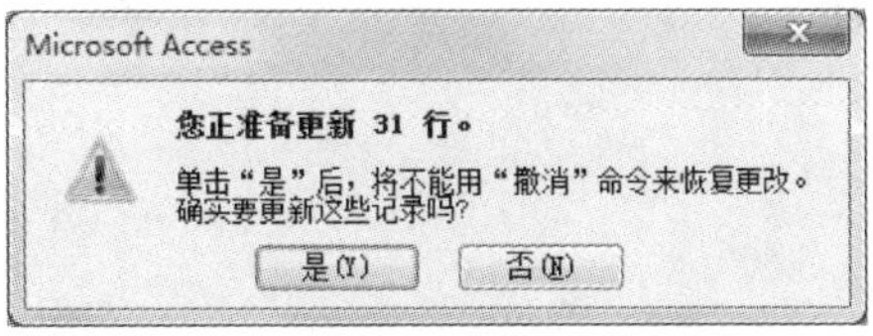

图 5-47 运行更新查询的信息提示

【实验验证 18】 将"毕业生信息表"中的全部记录追加到已经删除了毕业生信息的"【例 5-16】学生信息表"中。

实验步骤如下：

(1) 创建查询。

(2) 指定查询的数据源。在"显示表"对话框中双击表"【例 5-15】毕业生信息表"，关闭"显示表"对话框，完成表的添加。单击保存按钮保存查询名称为"【例 5-18】"。

(3) 选择查询的类型为追加查询。在"查询工具设计"菜单中单击"追加"查询按钮，弹出"追加"对话框如图 5-48 所示，在"追加到"项的表名称中选择"【例 5-16】学生信息表"。即可设置将"【例 5-15】毕业生信息表"中的记录内容追加到"【例 5-16】学生信息表"表中。

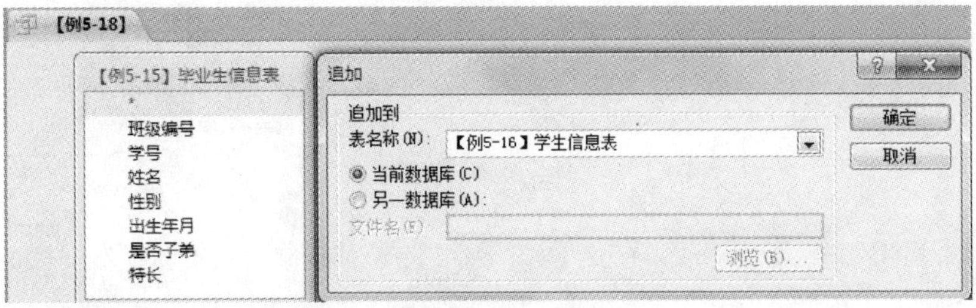

图 5-48 选择查询的类型为追加查询

（4）设定追加内容。设定追加内容的方法如图5-49左侧所示。

（5）保存，单击“查询工具设计”菜单下的“运行”按钮 ! 弹出系统提示框如图5-49右侧所示。单击“是”按钮，系统将自动追加记录行。

图5-49　追加查询的设计与运行

第 6 章　Flash 动画制作

本章主要掌握使用 Flash CS6 进行动画制作的主要方法，根据实验题目的要求和步骤完成实验验证，并根据题目的要求完成实验设计。

6.1　创建元件

【实验验证 1】 创建一个图形元件并将元件设置为舞台的背景实例。

实验步骤如下：

(1) 新建 Flash 文档并创建新元件。新建 Flash 文档并保存文件名为“【例 6-1】”，按 Ctrl+F8 快捷键弹出“创建新元件”对话框如图 6-1 所示。

(2) 定义图形元件的名称和类型。如图 6-1 所示，定义元件的名称为“昙花盛开”，元件的类型选择“图形”，单击“确定”按钮进入图形元件的编辑窗口。

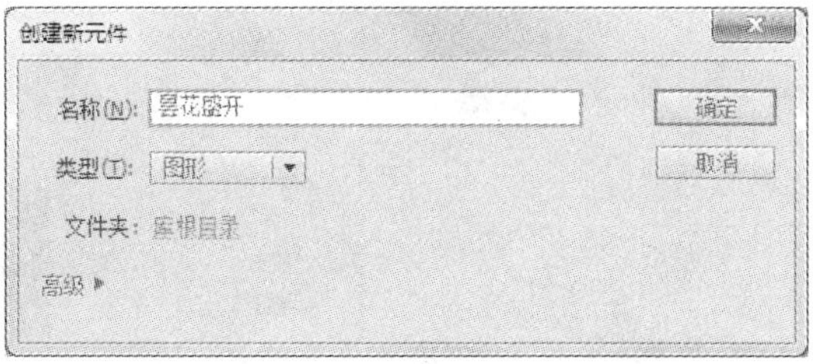

图 6-1　“创建新元件”对话框

(3) 图形元件的编辑窗口，如图 6-2 所示。

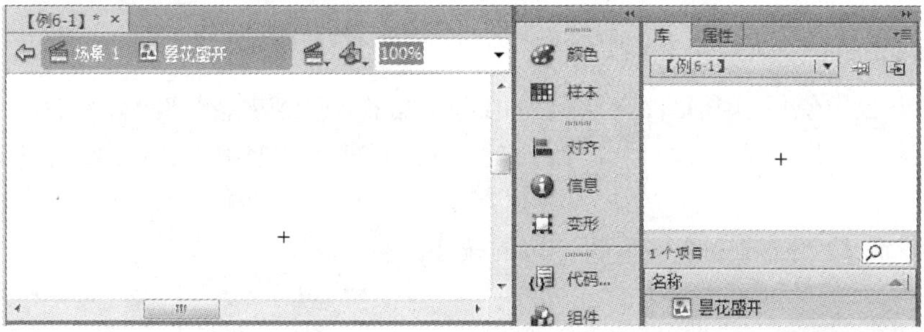

图 6-2　图形元件的编辑窗口

(4) 导入图片。单击“文件”菜单选择“导入”，单击“导入到舞台”，在文件浏览窗口中选择“昙花盛开.jpg”，则图片被导入到“昙花盛开”元件编辑区中。单击窗口右侧的元件属性面板，修改图片的宽度和高度与舞台的默认尺寸相同，即宽 550，高 400，导入图片后的元件编辑窗口如图 6-3 所示。

图 6-3 导入图片后的元件编辑窗口

（5）切换至“场景 1”。如图 6-3 所示的元件编辑窗口，单击窗口顶部的“场景 1”，则“昙花盛开”元件编辑窗口被关闭，窗口即切换为“场景 1”的编辑窗口如图 6-4 所示。在窗口右侧的“库”面板中，可以看到“昙花盛开”元件的内容，窗口的右下角是元件的名称和元件源图片文件的名称。

图 6-4 “场景 1”编辑窗口

（6）在舞台中使用图形元件。从窗口的右下角拖动“昙花盛开”元件到舞台上，松开鼠标，元件中的内容即成为了“场景 1”舞台的背景，在舞台中使用图形元件的效果如图 6-5 所示。

【实验验证 2】 创建一个多形状变化的按钮元件。

实验步骤如下：

（1）新建 Flash 文档并创建新元件。新建 Flash 文档并保存文件名为“【例 6-2】”，按 Ctrl+F8 快捷键弹出“创建新元件”对话框。

（2）定义元件的名称和类型。定义元件的名称为“多形状按钮”，元件的类型选择“按钮”，单击“确定”进入按钮元件的编辑窗口。

（3）按钮元件的编辑窗口。如图 6-6 所示，元件的名称显示在场景名称的右侧，在元件编辑区中出现一个“+”形状，即元件的注册点，也是元件编辑区的中心位置。在元件编辑区

图 6-5　在舞台中使用图形元件

的左下角是时间轴面板，“图层 1”上有 4 帧，分别为“弹起”、“指针经过”、“按下”和“点击”。

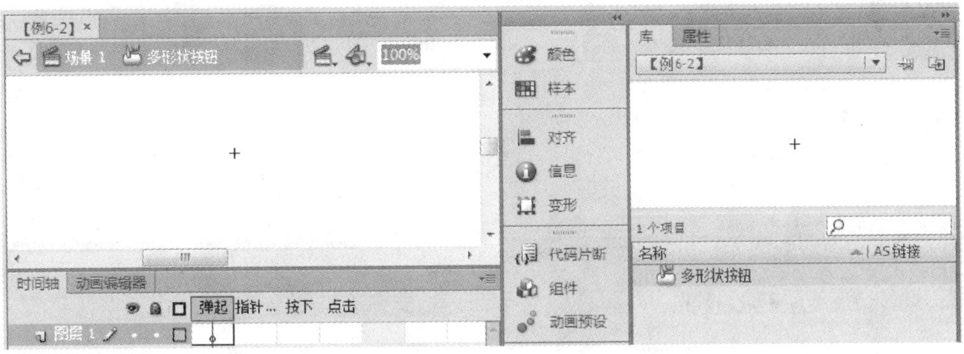

图 6-6　按钮元件的编辑窗口

(4) 定义“弹起”帧。在“时间轴”面板上，单击“弹起”帧，在“工具箱”面板中选择“矩形工具”，在属性面板中更改“矩形工具”的填充颜色为“蓝色”，在舞台上画出一个蓝色的矩形。在“工具箱”面板中选择“文本工具”，在属性面板中更改文本的大小为“20 点”，颜色为“白色”，在矩形中输入“弹起”，调整文本与矩形的位置如图 6-7 所示。

(5) 定义“指针经过”帧。在“时间轴”面板上，在“指针经过”帧上右击选择“插入空白关键帧”命令，在“工具箱”面板中选择“椭圆工具”，在属性面板中更改“椭圆工具”的填充颜色为“黄色”，在舞台上画出一个黄色的椭圆。在“工具箱”面板中选择“文本工具”，在属性面板中更改文本的大小为“20 点”，颜色为“黑色”，在椭圆中输入“指针经过”，调整文本与椭圆的位置如图 6-8 所示。

(6) 定义“按下”帧。在“时间轴”面板上，在“按下”帧上右击选择“插入空白关键帧”命令，在“工具箱”面板中选择“椭圆工具”，在属性面板中更改“椭圆工具”的填充颜色为“白色”，笔触颜色为“黑色”，按住 Shift 键在舞台上画出一个圆。在“工具箱”面板中选择“文本工具”，在属性面板中更改文本的大小为“20 点”，颜色为“黑色”，在圆中输入“按下”，调整文本与圆的位置如图 6-9 所示。

图 6-7　定义“弹起”帧

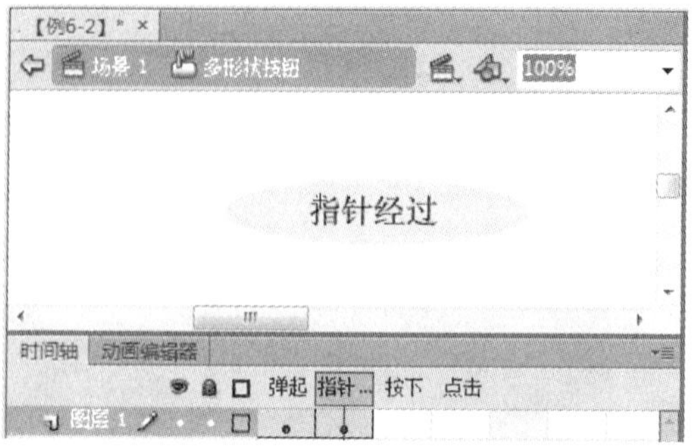

图 6-8　定义“指针经过”帧

（7）定义“点击”帧。在“时间轴”面板上，在“点击”帧上右击选择“插入空白关键帧”命令，从 Word 中复制一个“笑脸”图片到元件的编辑区并调整图片的大小和位置，在“工具箱”面板中选择“文本工具”，在属性面板中更改文本的大小为“20 点”，颜色为“黑色”，在笑脸图片的右侧输入“点击”，调整文本与“笑脸”的位置如图 6-10 所示。

图 6-9　定义“按下”帧

图 6-10　定义“点击”帧

（8）切换至“场景 1”。如图 6-10 所示的元件编辑窗口，单击窗口顶部的“场景 1”，则“多形状按钮”元件编辑窗口被关闭，窗口即切换为“场景 1”的编辑窗口如图 6-11 所示。

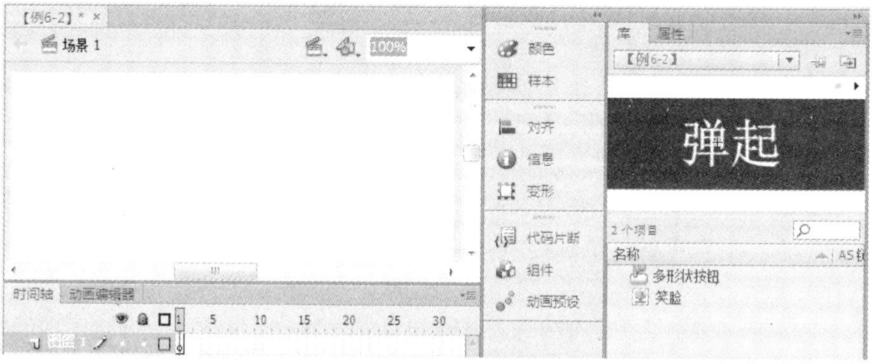

图 6-11　“场景 1”的编辑窗口

（9）在舞台中使用按钮元件。从窗口的右下角拖动“多形状按钮”元件到舞台上，松开鼠标，舞台上只显示按钮元件第 1 帧的内容，其效果如图 6-12 所示。

(10) 测试动画的效果。按 Ctrl+Enter 快捷键,测试按钮元件的动画效果,运行的初始界面显示一个蓝色的"弹起"矩形;当鼠标指向矩形时,按钮呈现出黄色"指针经过"椭圆;单击椭圆,则按钮又呈现为黑框白色"按下"圆。测试动画的效果如图 6-13 所示(3 种按钮效果的合成图)。

图 6-12　在舞台中使用按钮元件

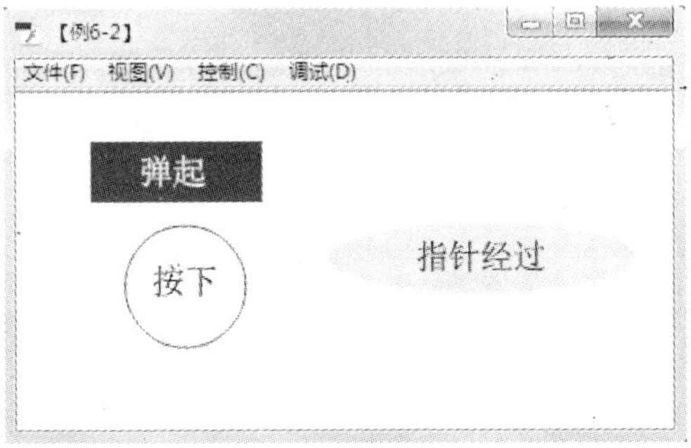

图 6-13　测试动画的效果

6.2　多媒体的应用

【实验验证 3】 制作数字"1"、"2"、"3"发音单词的按钮。

实验步骤如下:

(1) 新建 Flash 文档并创建新元件。新建 Flash 文档并保存文件名为"【例 6-3】",按 Ctrl+F8 快捷键弹出"创建新元件"对话框。

(2) 定义元件的名称和类型。定义元件的名称为"发音单词 1",元件的类型选择"按钮",单击"确定"进入按钮元件的编辑窗口。

(3) 按钮元件的编辑窗口,如图 6-14 所示。

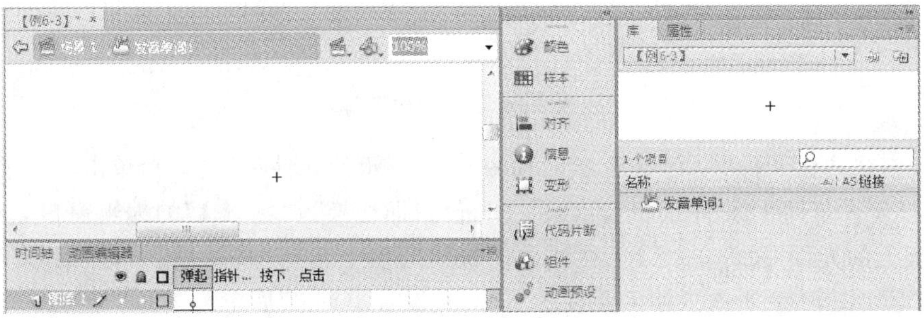

图 6-14　"发音单词"按钮元件编辑窗口

(4) 定义"弹起"帧。在"时间轴"面板上,单击"弹起"帧,在"工具箱"面板中选择"椭圆工具",在属性面板中更改"椭圆工具"的填充颜色为"黄色",在舞台上画出一个黄色的椭圆。在"工具箱"面板中选择"文本工具",在属性面板中更改文本的大小为"30 点",颜色为"红色",在椭圆中输入数字"1",调整文本居中于椭圆内。

(5) 定义"指针经过"帧。在"时间轴"面板上,在"指针经过"帧上右击选择"插入关键帧"命令,修改椭圆内的文字为"one"。

(6) 定义“点击”帧。在“时间轴”面板上，在“点击”帧上右击选择“插入关键帧”命令。“弹起”帧、“指针经过”帧和“点击”帧定义后的设计效果如图 6-15 所示。

图 6-15　定义“弹起”帧、“指针经过”帧和“点击”帧

(7) 导入单词的发音。在“文件”菜单选择“导入”，选择“导入到库”，选择数字“1”的发音文件“1. mp3”，单击“打开”按钮后该文件即被导入到当前库中。同样的操作导入数字发音文件“2. mp3”和 “3. mp3”。

(8) 定义“按下”帧。单击窗口左下角的“新建图层”按钮，新建“图层 2”。在“图层 2”的“按下”帧上右击选择“插入关键帧”命令，其帧属性面板中的声音设置效果如图 6-16 所示。

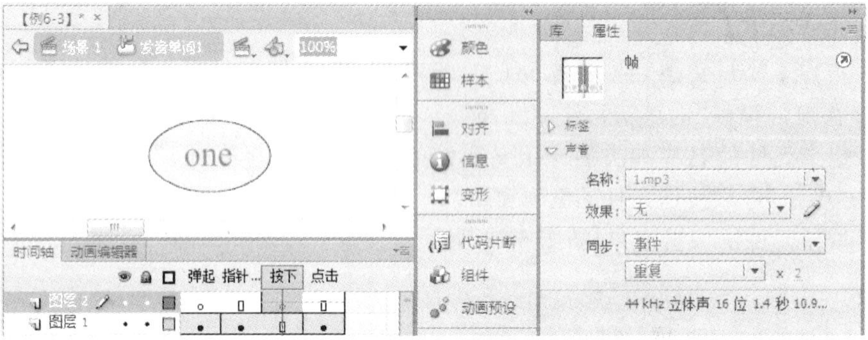

图 6-16　定义“按下”帧

(9) 新建按钮元件“发音单词 2”。如图 6-16 所示的元件编辑窗口，单击窗口顶部的“场景 1”，则“发音单词 1”元件编辑窗口被关闭，窗口即切换为“场景 1”的编辑窗口。右键单击“库”面板上的元件“发音单词 1”，在弹出的快捷菜单中选择“直接复制”，弹出“直接复制元件”对话框如图 6-17 所示。输入元件的名称为“发音单词 2”后单击“确定”按钮。

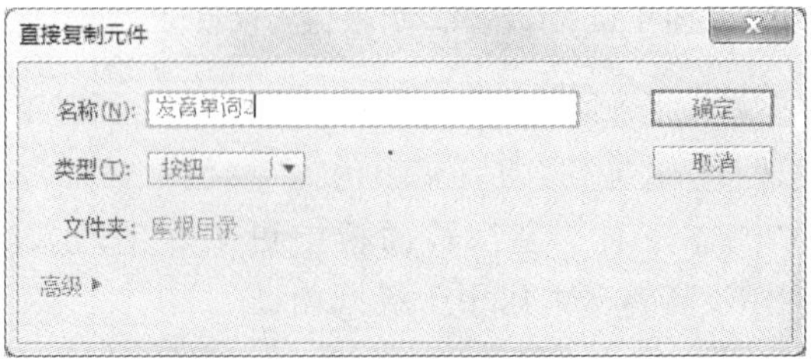

图 6-17　“直接复制元件”对话框

在"场景 1"的"库"面板中双击"发音单词 2"元件的图标，打开元件的编辑窗口，修改相应各帧的数字为"2"，单词为"two"，以及声音文件为"2. mp3"，其设置效果如图 6-18 所示。单击"场景 1"再次回到舞台。

图 6-18　修改"发音单词 2"元件

(10) 新建按钮元件"发音单词 3"，操作可参考步骤(9)。

(11) 切换至"场景 1"如图 6-19 所示，在窗口的右下角列出导入的 3 个声音文件以及新建的 3 个按钮元件。

图 6-19　"场景 1"的编辑窗口

(12) 在舞台中使用按钮元件。从窗口的右下角拖动 3 个新建的元件到舞台上，松开鼠标，舞台上分别显示出 3 个按钮元件第 1 帧的内容，其效果如图 6-20 所示。

(13) 测试动画的效果。按 Ctrl＋Enter 快捷键，测试按钮元件的动画效果。当鼠标无动作时，3 个按钮均显示数字，当鼠标指向某一个数字的时候，显示其英文单词，单击时读单词并发音 2 遍。测试数字"3"的效果如图 6-21 所示。

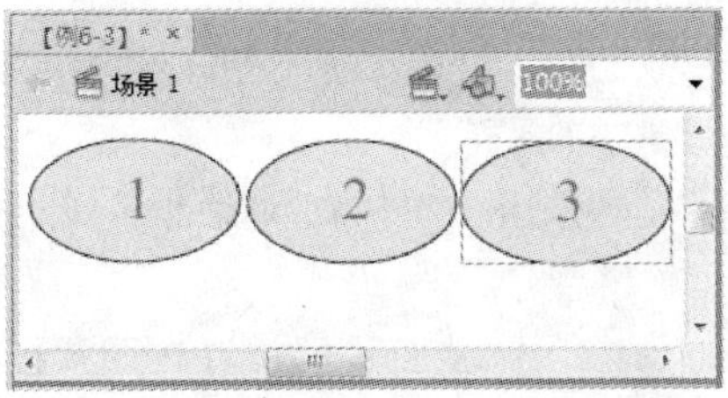

图 6-20　在舞台中使用按钮元件

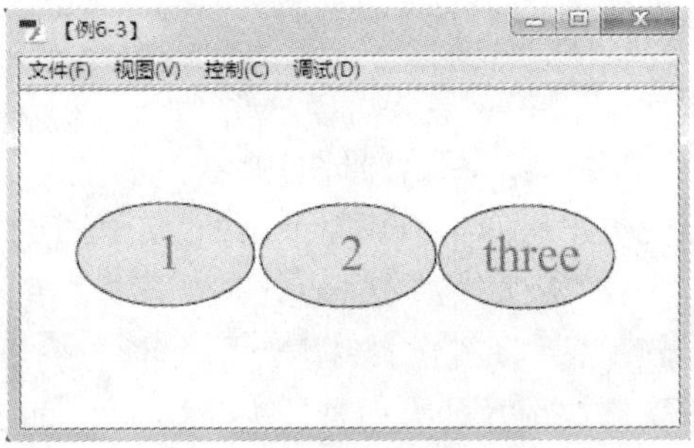

图 6-21　测试动画的效果

6.3 Flash CS6 动画制作基础

6.3.1 实验验证

【实验验证 4】 仿照 PPT 自动播放幻灯片的效果制作动画实现背景图片的切换。

实验步骤如下:

(1) 新建 Flash 文档。新建 Flash 文档并保存文件名为“【例 6-4】”。

(2) 调整舞台的尺寸。单击“修改”菜单中的“文档”,在“文档设置”对话框中修改舞台的尺寸为 300 * 360 像素,帧频为 5。

(3) 绘制矩形图片框

① 在工具箱中选择“矩形工具”,设置笔触颜色为“黄色”,填充颜色为“黑色”,笔触为“14.00”,样式为“点刻线”。

② 在舞台上绘制一个和舞台的尺寸相同的矩形作为图片框,矩形工具的属性设置及效果如图 6-22 所示。

③ 在“图层 1”时间轴的第 50 帧处右击选择“插入帧”命令以延续第 1 帧的内容保持不变至第 50 帧。

图 6-22 矩形工具的属性设置及效果

(4) 导入第 1 张背景图片

① 单击时间轴面板左下角的“新建图层”按钮,新建“图层 2”。

② 在“文件”菜单选择“导入”,选择“导入到舞台”,在弹出的“导入”对话框中选中第 1 张背景图片并将其导入到舞台上。

③ 修改图片的大小属性为“宽:280.00”,“高:340.00”,调整图片的位置在图片框居中

如图 6-23 所示。

图 6-23　导入第 1 张背景图片

(5) 导入第 2 张背景图片

① 右键单击“图层 2”时间轴上的第 10 帧,选择“插入空白关键帧”命令。

② “文件”菜单选择“导入”,选择“导入到舞台”命令,在弹出的“导入”对话框中选中的第 2 张背景图片并将其导入到舞台上。

③ 修改图片的大小属性为“宽：280.00”,“高：340.00”,调整图片的位置在图片框居中,如图 6-24 所示。

图 6-24　导入第 2 张背景图片

(6) 添加其他背景图片。重复步骤(5),分别在"图层 2"时间轴的第 20 帧、第 30 帧、第 40 帧和第 50 帧放置一幅背景图片。

(7) 测试动画效果。按 Ctrl+Enter 快捷键,测试动画效果为仿照 PPT 自动播放幻灯片的效果实现背景图片的切换。

6.3.2 实验设计

【实验设计 1】 选择下面 5 个主题中的一个,仿照 PPT 自动播放幻灯片的效果制作 Flash 电子相册。

(1) 主题:"我和我的家人"、"温馨的宿舍,温暖的家"、"我的大学生活"、"我和我的小伙伴们"、"我眼中的 idol"。

(2) 要求:

① Flash 电子相册的首页是封面页,将主题作为封面页的标题,副标题为班级、学号和姓名。电子相册至少包括 5 张与主题相关的照片。

② 帧频为 10。

③ Flash 电子相册播放时,首页播放时间为 3 秒,第 1 张照片的播放时间为 2 秒,其他照片的播放时间以达到观赏效果为标准。

④ 保存 Flash 动画文件名称为"【实验设计 1】.fla",并同时发布为.exe 文件。

6.4 逐帧动画

6.4.1 实验验证

【实验验证 5】 使用逐帧动画,制作字幕逐字显现至全部展开的动画效果。

实验步骤如下:

(1) 新建 Flash 文档。新建 Flash 文档并保存文件名为"【例 6-5】"。

(2) 调整舞台的尺寸。单击"修改"菜单中的"文档",在"文档设置"对话框中修改舞台的尺寸为 550*200 像素,帧频为 10。

(3) 编辑字幕。在工具箱中选择"文本工具",字符系列为"Times New Roman",样式为"Bold Italic",大小为"30.00",颜色为"红色"。在舞台上输入字幕"do what you love ,love what you do",编辑的字幕效果如图 6-25 所示。

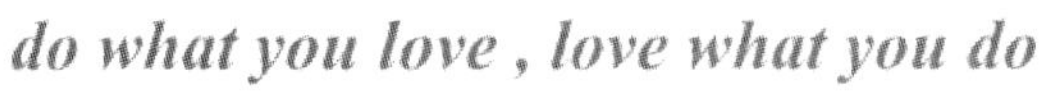

图 6-25 编辑的字幕效果

(4) 分离为单个字符。按 Ctrl+B 快捷键,将文字分离成单个字符,如图 6-26 所示。

图 6-26 分离为单个字符

(5) 复制关键帧。一共是 27 个字符，因此一共需要 27 个关键帧，在时间轴面板上按 26 次“F6”功能键即可生成与第 1 帧的内容完全相同的其他的 26 个关键帧，效果如图 6-27 所示。

图 6-27 创建关键帧

(6) 编辑各帧。选中第 1 帧，只保留第 1 个字符，删除其他字符；选中第 2 帧，只保留前 2 个字符，删除其他字符；选中第 3 帧，只保留前 3 个字符，删除其他字符；选中第 4 帧，只保留前 4 个字符，删除其他字符；依次类推……直至选中最后一帧，保留全部字符。

(7) 测试动画效果。按 Ctrl+Enter 快捷键，测试动画效果为字幕逐字显现至全部展开的动画效果。

【实验验证 6】 使用逐帧动画，制作一幅图片有规律慢慢展开的动画效果。

实验步骤如下：

(1) 新建 Flash 文档。新建 Flash 文档并保存文件名为“【例 6-6】”。

(2) 调整舞台的尺寸。单击“修改”菜单中的“文档”，在“文档设置”对话框中修改舞台的尺寸为 400 * 250 像素，帧频为 10。

(3) 导入图片。“文件”菜单选择“导入”，选择“导入到舞台”，在弹出的“导入”对话框中选中图片并将其导入到舞台上。修改图片的大小属性为“宽：400.00”，“高 250.00”，调整图片在舞台中的位置如图 6-28 所示。

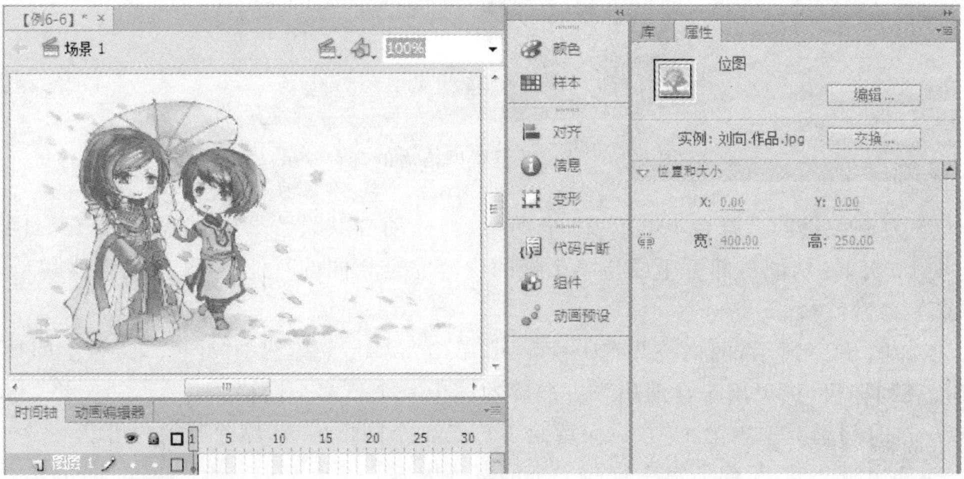

图 6-28 导入图片

(4) 分离图片。按 Ctrl+B 快捷键分离导入的图片。

(5) 显示并编辑网格线。网格线可以帮助用户将一幅图片在视觉上分割为若干个区域，便于用户对图片进行编辑。

① 打开“视图”菜单，选定“网格”中的“显示网格”。

② 再次在“视图”菜单中选择“网格”中的“编辑网格”，弹出“网格”对话框如图 6-29 所示。

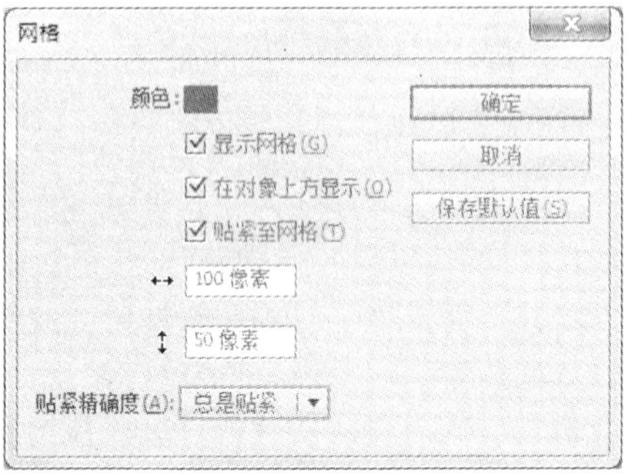

图 6-29 “网格”对话框

③ 如图 6-29 所示，设置颜色为“红色”，选中“在对象上方显示”与“贴紧至网格”，每个网格的大小设置为“100 * 50”，单击“确定”按钮，回到舞台。分离并设置网格后的图片效果如图 6-30 所示。

图 6-30 分离并设置网格后的舞台效果

(6) 复制关键帧。舞台上共有 20 个网格，因此动画共设置 20 个关键帧。在时间轴面板上按 19 次 F6 功能键即可生成与第 1 帧的内容完全相同的其他的 19 个关键帧。

(7) 编辑各帧

① 如图 6-30 所示，网格一共有 4 行 5 列，单击“视图”菜单选中“标尺”，舞台上即显示了行标尺和列标尺，标尺用于帮助用户更准确的选中一个或多个网格。

② 在时间轴上选中第 1 帧，只保留第 1 行第 1 个网格内容，删除其他内容。

③ 选中第 2 帧，只保留第 1 行前 2 个网格的内容。

④ 选中第 3 帧，只保留第 1 行前 3 个网格的内容。

⑤ 选中第 4 帧，只保留第 1 行前 4 个网格的内容；前 4 帧的内容设计如图 6-31 所示。

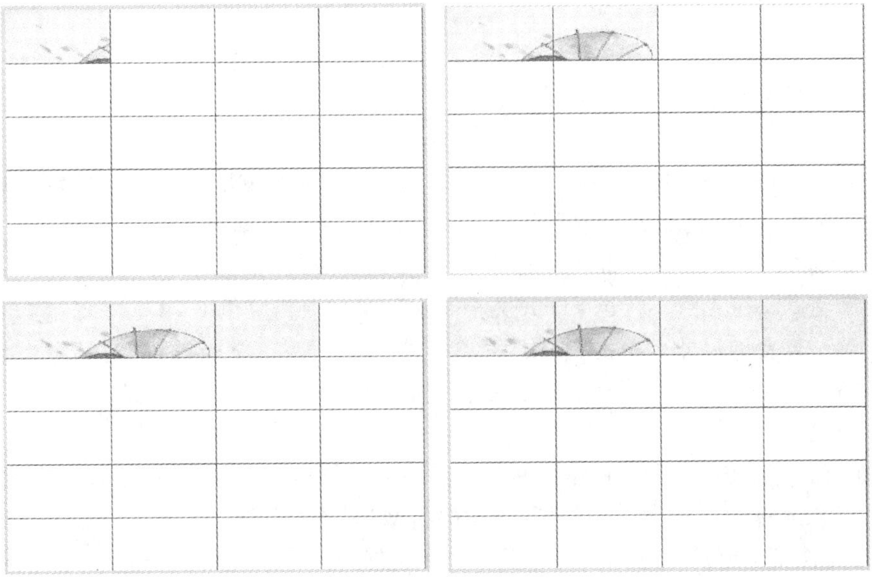

图 6-31 前 4 帧的内容设计

⑥ 选中第 5 帧，保留第 1 行的全部内容，并保留第 2 行第 1 个网格的内容。

⑦ 选中第 6 帧，保留第 1 行的全部内容，并保留第 2 行前 2 个网格的内容。

⑧ 依次类推……直至选中第 20 帧，保留全部网格的内容。

(8) 测试动画效果。按 Ctrl+Enter 快捷键，测试动画效果为一幅图片按照网格的行列顺序依次慢慢展开。

6.4.2 实验设计

【实验设计 2】 使用逐帧动画，修改【实验设计 1】中首页的副标题文字逐字显现直至全部展开的动画效果。

设计要求：

(1) 为了不改变 Flash 动画文件“【实验设计 1】.fla”的内容，请复制副本，在其基础上进行设计与实现。

(2) 设计过程可参考【实验验证 5】。

(3) 保存副本文件名称为“【实验设计 2】.fla”，并同时发布为.exe 文件。

【实验设计 3】 使用逐帧动画，修改【实验设计 1】中的第 1 张照片沿对角线有规律慢慢展开的动画效果。

设计要求：

(1) 为了不改变 Flash 动画文件“【实验设计 1】.fla”的内容，请复制副本，在其基础上进行设计与实现。

(2) 设计过程可参考【实验验证 6】。

(3) 保存副本文件名称为“【实验设计 3】.fla”，并同时发布为.exe 文件。

6.5 传统补间动画

6.5.1 实验验证

【实验验证7】 创建传统补间动画，使舞台上的红色五角星从左下角旋转移动到右上角，短暂停留之后再移动到舞台中心位置，再次短暂停留后逐渐放大。

实验步骤如下：

(1) 新建Flash文档。新建Flash文档并保存文件名为“【例6-7】”。

(2) 调整舞台的尺寸。单击“修改”菜单中的“文档”，在“文档设置”对话框中修改舞台的尺寸为500*300像素，背景颜色为“黄色”，帧频为12。

(3) 新建元件

① 在“插入”菜单中选择“新建元件”，或者按Ctrl+F8快捷键，在弹出的“创建新元件”对话框中输入元件的名称为“红五星”，元件的类型为“图形”。

② 在元件编辑窗口中选择“工具箱”面板中的“矩形工具”里的“多角星形工具”，在属性面板中更改笔触颜色为“无”，填充颜色为“红色”。单击“工具设置”下的“选项”按钮，弹出“工具设置”对话框如图6-32所示，“样式”选择“星形”，单击“确定”按钮回到元件编辑窗口。

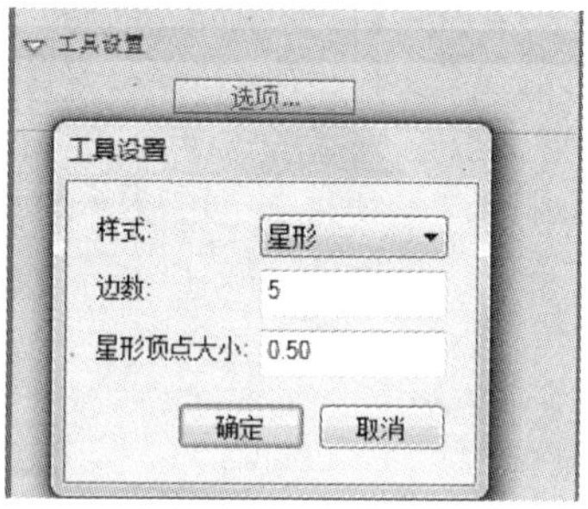

图6-32 “工具设置”对话框

③ 拖动鼠标在元件编辑窗口中绘制五角星，利用“任意变形工具”调整五角星的旋转角度，“红五星”元件的效果如图6-33所示。

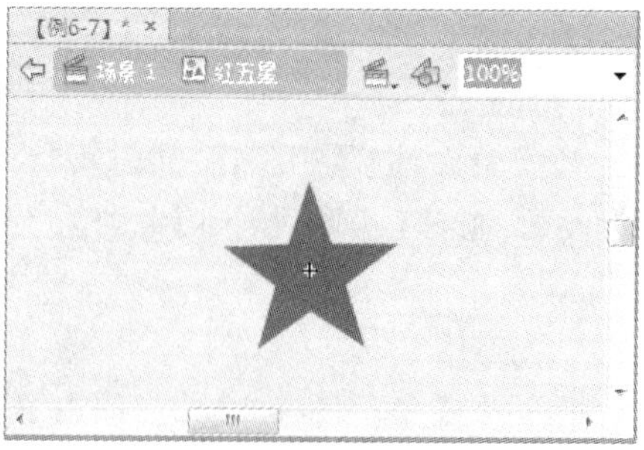

图6-33 “红五星”元件的效果

(4) 制作红五星对角旋转移动效果

① 单击“场景 1”回到舞台，拖动“红五星”元件到舞台的左下角并使用“任意变形工具”调整元件的大小。

② 在第 24 帧上单击右键选择“插入关键帧”命令，此时第 24 帧会复制第 1 帧的内容，将元件拖动至舞台的右上角。

③ 在第 1 帧和第 24 帧之间的任意一帧上右击选择“创建传统补间”，在属性面板中设置“帧”属性，“旋转”设置为“顺时针”，旋转次数为“3”。传统补间的设置效果如图 6-34 所示。

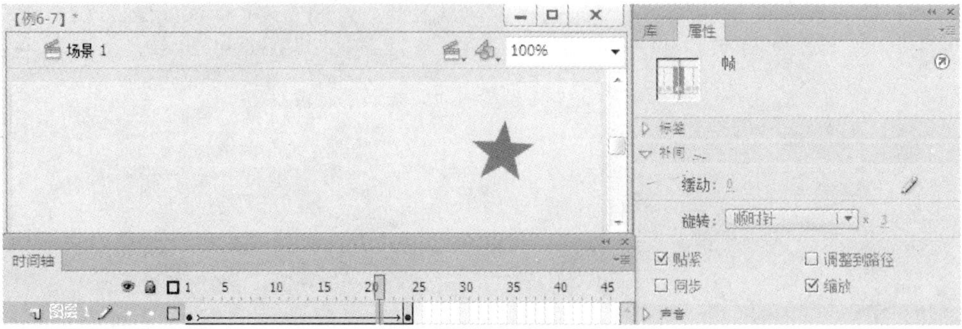

图 6-34 制作红五星对角旋转移动效果

(5) 制作红五星在右上角短暂停留效果。右键单击第 36 帧选择“插入帧”命令，即可将第 24 帧的内容原样显示至第 36 帧，即实现一个短暂停留的视觉效果。“插入帧”后时间轴的显示效果如图 6-35 所示。

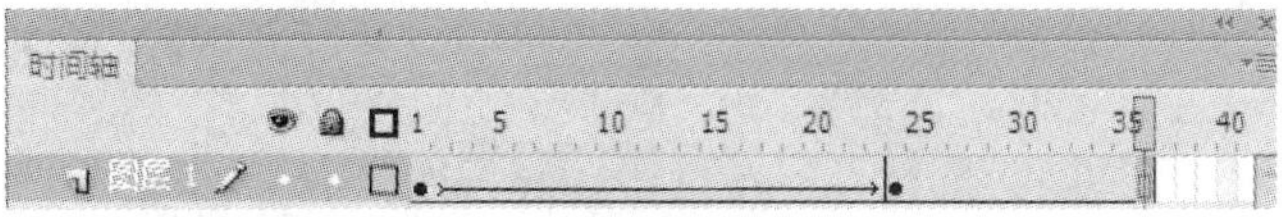

图 6-35 在第 36 帧“插入帧”后时间轴的显示效果

(6) 制作红五星移动到舞台中心位置

① 在第 37 帧上右击选择“插入关键帧”命令，此时第 37 帧会复制第 36 帧的内容。

② 在第 48 帧上右击选择“插入关键帧”命令，此时第 48 帧会复制第 37 帧的内容，此时将元件拖动至舞台的中心位置。

③ 在第 37 帧和第 48 帧之间的任意一帧上右击选择“创建传统补间”命令，其效果如图 6-36 所示。

(7) 制作红五星在中心位置短暂停留效果。右键单击第 60 帧选择“插入帧”命令，即可将第 48 帧的内容原样显示至第 60 帧，即实现一个短暂停留的视觉效果。“插入帧”后时间轴的显示效果如图 6-37 所示。

(8) 制作红五星在舞台中心位置放大的效果

① 在第 61 帧上右击选择“插入关键帧”命令，此时第 61 帧会复制第 60 帧的内容。

② 在第 84 帧上右击选择“插入关键帧”命令，此时第 84 帧会复制第 61 帧的内容。

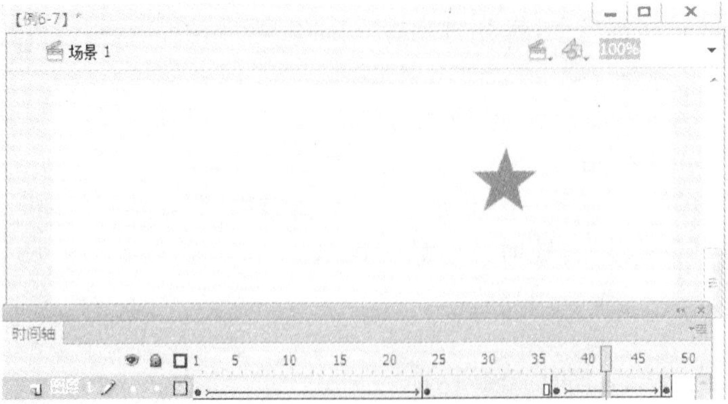

图 6-36　制作红五星移动到舞台中心位置

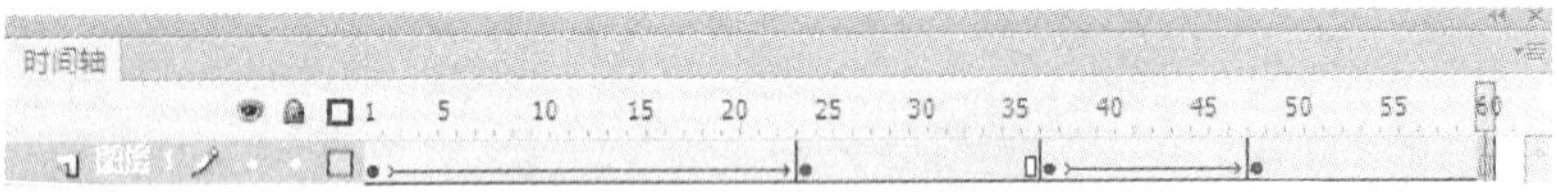

图 6-37　在第 60 帧"插入帧"后时间轴的显示效果

③ 利用"任意变形工具"将第 84 帧上的元件放大,其效果如图 6-38 所示。若想让放大后的红五星停留在舞台上,可以参阅步骤(7)。

④ 在第 61 帧与第 84 帧之间的任意一帧上右击选择"创建传统补间"命令。

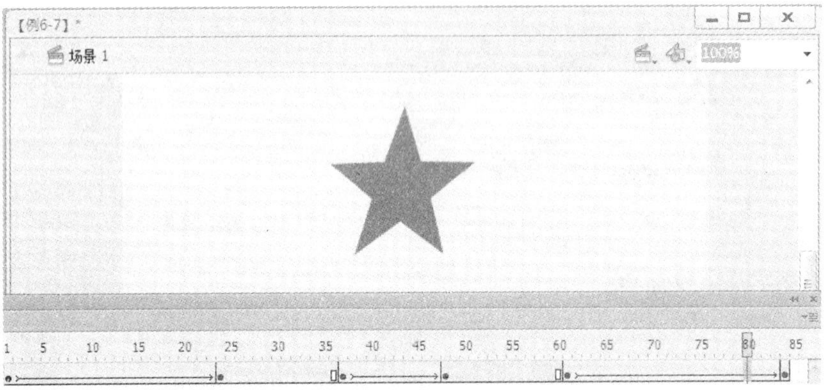

图 6-38　红五星在舞台中心位置放大的效果

(9) 测试动画效果。按 Ctrl+Enter 快捷键或者单击第 1 帧后按 Enter 键,测试动画效果为舞台上的红色五角星从左下角旋转移动到右上角,短暂停留之后再移动到舞台中心位置,再次短暂停留后逐渐放大。

【实验验证 8】 创建传统补间动画,使舞台上的背景图片渐隐渐显。

实验步骤如下:

(1) 新建 Flash 文档。新建 Flash 文档并保存文件名为"【例 6-8】"。

(2) 调整舞台的尺寸。单击"修改"菜单中的"文档",在"文档设置"对话框中修改舞台的尺寸为 400＊300 像素，帧频为 6。

(3) 新建元件

① “插入”菜单选择“新建元件”，或者按 Ctrl＋F8 快捷键，在弹出的“创建新元件”对话框中输入元件的名称为“康乃馨”，元件的类型为“图形”。

② 单击“文件”菜单选择“导入”，单击“导入到舞台”，在文件浏览窗口中选择“康乃馨.jpg”，则图片被导入到元件编辑窗口中。单击窗口右侧的元件属性面板，修改图片的宽度和高度与舞台的默认尺寸相同，即宽 400 像素，高 300 像素 。

③ 同样的操作，再生成一个新的图形元件“生日烛光”。

(4) 制作背景图片渐隐渐显效果

① 单击“场景 1”回到舞台，拖动“康乃馨”元件到舞台并调整位置。

② 在第 24 帧上右击选择“插入关键帧”命令，此时第 24 帧会复制第 1 帧的内容，单击舞台上的图片，选择属性面板色彩效果的样式为“Alpha”，调整 Alpha 值为“0%”。

③ 在第 1 帧和第 24 帧之间的任意一帧上右击选择“创建传统补间”命令完成第 1 个背景图片由显示渐渐隐藏的效果。

④ 右键单击第 25 帧选择“插入空白关键帧”命令，此时第 25 帧的内容为空白，拖动“生日烛光”元件到舞台并调整位置。

⑤ 在第 48 帧上右击选择“插入关键帧”命令，此时第 48 帧会复制第 25 帧的内容，单击舞台上的图片，选择属性面板“色彩效果”下“样式”为“Alpha”，调整“Alpha”值为“0%”。

⑥ 在第 25 帧和第 48 帧之间的任意一帧上右击选择“创建传统补间”命令完成第 2 个背景图片由显示渐渐隐藏的效果。

⑦ 在第 72 帧上右击选择“插入关键帧”命令，此时第 72 帧会复制第 48 帧的内容，单击舞台上的图片，选择属性面板“色彩效果”下“样式”为“Alpha”，调整“Alpha”值为“100%”。

⑧ 在第 48 帧和第 72 帧之间的任意一帧上右击选择“创建传统补间”命令完成第 2 个背景图片由隐藏渐渐显示的效果。其设置效果如图 6-39 所示。

图 6-39　制作背景图片渐隐渐显效果

(5) 测试动画效果。按 Ctrl+Enter 快捷键或者单击第 1 帧后按 Enter 键,测试动画效果为舞台上的“康乃馨”背景图片由显示渐渐隐藏,接着出现“生日烛光”背景图片由显示渐渐隐藏并随之时间的推移,再次慢慢显示出来,部分动画效果如图 6-40 所示。

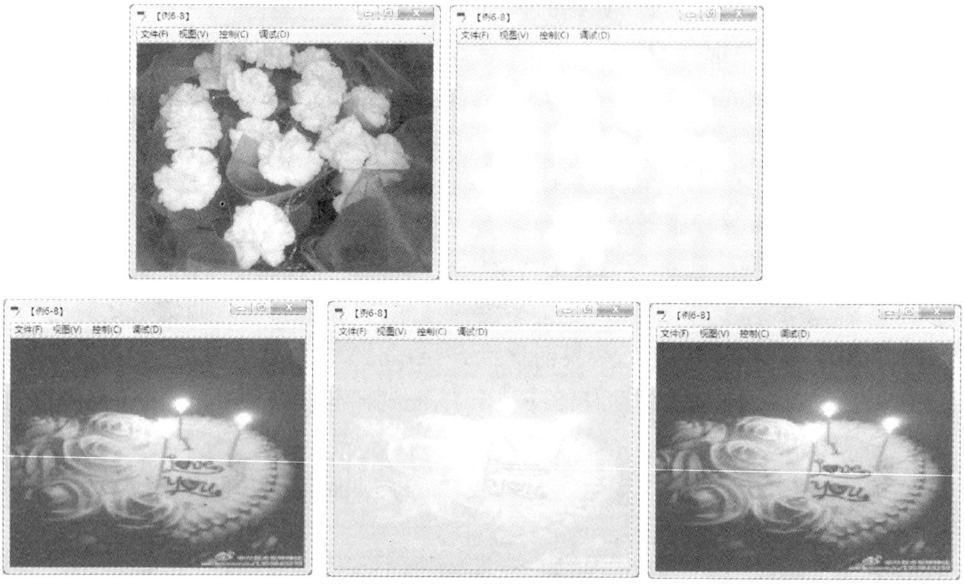

图 6-40　测试背景图片渐隐渐显效果

6.5.2　实验设计

【实验设计 4】　创建一个传统补间动画,以宿舍全家福照片或者小伙伴合影为背景,设计一个和背景相适合的形状在舞台上的旋转、移动、停留、放大或者缩小等动画效果。

设计要求:

(1) 动画播放时要在舞台的下方出现班级、学号和姓名。

(2) 形状动画的播放时间不低于 7s。

(3) 设计过程可参考【实验验证 7】。

(4) 保存副本文件名称为“【实验设计 4】.fla”,并同时发布为.exe 文件。

【实验设计 5】　创建传统补间动画,使舞台上的宿舍全家福照片或者小伙伴合影背景图片呈现渐隐渐显的动画效果。

设计要求:

(1) 动画播放时要在舞台的下方出现班级、学号和姓名。

(2) 动画播放时间不低于 12s。

(3) 设计过程可参考【实验验证 8】。

(4) 保存副本文件名称为“【实验设计 5】.fla”,并同时发布为.exe 文件。

6.6 补间动画

6.6.1 实验验证

【实验验证 9】 创建补间动画,制作一串文字在背景图片和音乐中旋转移动。

实验步骤如下:

(1) 新建 Flash 文档。新建 Flash 文档并保存文件名为"【例 6-9】"。

(2) 调整舞台的尺寸。单击"修改"菜单中的"文档",在"文档设置"对话框中修改舞台的尺寸为 400 * 450 像素,帧频为 12。

(3) 添加背景图片。选择"文件"菜单"导入"选项中的"导入到舞台"命令,选择目标图片,将其导入到舞台中并在属性面板中修改其尺寸和舞台的尺寸大小相同。

(4) 延长背景图片的显示时间。右键单击"图层 1"时间轴上的第 50 帧选择"插入帧",即可延长背景图片的显示时间至第 50 帧。

(5) 图层重命名。双击时间轴面板左上角的"图层 1",此时"图层 1"反白显示,输入"图层 1"的名称为"背景层"。

(6) 新建"文字层"和"音乐层"。单击时间轴面板左下角的"新建图层"按钮,即在"背景层"上方新建一个"图层 2",双击"图层 2"修改名称为"文字层"。同样的操作在"文字层"上方新建一个"音乐层"。

(7) 制作"文字层"动画效果

① 单击"文字层"第 1 帧,在工具箱面板中选择"文本工具",修改属性面板的文本大小为"50"点,颜色为"黄色"。

② 在舞台的左下角输入文字"生日快乐"。

③ 右键单击"文字层"第 1 帧选择"创建补间动画"选项。

④ 单击第 1 帧,在属性面板中修改帧属性为顺时针旋转 1 次。

⑤ 在第 50 帧上右击选择"插入帧"选项,拖动舞台左下角的文字至舞台的左上角,此时在舞台上出现了连接文字首尾位置的补间路径连线,鼠标指向连线并按住鼠标拉动连线生成路径曲线,调整补间路径曲线的效果如图 6-41 所示。

(8) 编辑"音乐层"

① 在"文件"菜单中单击"导入"中的"导入到库",选择音频文件"生日快乐.mp3",并将其导入到库中。

② 单击"音乐层"的第 1 帧,在声音属性的"名称"下拉框选择"生日快乐.mp3","同步"选择"开始"(音乐播放完之前,不会播放其他声音)。"音乐层"编辑后的时间轴面板如图 6-42 所示。

(9) 测试动画效果。按 Ctrl+Enter 快捷键或者单击第 1 帧后按 Enter 键,测试动画效果即一串文字在背景图片和音乐中按照设置的曲线路径旋转移动。

【实验验证 10】 创建补间动画,制作一幅图片逐渐缩小并消失的动画效果。

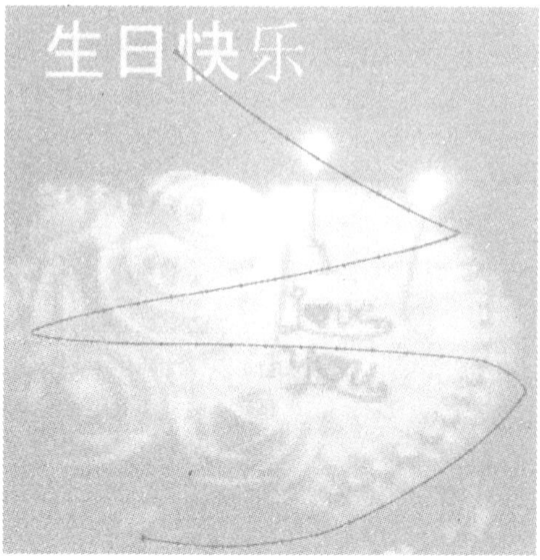

图 6-41 调整补间路径曲线

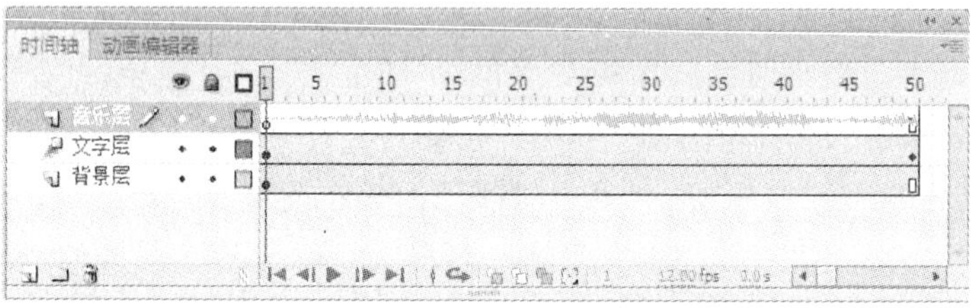

图 6-42 “音乐层”编辑后的时间轴面板

实验步骤如下:

(1) 新建 Flash 文档。新建 Flash 文档并保存文件名为“【例 6-10】”。

(2) 调整舞台的尺寸。单击“修改”菜单中的“文档”,在“文档设置”对话框中修改舞台的尺寸为“260 * 390”像素,背景颜色为“黄色”。

(3) 添加图片

① 选择“文件”菜单“导入”选项中的“导入到舞台”命令,选择目标图片,将其导入到舞台中并在属性面板中修改其尺寸和舞台的尺寸大小相同,调整图片的位置和舞台重合。

② 在图片上右击选择“转换为元件”命令,将元件的名称定义为“昙花之美”,类型为“图形”。

(4) 制作图片逐渐缩小并消失的动画效果

① 右键单击第 1 帧选择“创建补间动画”命令,系统自动生成补间范围是持续 1 秒的帧数,即 24 帧。

② 右键单击第 48 帧选择“插入帧”命令,利用“工具箱”面板中的“任意变形工具”,缩小图片的大小。

③ 在属性面板中选择色彩效果的“样式”为“Alpha”,设置“Alpha”的值为“0%”。

(5) 测试动画效果。按 Ctrl+Enter 快捷键或者单击第 1 帧后按 Enter 键,测试动画效果即图片逐渐缩小并消失的动画,部分动画效果如图 6-43 所示。

图 6-43　图片逐渐缩小并消失的部分动画效果

6.6.2　实验设计

【实验设计 6】　创建补间动画，从下面的主题中选择一个，制作一个带音乐和文字旋转的电子贺卡。

主题："元旦"、"新年"、"中秋"、"儿童节"、"教师节"、"母亲节"。

设计要求：

(1) 动画播放时要在舞台的下方出现班级、学号和姓名。

(2) 动画播放的时间不低于 5s。

(3) 设计过程可参考【实验验证 9】。

(4) 保存副本文件名称为"【实验设计 6】. fla"，并同时发布为. exe 文件。

【实验设计 7】　创建补间动画，使舞台上的宿舍全家福照片或者小伙伴合影背景图片逐渐缩小并消失的动画效果。

设计要求：

(1) 动画播放时要在舞台的下方出现班级、学号和姓名。

(2) 动画播放的时间不低于 3s。

(3) 设计过程可参考【实验验证 10】。

(4) 保存副本文件名称为"【实验设计 7】. fla"，并同时发布为. exe 文件。

6.7　补间形状动画

6.7.1　实验验证

【实验验证 11】　创建补间形状动画，制作字幕逐行显现的效果。

实验步骤如下:

(1) 新建 Flash 文档。新建 Flash 文档并保存文件名为"【例 6-11】"。

(2) 调整舞台的尺寸。单击"修改"菜单中的"文档",在"文档设置"对话框中修改舞台的尺寸为 380 * 290 像素,帧频为 12。

(3) 添加背景图片

① 选择"文件"菜单"导入"选项中的"导入到舞台"命令,选择目标图片,将其导入到舞台中并在属性面板中修改其尺寸和舞台的尺寸大小相同。

② 在图片上右击选择"转换为元件"命令,将图片转换为图形元件,名称为"背景"。

③ 单击图片,在属性面板中选择色彩效果的"样式"为"Alpha",设置"Alpha"的值为"40%"。

(4) 延长背景图片的显示时间。右键单击"图层 1"时间轴上的第 48 帧选择"插入帧",即可延长背景图片的显示时间至第 48 帧。

(5) 图层重命名。双击时间轴面板左上角的"图层 1",此时"图层 1"反白显示,输入"图层 1"的名称为"背景层"。

(6) 创建"文字层"

① 单击时间轴面板左下角的"新建图层"按钮,即在"背景层"上方新建一个"图层 2",双击"图层 2"修改名称为"文字层"。

② 单击"文字层"第 1 帧,在工具箱面板中选择"文本工具",修改属性面板的文本大小为"15"点,颜色为"黑色",在舞台左侧输入李清照的"如梦令"。

③ 右键单击"文字层"第 48 帧选择"插入帧"命令,即可延长文字的显示时间至第 48 帧,其设置效果如图 6-44 所示。

图 6-44　创建"文字层"

(7) 创建"矩形层"

① 单击时间轴面板左下角的"新建图层"按钮,即在"文字层"上方新建一个"图层 3",双击"图层 3"修改名称为"矩形层"。

② 单击“矩形层”第 1 帧，在工具箱面板中选择“矩形工具”，修改属性面板的“填充”和“笔触”颜色均为“白色”，在舞台上绘制一个恰好能盖住文字内容的白色矩形如图 6-45 所示。

图 6-45　绘制矩形

③ 右键单击“矩形层”第 48 帧选择“插入关键帧”命令。选中白色矩形，利用“任意变形工具”缩小矩形至恰好完全露出文字内容如图 6-46 所示。

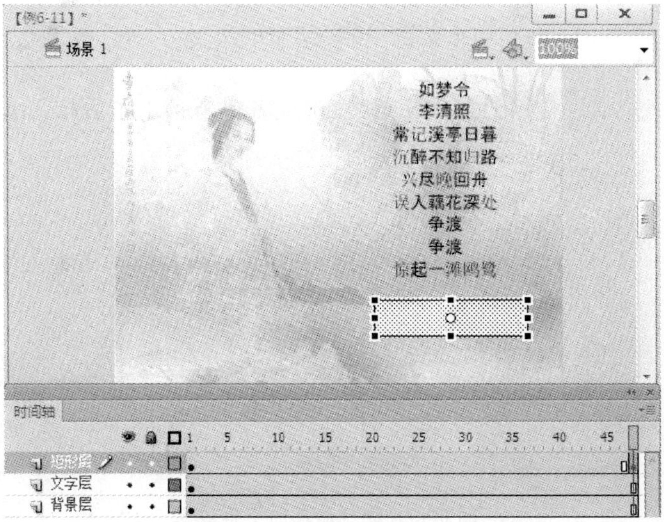

图 6-46　调整矩形的大小

④ 在“矩形层”第 1 帧与第 48 帧之间的任意一帧处右击选择“创建补间形状”命令，舞台上即显示出在单击帧时形状补间的即时效果如图 6-47 所示。

(8) 调整“背景层”位置。鼠标拖动“背景层”，使其位于图层的顶部，即“矩形层”的上方，如图 6-48 所示。

图 6-47　创建补间形状

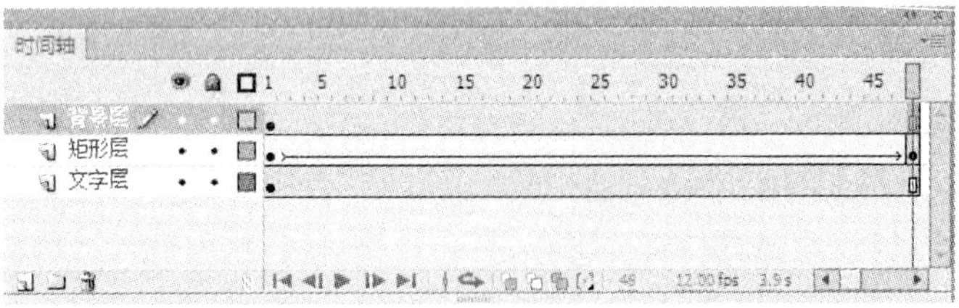

图 6-48　调整“背景层”位置

(9) 测试动画效果。按 Ctrl+Enter 快捷键或者单击第 1 帧后按 Enter 键,测试动画效果即逐行显现的字幕效果,部分动画效果如图 6-49 所示。

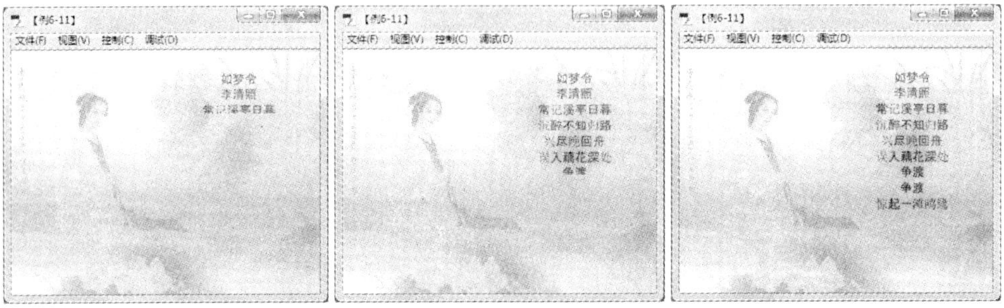

图 6-49　逐行显现的字幕效果

【实验验证 12】　创建补间形状动画,制作圆形与文字自然过渡的动画效果。

实验步骤如下:

(1) 新建 Flash 文档。新建 Flash 文档并保存文件名为“【例 6-12】”。

(2) 调整舞台的尺寸。单击“修改”菜单中的“文档”,在“文档设置”对话框中修改舞台的尺寸为 500 * 200 像素,帧频为 12。

(3) 绘制圆形

① 在“工具箱”面板中选择“椭圆工具”命令，在属性面板中更改“椭圆工具”的填充色为“红色”，按住 Shift 键在舞台上画出一个红色的圆。

② 先选中圆形，再按住 Alt 键拖动圆形，可以实现对圆形的复制，同样方法再复制 3 个圆形。

③ 利用“工具箱”面板中的“选择”工具分别选择 4 个圆形的一部分并改变其填充颜色，其设置效果如图 6-50 所示。

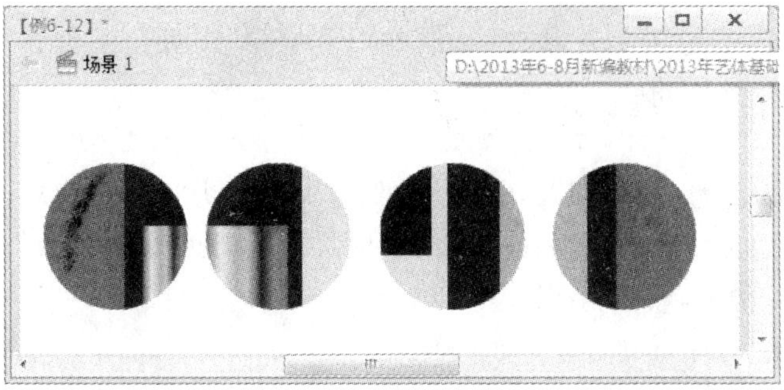

图 6-50　绘制圆形

(4) 输入文字并分离

① 在第 25 帧上右击选择“插入关键帧”命令，在“工具箱”面板中选择“文本工具”命令，在属性面板中更改文本的大小为“60 点”，颜色为“黑色”，在绘制的 4 个圆形中分别输入文字“美”、“好”、“家”、“园”并删除 4 个圆形。

② 选中全部文字后按 Ctrl+B 快捷键将文字分离。

③ 利用“工具箱”面板中的“选择”工具分别选择 4 个字的一部分并改变其填充颜色，其设置效果如图 6-51 所示。

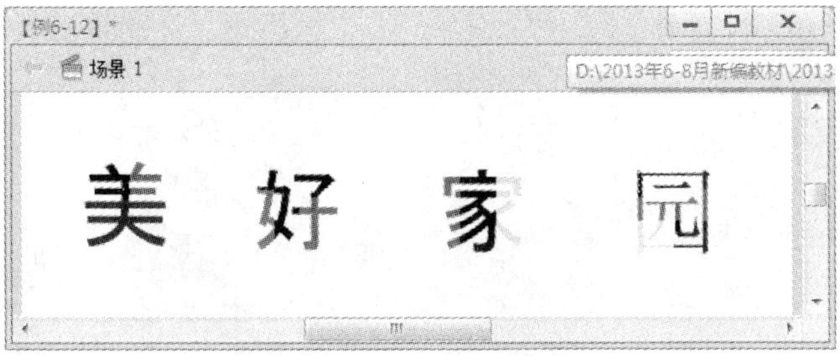

图 6-51　输入文字并分离

(5) 创建补间形状。在第 1 帧与第 25 帧之间的任意一帧处右击选择“创建补间形状”命令。

(6) 延长文字的显示时间。在第 50 帧上右击选择“插入帧”，即可实现对文字显示时间的延长。

(7) 测试动画效果。按 Ctrl+Enter 快捷键或者单击第 1 帧后按 Enter 键，测试动画效果即圆形与文字的自然过渡，动画播放中某帧的变形效果如图 6-52 所示。

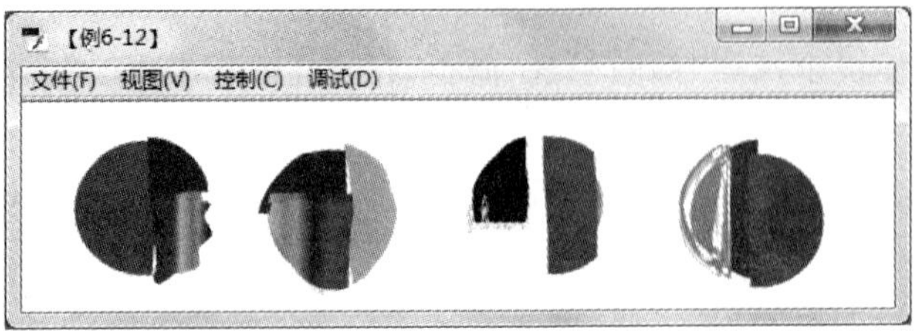

图 6-52　动画播放中某帧的效果

【实验验证 13】 创建补间形状动画，制作“FLASH”中五个字母在一个旋转的圆环中依次变形切换为下一个字母。

实验步骤如下：

(1) 新建 Flash 文档。新建 Flash 文档并保存文件名为“【例 6-13】”。

(2) 调整舞台的尺寸。单击“修改”菜单中的“文档”，在“文档设置”对话框中修改舞台的尺寸为 300＊300 像素，帧频为 12。

(3) 制作旋转的圆环

① 在“工具箱”面板中选择“椭圆工具”命令，在属性面板中更改椭圆工具的笔触颜色为“红色”，笔触高度为“10”，填充色为无色。样式为“虚线”，单击“编辑笔触样式”按钮，在弹出的“笔触样式”对话框中设置参数如图 6-53 所示。

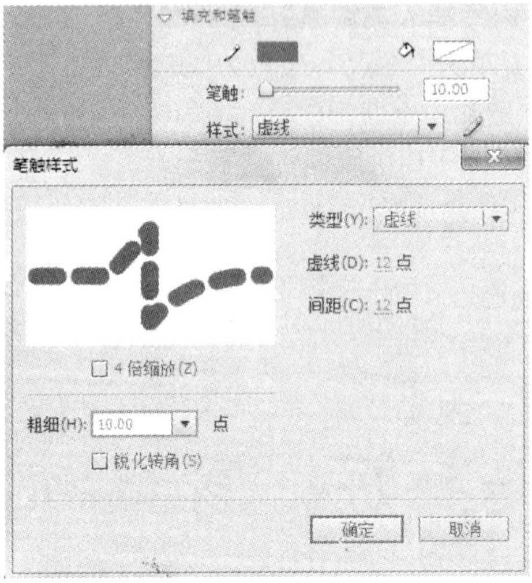

图 6-53　“笔触样式”对话框

② 按住 Shift 键在舞台上拖动鼠标画出一个圆环，调整圆环的位置在舞台居中，在圆环上右击选择“转换为元件”命令，将圆环转换为图形元件，名称为“圆环”，如图 6-54 所示。

③ 在第 50 帧上右击选择“插入关键帧”命令，在第 1 帧与第 50 帧之间的任意一帧处右击选择“创建传统补间”命令，并在帧属性面板中设置补间的旋转方式为逆时针，旋转 1 次。此时若预览动画的效果，可以看到一个旋转的圆环。

(4) 制作变形的字母

① 单击时间轴面板左下角的“新建图层”按钮，即在“图层 1”的上方新建一个“图层 2”。

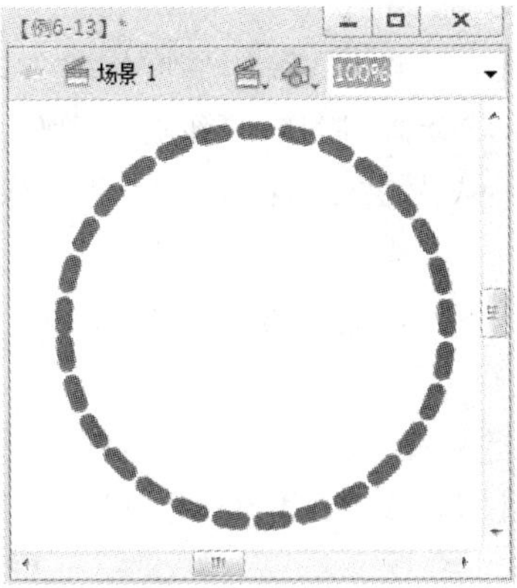

图 6-54　绘制圆环

② 在"工具箱"面板中选择"文本工具",在属性面板中更改"字符"的系列为"Kristen ITC",大小为"160 点",颜色为"蓝色",在"图层 2"的第 1 帧的圆环中输入"F"。

③ 右键单击"图层 2"的第 10 帧选择"插入关键帧"命令,双击舞台上的字母"F",删除"F",输入"L",并修改其颜色为"红色"。

④ 同样的操作,分别在第 20、30、40 和 50 帧上"插入关键帧"命令,分别修改为"黄色"的"A"、"绿色"的"S"、"紫色"的"H"和"蓝色"的"F"。

⑤ 分别在各个关键帧上选择字母,按 Ctrl＋B 将字母分离。其分离效果如图 6-55 所示。

图 6-55　分离后的字母

⑥ 单击"图层 2"即可选中该层的所有帧,在选中的帧中右击选择"创建补间形状"命令即可为当前图层的时间轴上任意两个关键帧之间创建补间形状动画。

(5) 测试动画效果。按 Ctrl＋Enter 快捷键或者单击第 1 帧后按 Enter 键,测试动画效果即五个字母在一个旋转的圆环中依次变形切换为下一个字母。

6.7.2　实验设计

【实验设计 8】　创建补间形状动画,使得舞台上的竖行文字从左至右逐行显现的效果。

设计要求:

(1) 舞台上的文字内容要和背景图片主题搭配。

(2) 动画播放时要在舞台的下方出现班级、学号和姓名。

(3) 动画播放的时间不低于 4s。

（4）设计过程可参考【实验验证11】。

（5）保存副本文件名称为“【实验设计8】.fla”，并同时发布为.exe文件。

【实验设计9】 创建补间形状动画，制作“班级姓名”（格式如：音乐1班李明）中字符在一个旋转的圆环或者其他形状中依次变形切换为下一个字符。

设计要求：

（1）动画播放时要在舞台的下方出现班级、学号和姓名。

（2）动画播放的时间不低于6s。

（3）设计过程可参考【实验验证13】。

（4）保存副本文件名称为“【实验设计9】.fla”，并同时发布为.exe文件。

6.8 遮罩动画

6.8.1 实验验证

【实验验证14】 创建遮罩动画，制作彩虹闪烁的文本行“FLASH CS6动画制作”。

实验步骤如下：

（1）新建Flash文档并调整舞台的尺寸。新建Flash文档，保存文件名为“【例6-14】”。单击“修改”菜单中的“文档”，在“文档设置”对话框中修改舞台的尺寸为500*200像素，帧频为12。

（2）新建文字元件。按Ctrl+F8快捷键，在弹出的“创建新元件”对话框定义图形元件的名称为“文字”。在元件编辑窗口中，从“工具箱”面板中选择“文本工具”，在属性面板中更改文本的大小为“60点”，颜色为“黑色”，在元件编辑区中输入“FLASH CS6动画制作”。

（3）制作彩虹元件。按Ctrl+F8快捷键，在弹出的“创建新元件”对话框定义图形元件的名称为“彩虹”。在元件编辑窗口中，从“工具箱”面板中选择“矩形工具”，在属性面板中更改“矩形工具”的填充颜色为“彩虹色”，在元件编辑区中画出一个彩虹色的矩形。

（4）制作来回移动的彩虹层。彩虹即“洞”后面的内容，彩虹的左右移动可以使文字呈现彩虹闪烁的效果。

① 单击“场景1”回到舞台，双击“图层1”，更改图层的名称为“彩虹层”。

② 单击“彩虹层”的第1帧，从库面板中拖动“彩虹”元件到舞台的最左侧。

③ 在第60帧上右击选择“插入关键帧”命令，则第60帧的内容和第1帧相同。

④ 在第30帧上右击选择“插入关键帧”命令，拖动“彩虹”元件到舞台的最右侧。

⑤ 单击“彩虹层”，则右侧的所有帧都被选中，在任意选中帧上右击选择“创建传统补间”命令即可为当前图层的时间轴上任意两个关键帧之间创建传统补间动画。其设置如图6-56所示。若此时测试动画，则呈现彩虹条在舞台上来回移动的效果。

（5）制作文字层。文字层即定义“洞”的形状。

① 新建图层，更改图层的名称为“文字层”。

② 单击“文字层”的第1帧，从库面板中拖动“文字”元件到舞台中间。

③ 在第60帧上右击选择“插入帧”命令，则文字的显示时间将延长至第60帧。

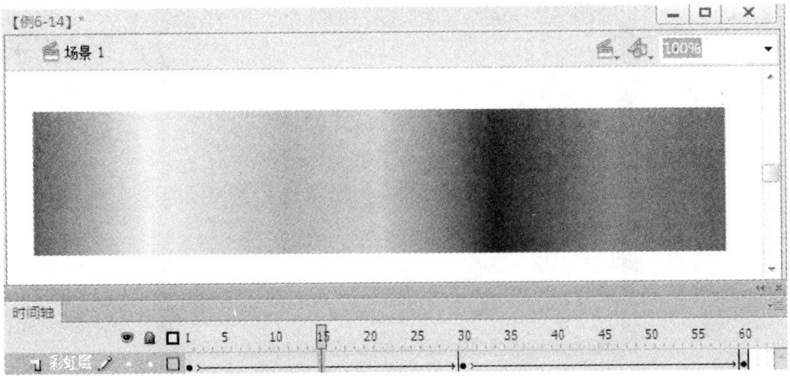

图 6-56　制作来回移动的彩虹层

④ 在“文字层”上右击选择“遮罩层”命令，其设置如图 6-57 所示。

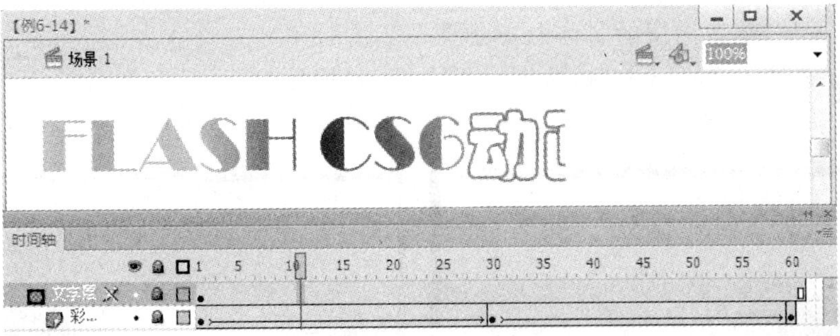

图 6-57　制作文字层

(6) 测试动画效果。按 Ctrl+Enter 快捷键或者单击第 1 帧后按 Enter 键，测试动画效果即彩虹闪烁的文本行。

【实验验证 15】 创建遮罩动画，制作探照灯的动画效果。

实验步骤如下：

(1) 新建 Flash 文档并调整舞台的尺寸。新建 Flash 文档，保存文件名为“【例 6-15】”。单击“修改”菜单中的“文档”，在“文档设置”对话框中修改舞台的尺寸为 450 * 350 像素，背景颜色为“黑色”，帧频为 6。

(2) 新建探照灯元件。按 Ctrl+F8 快捷键，在弹出的“创建新元件”对话框定义图形元件的名称为“探照灯”。在元件编辑窗口中，从“工具箱”面板中选择“椭圆工具”，在属性面板中更改“椭圆工具”的填充颜色为“蓝色”，在舞台上画出一个蓝色的椭圆。

(3) 制作背景层

① 单击“场景 1”回到舞台，双击“图层 1”，更改图层的名称为“背景层”。

② 单击“背景层”的第 1 帧，导入第 1 副背景图片“好朋友.jpg”到舞台上，利用“任意变形工具”调整图片在舞台上的位置和大小。在第 40 帧上右击选择“插入帧”命令，延长图片的显示时间。背景图片的效果如图 6-58 所示。

③ 在第 41 帧上右击选择“插入空白关键帧”命令，导入第 2 副背景图片“小伙伴.jpg”到舞台上，利用“任意变形工具”调整图片在舞台上的位置和大小。在第 80 帧上右击选择“插

图 6-58　第 1 副背景图片效果

入帧”命令，延长图片的显示时间。

（4）制作探照层

① 新建图层，更改图层的名称为“探照层”。

② 单击“探照层”的第 1 帧，从库面板中拖动“探照灯”元件到舞台上，调整其位置如图 6-59 左图所示。

图 6-59　使用“探照灯”元件

③ 在“探照层”的第 40 帧上右击选择“插入关键帧”命令，调整舞台上的蓝色椭圆至图片的右侧，调整其位置如图 6-59 右图所示。

④ 在“探照层”的第 41 帧上右击选择“插入关键帧”命令，利用工具栏上的任意变形工具调整椭圆的形状并调整其位置如图 6-60 左图所示。

图 6-60　第 2 副背景图片与探照灯元件的位置

⑤ 在"探照层"的第 80 帧上右击选择"插入关键帧"命令，调整舞台上的蓝色椭圆至图片的左下角位置如图 6-60 右图所示。

⑥ 单击"探照层"，则右侧的所有帧都被选中，在任意选中帧上右击选择"创建传统补间"命令即可为当前图层的时间轴上任意两个关键帧之间创建传统补间动画。

⑦ 在"探照层"上右击选择"遮罩层"命令，其设置如图 6-61 所示。

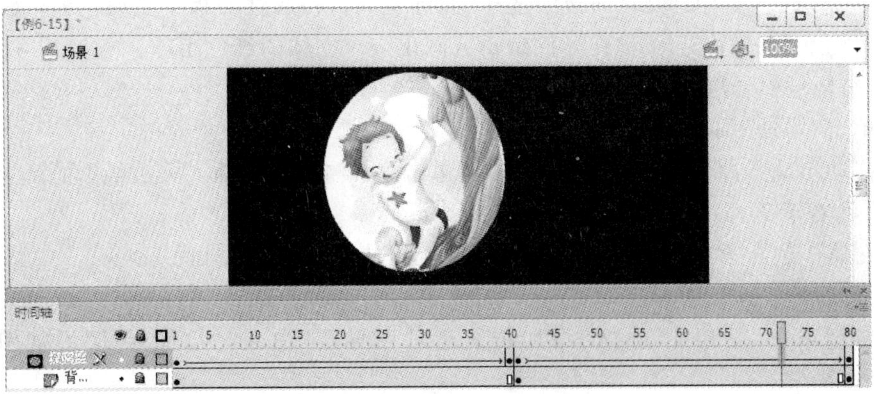

图 6-61 在"探照层"上设置"遮罩层"

(5) 添加音乐

① "文件"菜单选择"导入"，选择"导入到库"，将"老男孩. mp3"导入到库面板中。

② 单击"探照层"，修改属性面板中的"声音"选项，"名称"选择"老男孩. mp3"，"同步"选择"开始"。

(6) 测试动画效果。按 Ctrl＋Enter 快捷键或者单击第 1 帧后按 Enter 键，测试动画为探照灯的动画效果。

6.8.2 实验设计

【实验设计 10】 利用遮罩动画，制作同时具有彩虹闪烁与探照灯效果的动画。

设计要求：

(1) 标题行使用彩虹闪烁效果，背景图片使用探照灯效果。

(2) 动画播放时要在舞台的下方出现班级、学号和姓名。

(3) 动画播放的时间不低于 15s。

(4) 设计过程可参考【实验验证 14】和【实验验证 15】。

(5) 保存副本文件名称为"【实验设计 10】. fla"，并同时发布为. exe 文件。

6.9 传统运动引导层动画

6.9.1 实验验证

【实验验证 16】 创建传统运动引导层动画，制作小球沿着特定的运动路径运动。

实验步骤如下：

(1) 新建 Flash 文档并调整舞台的尺寸。新建 Flash 文档，保存文件名为"【例 6-16】"。单击"修改"菜单中的"文档"，在"文档设置"对话框中修改舞台的尺寸为 460 * 320 像素，帧频为 12。

(2) 新建小球元件。按 Ctrl+F8 快捷键，在弹出的"创建新元件"对话框定义图形元件的名称为"小球"。从"工具箱"面板中选择"椭圆工具"，在属性面板中更改"椭圆工具"的填充颜色为"红色"，按住 Shift 键在元件编辑区画出一个立体的红色小球。

(3) 编辑被引导层

① 单击"场景 1"回到舞台。

② 拖动小球元件到舞台的左下角，右键单击第 50 帧选择"插入关键帧"命令，将小球拖动至舞台的右下角。

③ 在第 1 帧与第 50 帧之间任意一帧上右击选择"创建传统补间"命令。

(4) 编辑传统运动引导层

① 右键单击"图层 1"选择"添加传统运动引导层"命令，为"图层 1"添加引导层如图 6-62 所示。

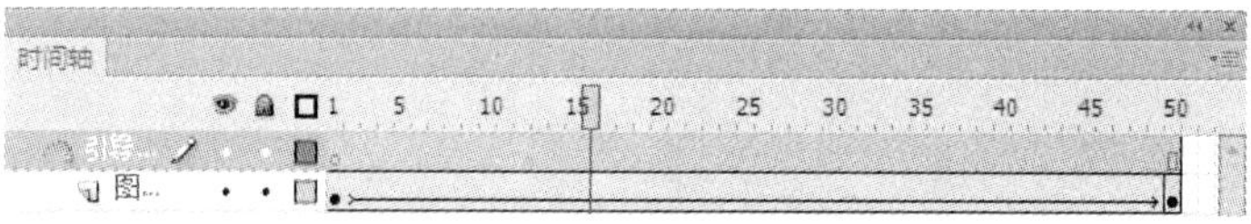

图 6-62　为"图层 1"添加引导层

② 单击引导层的第 1 帧，从"工具箱"面板中选择"椭圆工具"，在属性面板中更改"椭圆工具"的笔触颜色为黑色，无填充颜色，在舞台上绘制椭圆后用"橡皮擦工具"擦出一个缺口如图 6-63 所示。

③ 使用椭圆工具和橡皮擦工具绘制一个圆并调整位置如图 6-64 所示。

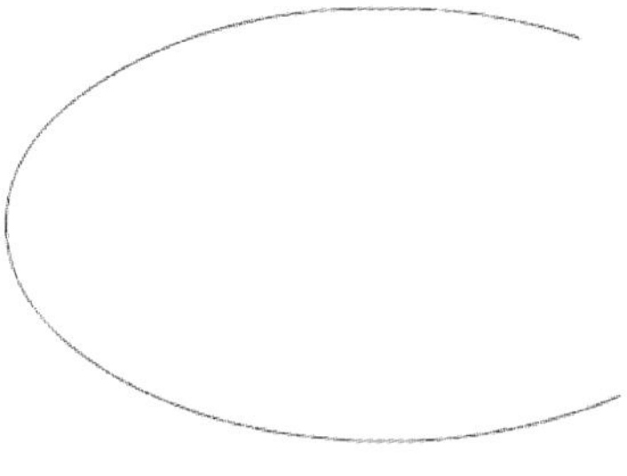

图 6-63　绘制带缺口的椭圆

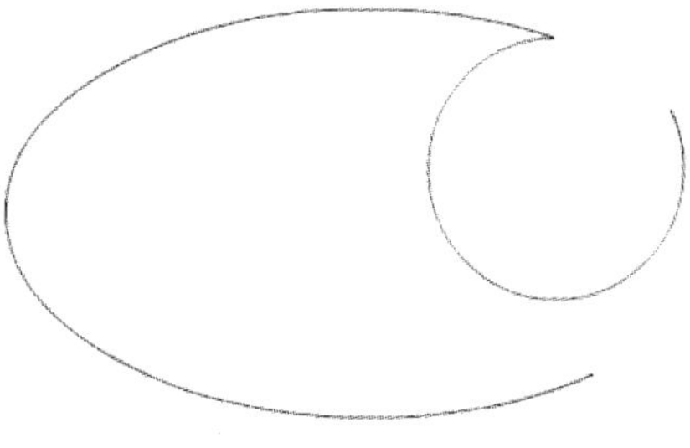

图 6-64　小球的运动路径

需要注意的是，椭圆与圆之间只能有一个点相连接，如果连接的不是一个点，而是一条线，则小球不能按照绘制的轨迹运动而只能做直线运动。

④ 调整第 1 帧上小球位置，使小球中心点与路径起点重合，如图 6-65 所示。

⑤ 调整第 50 帧上小球位置，使小球中心点与路径终点重合，如图 6-66 所示。

(5) 测试动画效果。按 Ctrl+Enter 快捷键或者单击第 1 帧后按 Enter 键，测试小球按照指定的运动轨迹运动。

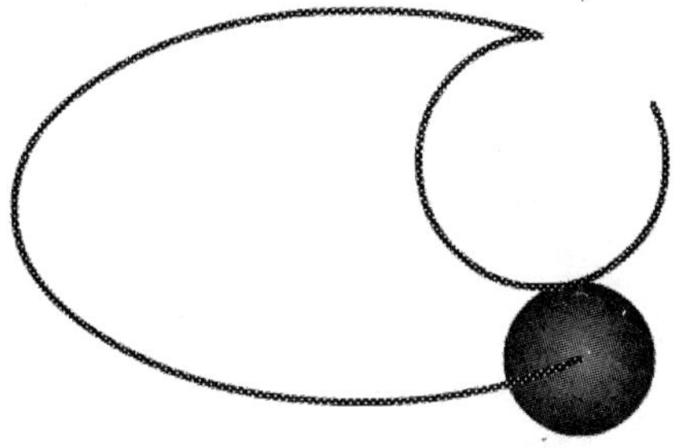

图 6-65 第 1 帧小球的起始位置

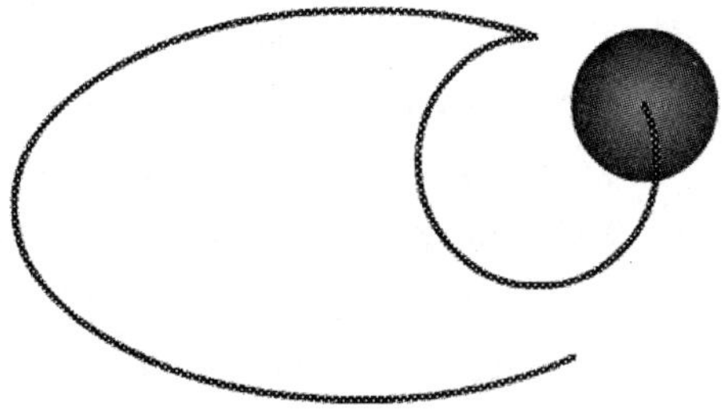

图 6-66 第 50 帧小球的结束位置

6.9.2 实验设计

【实验设计 11】 结合传统补间动画和传统运动引导层动画，以宿舍全家福照片或者小伙伴合影为背景，设计一个和背景相适合的形状在舞台上的旋转、移动、停留、放大或者缩小等动画效果。其中，形状的移动使用传统运动引导层绘制不规则路径。

设计要求：

（1）动画播放时要在舞台的下方出现班级、学号和姓名。

（2）形状动画的播放时间不低于 7s。

（3）设计过程可参考【实验验证 7】和【实验验证 16】。也可以复制【实验设计 4】，在其副本的基础上修改形状的运动路径。

（4）保存文件名称为"【实验设计 11】.fla"，并同时发布为.exe 文件。

【实验设计 12】 Flash 综合题目设计，制作一首 Flash MTV。

设计要求：

（1）选一首中文歌，播放时间 2～5 分钟，歌曲播放与歌词出现实现同步，歌曲播放完毕后动画恰好播放结束。

（2）Flash MTV 的动画内容要与歌词的意境相符。

（3）首页显示歌曲名称、班级、学号和姓名，首页停留至少 5s 后自动播放动画。

（4）尾页显示结束与致谢。

（5）Flash MTV 动画播放时间控制在 5 分钟之内。

（6）保存文件名称为"姓名-作品名称.fla"，并同时发布为.exe 文件。

【实验设计 13】 Flash 综合题目设计。选择下面主题中的一个，完成一个 3～5 分钟的动画作品。

（1）作品的主题范围。下面的主题仅给出大概的主题范围，可以围绕下列主题另行定义动画的标题。

① 校园建筑漫游

② 诚信与友谊

③ 童年、玩具、陪伴成长的人与事

④ 成语故事

⑤ 网络与现代生活

⑥ 手机与现代生活

⑦ 公益广告宣传片：环境污染与环境保护等

⑧ 社会问题反映：交通隐患与交通安全等

⑨ 理想、现实与奋斗

⑩ 求职、创业与专业特长培养

（2）作品要求

① 作品无重复播放时间为3～5分钟；

② 要有符合主题内容的背景音乐以及必要的字幕与说明文字；

③ 作品反映的主题积极向上，具有正能量；

④ 所有非原创素材及内容要注明来源和出处。

（3）作品提交方式

存放作品的总文件夹以“学号-姓名-作品名称”命名，总文件夹下设“运行文件”、“源文件”和“支持与说明”三个子文件夹，具体要求如下：

①“运行文件”文件夹

该文件夹用于存放可脱离开发环境直接运行的文件，如将Flash发布为.exe文件、或者.flv、.mov等。

②“源文件”文件夹

该文件夹用于存放程序源文件（.fla）、素材图片、背景音乐等文件以反映作品的原创性。

③“支持与说明”文件夹

该文件夹用于存放作品简介、作品截图以及保证作品正常运行的说明文档。

作品简介是指不少于500字的作品简介（Word格式），如涉及引用请一并在此注明出处。

作品截图是指作品代表图片1张，JPEG格式，分辨率为800*600。

说明文档是指保证作品正常运行的说明（Word格式），包括开发、安装、配置的系统与软件版本及要求，分步骤详细的安装配置说明等。

第 7 章　Photoshop 辅助艺术设计

本章主要掌握使用 Photoshop 辅助艺术设计的主要方法，根据实验题目的要求和步骤完成实验验证。

【实验验证 1】 利用选区的不同编辑操作设计图标。

实验步骤如下：

(1) 新建空白图像。单击菜单栏下的“文件”，选择“新建”命令，名称设置为“【例 7-1】”，宽度和高度都为 300 像素，其他参数默认，单击“确定”按钮，得到空白图像，如图 7-1 所示。

(2) 绘制蓝色圆形。调出“颜色”面板，单击“前景色拾色器”按钮，选择蓝颜色，单击确定。选择“矩形工具”按钮，鼠标移动到空白区，按住 Shift 键不放，单击鼠标左键并拖动，得到如图 7-2 所示的蓝色圆形。在图像上单击鼠标右键选择“栅格化图层”，在图层面板中自动生成名称为“椭圆 1”的图层。

图 7-1　新建空白图像

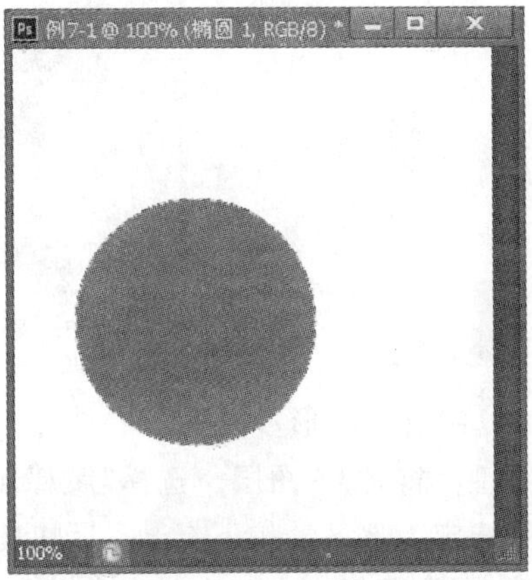

图 7-2　蓝色圆形

(3) 建立矩形选区。选择“矩形选框工具”，在图像上单击鼠标左键并拖动，使得矩形选区(蚂蚁线)覆盖掉半个圆形。如果矩形位置不能覆盖半圆，选择“移动工具”，拖动选区使其得到如图 7-3 所示的覆盖效果。

(4) 删除半圆。按 Delete 键，删除选取内的图像，剩下半圆，效果如图 7-4 所示。

(5) 删除内部半圆。选择椭圆选框工具，按住 Shift 键不放并单击鼠标左键，拖动鼠标，得到一个圆形选区(其半径小于原有半圆半径，其圆心在半圆的直径上)，使之与图 7-4 中所示半圆内切。选择“移动工具”，移动选取到圆形图像上部并按下 Delete 键，删除选取内的图像，得到如图 7-5 所示的图像。

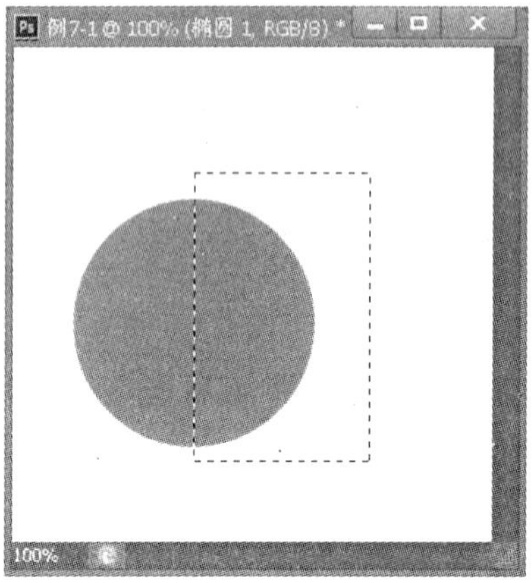

图 7-3　建立矩形选区

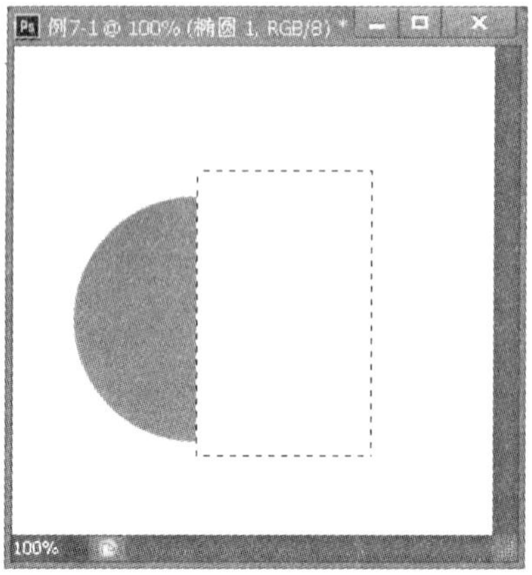

图 7-4　选区内进行删除操作

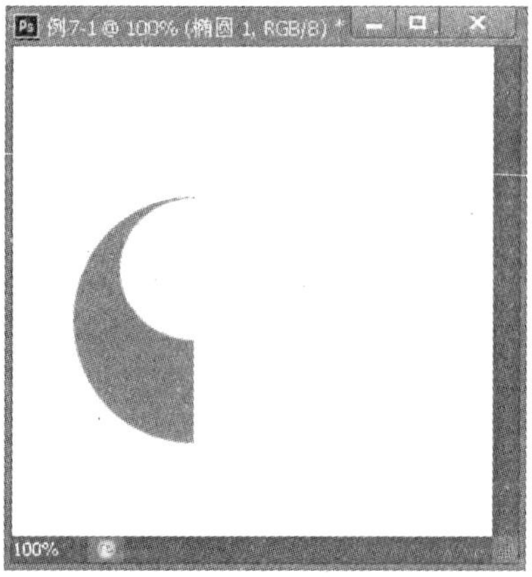

图 7-5　删除圆形选区后的结果

（6）复制蓝色图形

① 复制“椭圆 1” 图层。选择“魔棒工具”，移动鼠标到蓝色区域内并单击鼠标，将蓝色区域选定为选区。按下 Ctrl＋C 快捷键，接着按下 Ctrl＋V 快捷键，复制并粘贴一次蓝色的选区，图层面板中自动生成名称为“图层 1”的新图层，此时两个蓝色图形重叠一起（看起来是一个图形，实际上是两个图层）。

② 分离显示“图层 1”和“椭圆 1”图层。为了分离两个相同的图形，在图层面板中单击“图层 1”前面的缩略图，单击工具箱中的“移动工具”，鼠标放到蓝色图形内，单击鼠标左键并拖动，可以分离复制图形。

③ 建立第三个蓝色图形并分离显示。在图层面板中单击“椭圆 1”前面的缩略图，重复①②的操作，复制形状和“椭圆 1”图层相同的图层，名称为“图层 2”，使之与“椭圆 1”图层分离显示，此时画布上有三个相同并分离显示的蓝色图形，效果图如图 7-6 所示。

（7）缩小“图层 1”。单击图层面板中名称为“图层 1”的图层缩略图，单击菜单栏中的“编辑”，选择“变换”选项中的“缩放”命令，出现如图 7-7 所示的编辑框，此时该图层可以自由缩放。调整图形至合适大小，将鼠标放在编辑框区域内部，单击鼠标左键并拖动图形至适当位置，得到如图 7-8 所示形状。最后在该区域内双击鼠标，取消编辑框，以便其他操作。

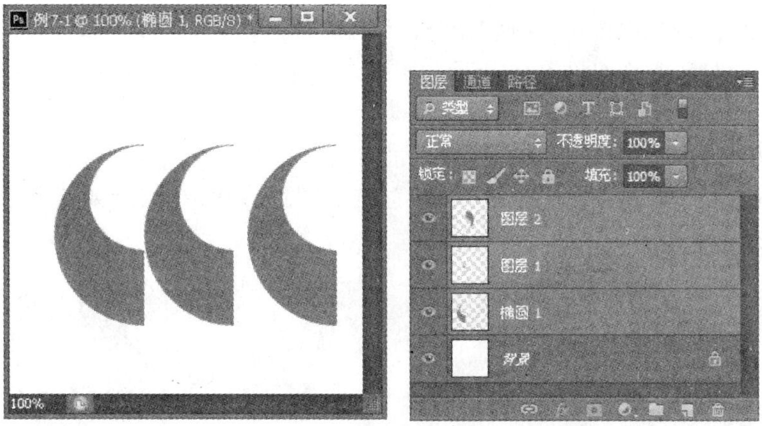

图 7-6　复制两次效果图

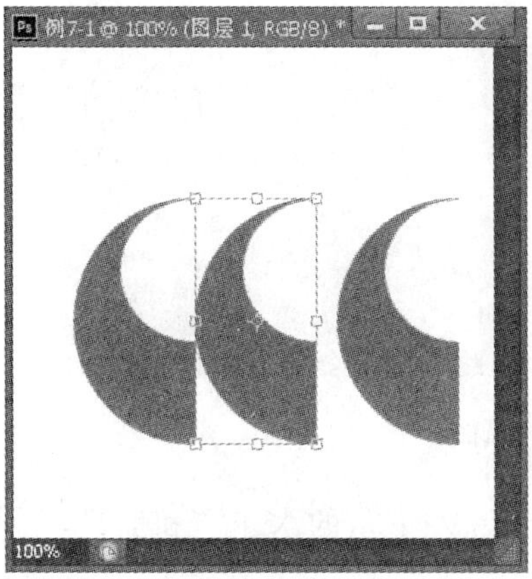

图 7-7　得到变换编辑框

图 7-8　图像变换并移动

(8) 旋转并移动“图层 2”,重新组合图标。单击图层面板中名称为“图层 2”的图层缩略图,单击菜单栏中的“编辑”,选择“变换”选项中的“旋转 180°”命令,并将该图层选区移动到如图 7-9 所示位置,重新组合成最终的图标。

图 7-9　图像旋转并移动

(9) 在“文件”菜单中单击“存储”命令，保存该文件为“【例 7-1】. psd”。

【实验验证 2】 修复如图 7-10 所示的图像，去掉图中多余的水印字和船只，增加飞鸟和热气球。

实验步骤如下：

(1) 打开素材。单击菜单栏下的“文件”，选择“打开”命令，打开如图 7-10 所示的素材文件“【例 7-2】素材. jpg”。

图 7-10 素材文件

(2) 为了保证整个图像的背景协调性的同时去除左下角的水印字和船只，首先单击污点“修复画笔工具”，在图的左下角单击鼠标左键并拖动(可在属性栏适当调整画笔大小)，使涂抹区域覆盖水印字和船只，如图 7-11 所示。完成后松开鼠标左键，得到如图 7-12 的效果图。

图 7-11 修复画笔涂抹时

图 7-12　修复画笔涂抹后

(3) 增加热气球和飞鸟

① 增加一个热气球。单击“修复画笔工具”，在属性栏设置画笔大小为 21 像素，按住 Alt 键不放，发现鼠标会变成“靶”状。此时移动鼠标到如图 7-12 所示的左侧较大的热气球上，单击鼠标左键，则此处为取样区域。之后，松开鼠标左键和键盘按键，移动鼠标到目标区域，单击鼠标左键并适当拖动，使得复制的热气球出现在目标区域。此时松开鼠标，则增加了一个大的热气球。如此操作可重复进行，继续选择其他位置的小气球作为取样区域，可以增加多个小热气球。

② 增加飞鸟。类似步骤①的操作，可以增加图 7-12 中飞鸟的数量，其图像的修改结果如图 7-13 所示。

图 7-13　增加热气球和飞鸟

(4) 抹去图像中间的文字。单击"修补工具"，鼠标变成修补工具样式，在文字周围任选一点单击鼠标并拖动，使得鼠标拖动路线包含所有文字。完成后松开鼠标，得到如图 7-14 所示的源区域。此时，再将鼠标移动到源区域选区上，单击并拖动鼠标到上方空白区域(为取样区)，此时源区域内容和取样区显示的内容相同，如图 7-15 所示。松开鼠标，则用取样区的图像修补了源区域的图像，得到最终修复的图片，如图 7-16 所示。

图 7-14　修补工具选择源区域

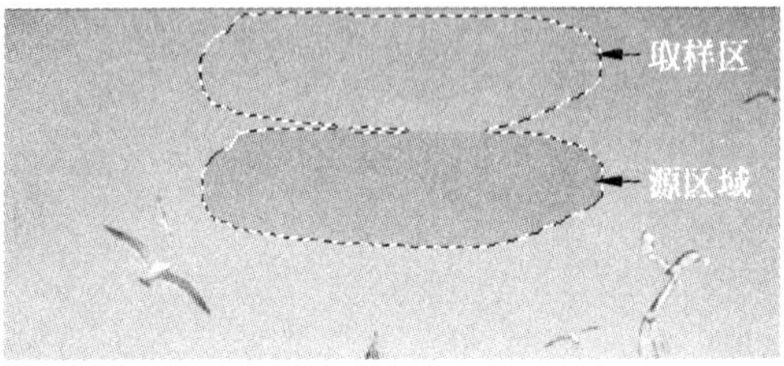

图 7-15　源区域与取样区

图 7-16　最终修复图像

(5) 在"文件"菜单中单击"存储为"命令，保存该文件为"【例 7-2】. psd"。

【实验验证 3】 通过修饰工具来制作装饰画。

实验步骤如下：

(1) 打开素材。按 Ctrl+O 快捷键，打开"【例 7-3】素材-杯子"文件，图像效果如图 7-17 所示。按 Ctrl+O 组合键，打开"【例 7-3】素材-花. jpg"文件，如图 7-18 所示。

(2) 将花朵从背景抠出，使花朵背景透明。

① 单击工具箱中的"磁性套索工具"，在花朵边缘任意一处单击鼠标左键，并沿着花朵边缘移动一周。当鼠标到达起点处，再次单击鼠标左键，形成包围花朵的选区，如图 7-19 所示。

图 7-17　杯子源图像

图 7-18　花朵源图像

② 按 Ctrl＋X 组合键，将选区内的花朵剪切至剪切板。打开杯子图像页面，按 Ctrl＋V 快捷键，将花朵复制在杯子图像内。选择“移动工具”，将花朵图像拖至杯子的下方位置，效果如图 7-20 所示。

图 7-19　花朵选区

图 7-20　组合花朵和杯子

(3) 加深花朵图案。选择“加深工具”，在属性栏中设置画笔大小为 125 像素。在花朵图像上反复拖曳鼠标，加深花朵图像的颜色，效果如图 7-21 所示。

(4) 减淡花朵边缘。选择“减淡工具”，在属性栏中设置画笔大小为 65 像素。在花朵的边缘反复拖曳鼠标，将花朵的边缘颜色减淡，效果如图 7-22 所示。

图 7-21　加深结果

图 7-22　减淡边缘结果

(5) 使花朵中心色彩对比明显。选择“锐化工具”，在属性栏中设置画笔大小为100像素。在花朵中心上反复拖曳或单击鼠标，将该部分图像锐化，效果如图7-23所示。

(6) 使花朵图案朦胧。选择“模糊工具”，在属性栏中设置画笔大小为100像素。在花朵图像上反复拖曳或单击鼠标，进行模糊处理，效果如图7-24所示。

图7-23 锐化中心结果

图7-24 模糊处理结果

(7) 在“文件”菜单中单击“存储为”，保存该文件为“【例7-3】.psd”。

【实验验证4】 用橡皮擦工具组实现抠图。

实验步骤如下：

(1) 打开素材。单击菜单栏下的“文件”，选择“打开”命令，打开如图7-25所示的素材文件“【例7-4】素材.jpg”。

(2) 抠出图像前的准备

① 将花朵抠取出来，难点是将花朵的边界和背景分离。为了区分清楚花朵边缘颜色，可以用“放大镜工具”来放大图片。单击“放大镜工具”，将鼠标移至花朵边缘并单击鼠标，得到如图7-26所示的放大图片效果。

图7-25 素材图像

图7-26 放大效果图

② 为了不抠出花朵上的颜色，需要用“吸管工具”吸取花朵边缘颜色作为“背景橡皮

擦”的前景色。单击“吸管工具”,将鼠标移至花朵边缘,单击鼠标即可完成。

(3) 分离花朵与背景

① 分离部分。单击“背景橡皮擦工具”,此时鼠标图标变成中心带一个十字准星的圆形。在属性栏设置容差为50%,限制属性为“连续”。将鼠标的十字准星对准花朵边缘的背景部分,按下鼠标左键并沿着花朵边缘外侧(十字准星始终在背景上,不能在花朵上)移动。这样就将前景花朵与背景分离,得到如图7-27所示的部分效果。

② 分离全部。重复步骤①,得到如图7-28所示的效果图。

图7-27 背景橡皮擦操作效果

图7-28 背景橡皮擦分离花朵和背景

(4) 快速删除剩余背景。单击“魔术橡皮擦工具”,多次单击背景任意颜色处,附近相同颜色的像素颜色都会变成透明,得到如图7-29所示的效果图。

(5) 将散碎的背景清理干净。单击“橡皮擦工具”,鼠标变成圆圈。在属性栏上设置画笔大小为35像素。在背景散碎图像区域单击鼠标并拖动,圆圈所到区域颜色全部清除,得到如图7-30所示的效果图。

图7-29 魔术橡皮擦处理效果

图7-30 橡皮擦清除所有背景

(6) 在“文件”菜单中单击“存储为”,保存该文件为“【例7-4】.psd”。

【实验验证5】 使用裁剪工具进行透视变换。

(1) 打开素材。单击菜单栏下的“文件”,选择“打开”命令,打开如图7-31所示的素材文件“【例 7-5】素材.jpg”。可以看到图片中墙上的文字是倾斜的，即拍摄图片的角度并不是正对文字的，而是斜向拍摄。

图 7-31　原素材图像

(2) 将标题视角变正。

① 单击“透视裁减工具”。在标题边缘将裁剪工具拖出的矩形四角依附于标题文字四角。然后稍作调整，在右上角预留一些空间，使得矩形选框的两个纵向的边尽量平行，如图 7-32 所示。

图 7-32　设置裁切空间

② 在选区内部双击鼠标或单击属性栏上的，得到最终的正面视角效果图如图 7-33 所示。

图 7-33　裁切最终效果

(3) 在“文件”菜单中单击“存储为”,保存该文件为“【例 7-5】. psd”。至此,本例的操作完成。

【实验验证 6】 制作叠加景物图像。

实验步骤如下:

(1) 打开“木塔”素材。单击菜单栏下的“文件”,选择“打开”命令,打开如图 7-34 所示的素材文件“【例 7-6】素材-木塔. jpg”。此时,图层面板中该图层名称自动生成为“背景”。

图 7-34 木塔素材图像

(2) 复制“背景”图层。在图层面板中,将“背景”图层拖曳到图层控制面板下方的“创建新图层”按钮上复制该图层,产生名称为“背景副本”的图层。

(3) 翻转新图层。在图层面板上单击“背景副本”图层,单击菜单栏下的“编辑”,选择“变换”选项中的“水平翻转”命令,使得图像左右对调显示,效果如图 7-35 所示。

图 7-35 翻转副本图层

(4) 同时叠加显示两个图层。在图层面板上部,将“背景副本”图层的混合模式选项选择“深色” 深色 ,产生两个图层的叠加显示效果,效果如图 7-36 所示。

图 7-36 修改混合模式后效果

(5) 打开“蓝天白云”素材到“木塔”图像中。按 Ctrl+O 组合键,打开素材文件“【例 7-6】素材-云.jpg”,如图 7-37 所示。选择“移动工具” ,在该图像上按住鼠标左键不放,将该图像拖曳到木塔图像中,使得该图像在木塔图像文件中自动生成名称为“图层 1”的新图层,图层面板如图 7-38 所示。

图 7-37 蓝天白云素材图像

(6) 调整“图层 1”大小,并合并显示到其他图层中。

① 单击“图层 1”,单击菜单栏中的“编辑”,选择“自由变换”命令,将图像大小调整到和原有背景图层相同。

② 按照步骤(4),将该“图层 1”的混合模式选项设为“叠加”,得到最终效果图如图 7-38 所示。

图 7-38　叠加效果图

(7) 在“文件”菜单中单击“存储为”,保存该文件为“【例 7-6】.psd”。

【实验验证 7】 制作炫彩背景图片。

实验步骤如下:

(1) 打开素材。单击菜单栏下的“文件”,选择“打开”命令,打开如图 7-39 所示的素材文件“【例 7-7】素材.jpg”。图层面板中将自动生成名称为“背景”的图层。

图 7-39　素材图片

(2) 复制“背景”图层。将“背景”图层拖曳到图层面板下方的“创建新图层”按钮上复制该图层,产生名称为“背景副本”的图层。

(3) 产生中心聚拢效果。单击菜单栏下的“滤镜”,选择“模糊”选项中的“径向模糊”命令,弹出如图7-40所示的对话框,设置相应的参数并单击“确定”按钮。为了使得效果更加强烈,此操作连续执行三次,图7-39就变成了如图7-41所示的效果图。

图7-40　径向模糊对话框

图7-41　三次径向模糊效果图

(4) 加入原有图像的元素,使图像效果鲜明。选择“背景副本”图层执行步骤(2),将其复制,产生“背景副本2”图层。之后,对“背景副本2”图层修改混合模式为“叠加” 

,得到单纯的叠加效果图,如图7-42所示。

(5) 增加图像对比度。在图层面板中单击“背景副本”,单击菜单栏下的“滤镜”,选择“锐化”选项中的“USM锐化”,在弹出对话框中完成如图7-43所示的设置,并单击“确定”按钮,得到如图7-44所示的效果图。

图7-42　叠加混合模式效果图

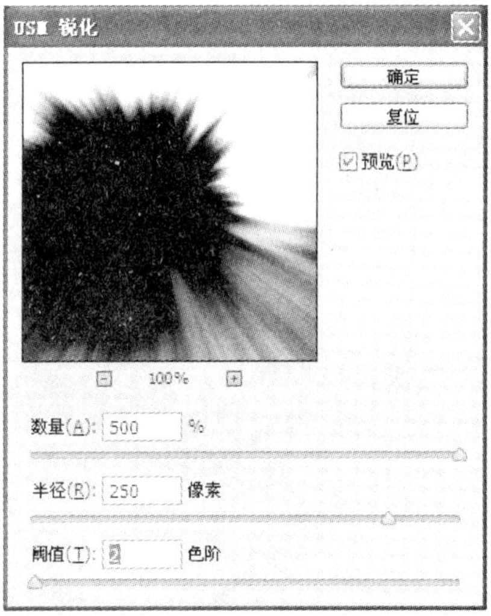

图7-43　USM锐化对话框

(6) 产生扭曲炫彩效果。单击菜单栏下的“滤镜”,选择“扭曲”选项中的“旋转扭曲”,弹出如图7-45所示的对话框,设置相应的参数并单击“确定”按钮得到效果,如图7-46所示。

(7) 略微处理,增加图像的真实性。单击菜单栏下的“滤镜”,选择“滤镜库”,在弹出的面板中选择“纹理”选项中的“纹理化”图标,单击“确定”按钮,得到效果如图7-47所示。

(8) 在“文件”菜单中单击“存储为”,保存该文件为“【例7-7】.psd”。

图 7-44　USM 锐化效果图

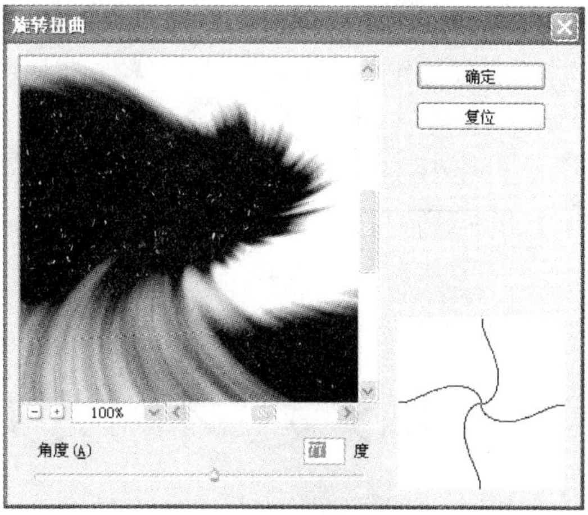

图 7-45　旋转扭曲对话框

图 7-46　旋转扭曲效果图

图 7-47　纹理化效果图

【实验验证 8】 制作发光字体。

实验步骤如下：

(1) 新建空白文档。单击菜单栏下的“文件”，选择“新建”命令，创建新文件。在弹出的对话框中设置画布的宽度 500 像素，高度 300 像素，分辨率 72 像素，其他设置默认，单击确定后得到空白图像。

(2) 输入文字。单击“横排文字工具” T ，将鼠标移动到白色背景图片中并单击鼠标左键，输入文字“PS 艺术设计”，在图层面板自动生成名称为“PS 艺术设计”的新图层。文字保持在选中状态，在属性栏中调整字体为 楷体_GB2312 ，字号为 72 点 ，其他默认，得到如图 7-48 所示的效果图。

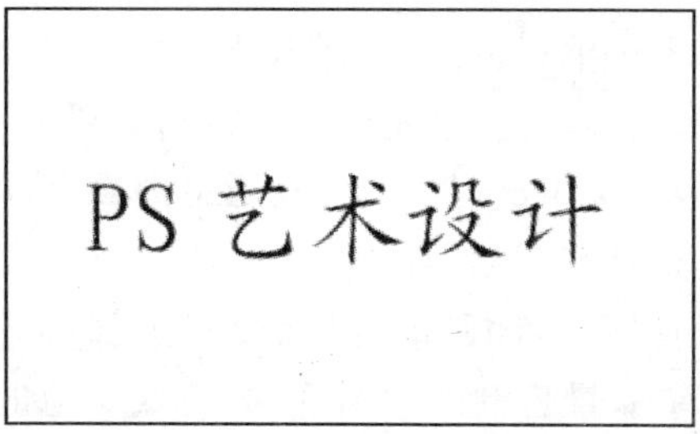

图 7-48　添加文字效果图

(3) 将文字选区存储到新通道。按住 Ctrl 键并单击图层面板的“PS 艺术设计”缩略图标，将该图层中的文字载入选区(文字四周出现“蚂蚁线”)，得到如图 7-49 所示的效果图。选择通道面板，单击该面板下方的“将选区存储为通道”按钮，进入 Alpha 通道，如图 7-50 所示。

图 7-49　载入选区

图 7-50　增加 Alpha 通道

(4) 删除文字图层。按 Ctrl+D 快捷键取消选区，之后返回图层面板，删除“PS 艺术设计”文字层，以免影响 Alpha 通道的显示效果。

(5) 在通道中进行模糊处理。返回通道面板，单击名称为“Alpha 1”的通道，单击菜单栏下的“滤镜”，选择“模糊”选项中的“高斯模糊”命令，在打开的对话框中设置如图 7-51 所示的模糊效果参数，单击“确定”按钮，得到如图 7-52 所示的效果图。

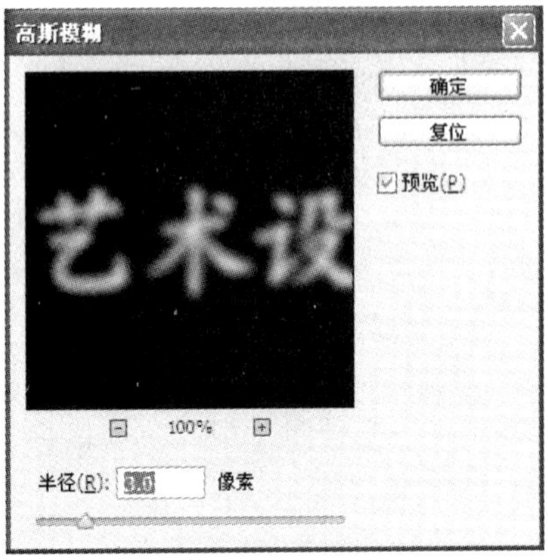

图 7-51　高斯模糊对话框

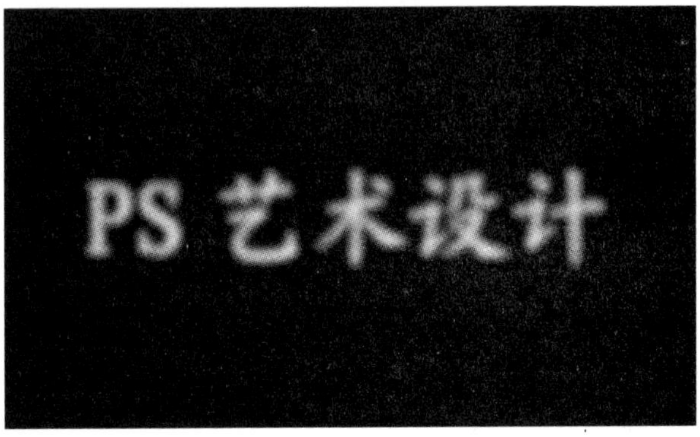

图 7-52　高斯模糊效果图

(6) 加入曲线效果。单击菜单栏下的“图像”，选择“调整”选项中的“曲线”命令，把曲线调整成为如图 7-53 所示的形状。单击“确定”按钮，得到如图 7-54 所示的效果图。

(7) 为显示发光效果，需要选中所有通道。在通道面板上，单击缩略图前方区域并使其前方全部显示，则表示全部选择通道，如图 7-55 所示。

(8) 设置渐变效果。选择图层面板，单击“渐变工具”，在属性栏中单击“渐变编辑器”，在弹出的对话框中选择“前景色到透明渐变”并完成其他的参数设置，如图 7-56 所示。单击确定，鼠标从图像的左上角拖动到右下角，得到如图 7-57 所示的效果图。

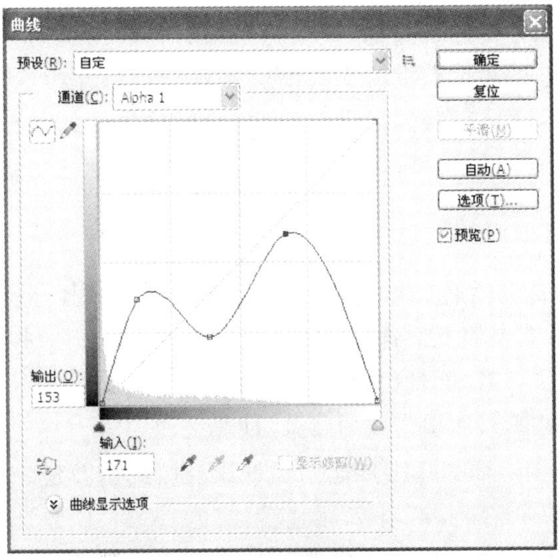

图 7-53　曲线调整对话框

图 7-54　曲线调整效果图

图 7-55　全部选中通道

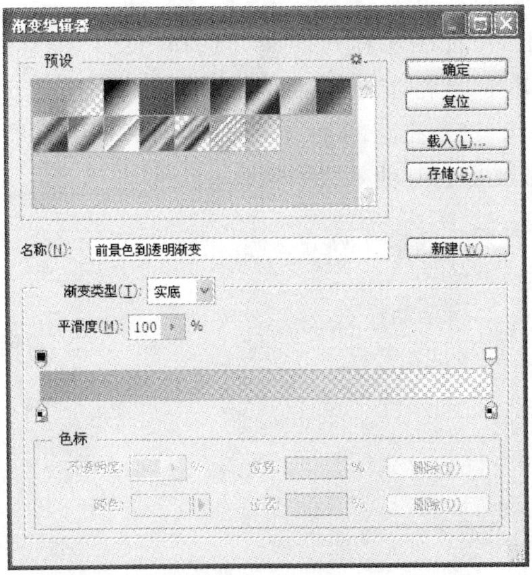

图 7-56　渐变编辑器对话框

图 7-57　渐变操作效果图

（9）单击菜单栏上的“文件”，选择“存储为”命令，在弹出的对话框下方选中“Alpha 通道”复选框，然后保存该文件为“【例 7-8】. psd”。

【实验验证 9】 综合实验验证，设计并制作一个购物网站的首页。

实验步骤如下：

1. 制作图片效果

（1）新建空图片文件并着色。单击菜单栏下的“文件”，选择“新建”命令，新建一个空白文件。在弹出的对话框中作如下设置：宽度 300 厘米，高度 20 厘米，分辨率 300 像素，其他默认，单击“确定”按钮。单击“前景色面板”，将其设置为黑色（R、G、B 分别为 255、255、255），单击“油漆桶工具”，并单击空白背景，使其变黑。

（2）绘制圆形。在图层面板单击创建“新图层按钮”，新建一个图层并修改图层的名称为“形状 1”。单击“前景色面板”，将其设置为橙色（R、G、B 分别为 252、130、76）。单击“椭圆工具”，在属性栏中“选择工具模式”中选择“像素”，按住 Shift 键的同时，在图像窗口中拖曳鼠标绘制圆形，效果图如图 7-58 所示。

图 7-58 绘制圆形

（3）设置投影效果。单击“图层”面板下方的“添加图层样式”并选择“投影”菜单。在弹出的对话框中设置如下：不透明度 50%，距离 5 像素，扩展 20%，大小 80 像素，其他不变。单击确定，得到圆形效果图如图 7-59(a)所示。需要注意的是，在黑色背景下投影效果不明显，在图 7-59(b)给出了在蓝色背景下的投影效果。其他效果不明显。

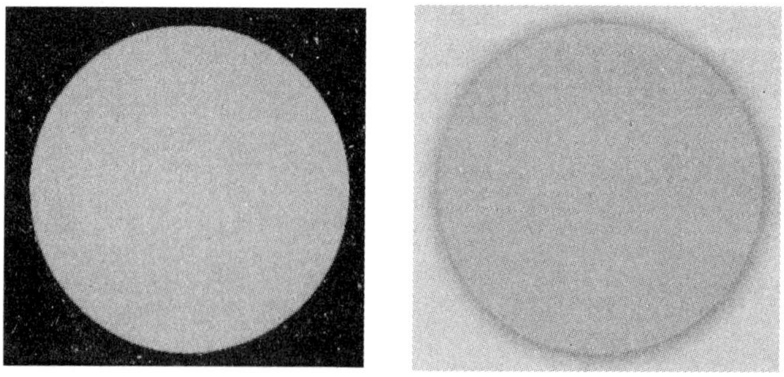

(a) (b)

图 7-59 投影样式效果图

(4) 加入小家电图标并美化。返回素材文件所在的文件夹，将“【例 7-9】素材-小家电.jpg”文件图标拖曳到 PS 的工作界面中，调整大小并移动到圆形区域适当位置中，此时图层面板上生成一个名称为“【例 7-9】素材-小家电”的新图层。选中该图层，单击“椭圆选框工具”，按住 Shift 键拖曳，形成如图 7-60 所示的选区，在选区内单击鼠标右键，选择“选择反向”命令，按下 Delete 键，删除该图层中圆形区域以外的图像，叠加“形状 1”图层后得到如图 7-61 所示的效果图。

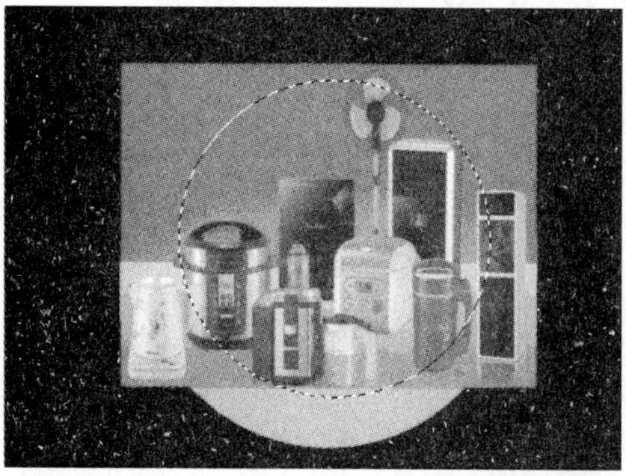

图 7-60　创建选区效果图

图 7-61　选择反向并删除选区效果图

(5) 为家电图标加入向下的镜面投影形状。新建图层，命名为“投影 1”。单击“椭圆选框工具”，选中属性栏中的“从选区减去”按钮，按住 Shift 键拖曳鼠标，绘制圆形区域。然后再绘制一个圆形区域，如图 7-62 所示。单击“油漆桶工具”，在两个选区中间单击鼠标，用前景色填充选区，效果如图 7-63 所示。

图 7-62　创建减去选区效果图

图 7-63　填充剩余选区效果图

(6) 为家电图标设置投影效果。在图层面板中，将“投影 1”图层拖曳到“形状 1”图层位置下方。单击鼠标右键，选择“混合选项”命令，在弹出的对话框中，将其不透明度设置为 50%，效果如图 7-64 所示。

(7) 添加圆形并增加阴影。选中“【例 7-9】素材-小家电”图层，新建图层并将其命名为“形状 2”使得“形状 2”图层在图层面板上位于“【例 7-9】素材-小家电”图层的上方，方便图层

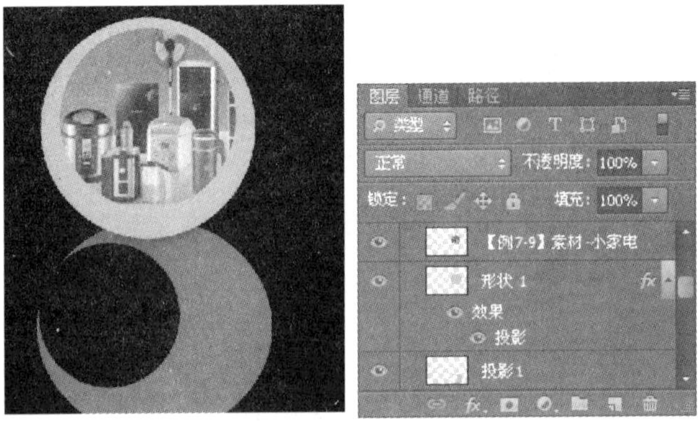

图 7-64 设置不透明度效果图

的层次化设计。将前景色设置为白色,单击"椭圆工具",在属性栏的"选择工具模式"中选择"像素",按住 Shift 键的同时,在图像窗口中拖曳鼠标,绘制白色的圆形,效果图如图 7-65 所示。单击"图层"面板下方的"添加图层样式",在快捷菜单中选择"投影",在弹出的对话框中设置参数:不透明度 50%,距离 30 像素,扩展 30%,大小 5 像素,其他不变。单击确定,得到白色圆形阴影效果(注意白色圆形与橙色圆形的交界处),如图 7-66 所示。

图 7-65 增加白色圆形

图 7-66 设置投影效果图

(8) 增加描边效果。选择"形状 2"图层,单击"图层"面板下方的"添加图层样式",在快捷菜单中选择"描边",在弹出的对话框设置其参数:位置内部,大小 45 像素,将颜色设置为橙色(R、G、B 分别为 252、130、76),其他不变。单击确定,得到效果如图 7-67 所示。

图 7-67 设置描边效果图

(9) 添加“包”图片并遮盖美化。返回素材文件夹，将“【例 7-9】素材-包.jpg”文件图标拖曳到 PS 的工作界面中，调整大小并移动到圆形区域中，在图层面板中生成一个名称为“【例 7-9】素材-包”的新图层，效果如图 7-68 所示。按 Ctrl＋Alt＋G 组合键，为“【例 7-9】素材-包”图层添加剪切蒙版，效果如图 7-69 所示。

图 7-68 添加新的素材

图 7-69 添加剪切蒙版效果图

(10) 制作“包”图标的镜面投影效果。参考步骤(5)和(6)制作“投影 1”的方法为“【例 7-9】素材-包”图层制作与之对应的“投影 2”效果。单击“【例 7-9】素材-包”图层，按住 Shift 键并依次选中“【例 7-9】素材-包”和“投影 2”之间的所有图层，将它们全部选中后拖曳到“投影 1”图层的下方，效果如图 7-70 所示。

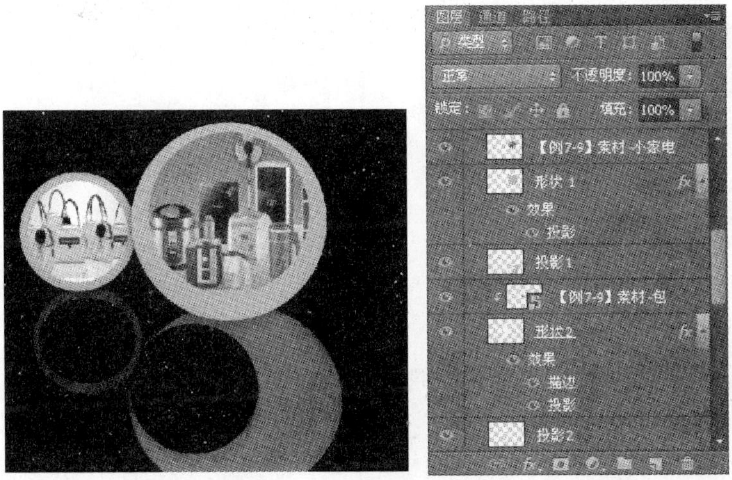

图 7-70 制作包图标的效果

(11) 添加其他图标。用步骤(7)～步骤(10)的方法将“【例 7-9】素材-化妆品.jpg”，“【例 7-9】素材-手机.jpg”，“【例 7-9】素材-图书.jpg”素材进行置入，得到如图 7-71 所示的效果图。在图层面板中，按住 Ctrl 键依次选中除“背景”图层外的所有图层。按 Ctrl＋G 组合键，将其编组(将所有素材放在一个文件夹中)并命名为“素材”，如图 7-72 所示。

图 7-71　图标最终效果图

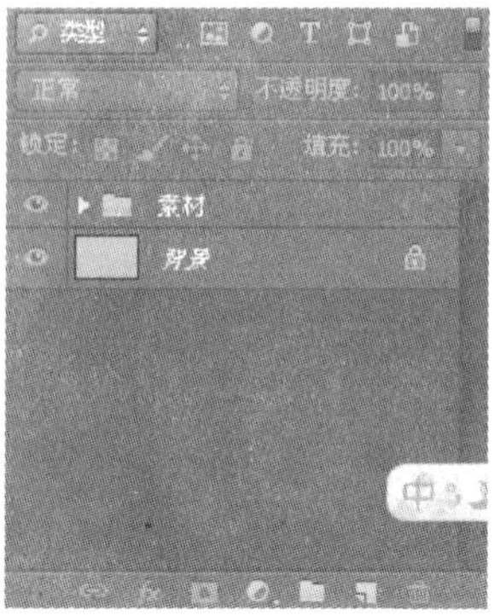

图 7-72　图层编组

2. 添加文字

(1) 添加“小家电”字样并设置大小。单击“素材”图层组，将前景色设置为红色(其 R、G、B 分别为 176、43、49)。选中“横排文字”，在属性栏中选择宋体，大小 24 点，并输入“小家电”。选中该文字内容，按 Alt+向右方向键调整字间距离，效果如图 7-73 所示。

(2) 文字变形。选取文字内容，单击属性栏上的“创建文字变形”按钮，在弹出的对话框中完成如图 7-74 所示的参数设置。单击确定，效果图如图 7-75 所示。

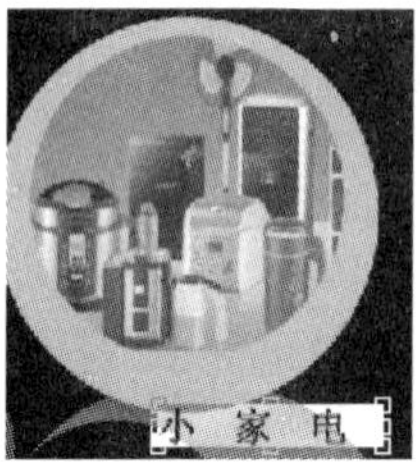

图 7-73　加入文字并调整间距

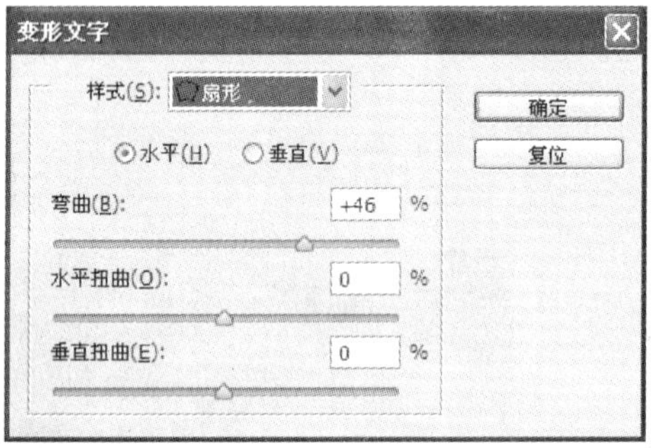

图 7-74　变形文字对话框

(3) 文字旋转并移动到适当位置。单击“移动工具”，按 Ctrl+T 组合框，文字周围出现变换框，将鼠标放在变换框的外边，当鼠标光标变成旋转图标时，将鼠标拖曳旋转至适当角度。最后调整其位置，按 Enter 键确定操作，得到如图 7-76 所示的效果图。

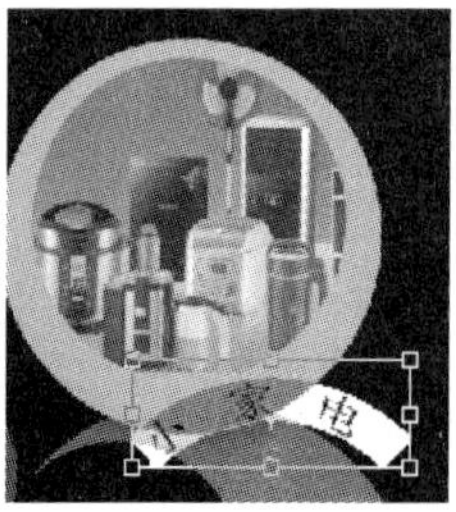

图 7-75　文字变形效果图

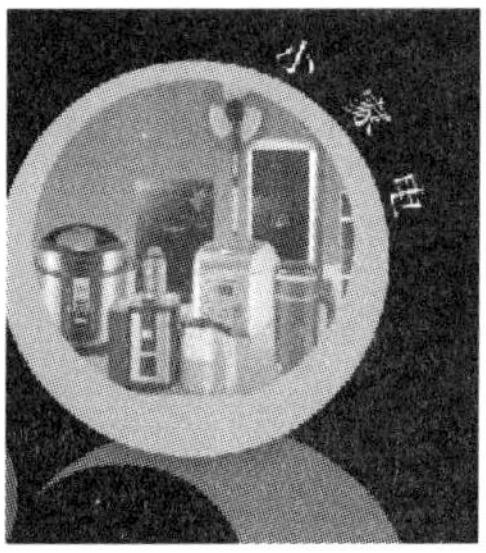

图 7-76　文字旋转和移动效果图

(4) 添加其他文字。用步骤(1)～步骤(3)的方法制作其他文字，效果如图 7-77 所示。

图 7-77　所有文字效果图

3. 制作 LOGO

(1) 添加 LOGO 图像。返回素材文件所在的文件夹，将“【例 7-9】素材-LOGO. jpg”文件图标拖曳到 PS 的工作界面中，调整大小并移动到适当区域中，此时图层面板中自动生成一个名称为“【例 7-9】素材-LOGO”的新图层，效果如图 7-78 所示。

(2) 添加文字并设置效果。选中“横排文字”，在属性栏中选择楷体，大小 50 点，并输入“东方商城”，并将文字移动到 LOGO 牌子上。单击“图层”面板下方的“添加图层样式”，在快捷菜单中选择“投影”，在弹出的对话框中设置参数如下：不透明度 50%，距离 30 像素，扩展 30%，大小 5 像素，其他不变。单击确定，得到效果图如图 7-79 所示。

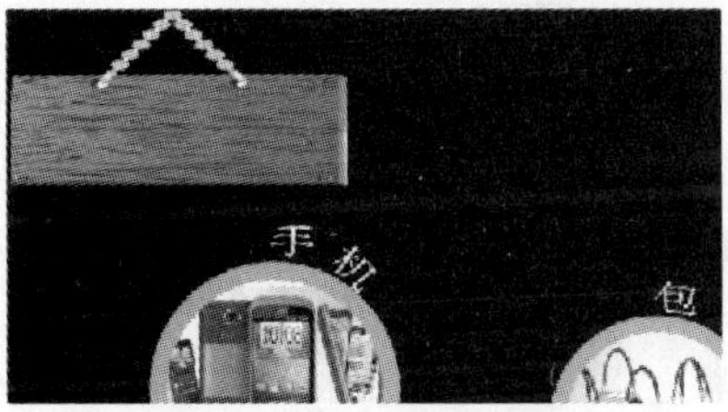

图 7-78　增加新素材

图 7-79　文字投影结果

4. 存档

在“文件”菜单中单击“存储为”，保存该文件为“【例 7-9】. psd”。

第 8 章　Dreamweaver 网页设计

本章主要掌握使用 Dreamweaver 进行网页设计的主要方法，根据实验题目的要求和步骤完成实验验证，并根据题目的要求完成实验设计。

8.1　实验验证

【实验验证 1】　设计“动画与 PS 作品展示”网站，其主页页面效果如图 8-1 所示。

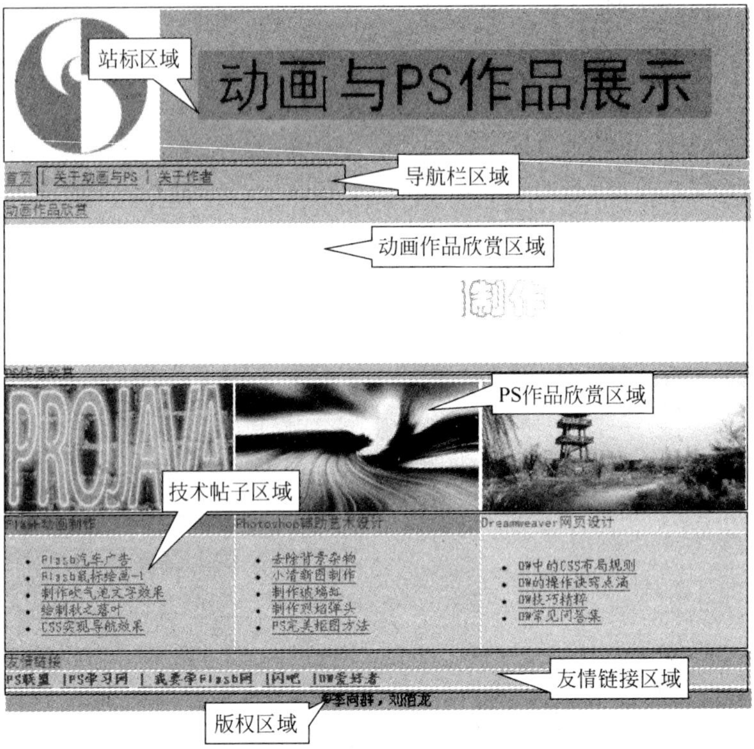

图 8-1　“动画与 PS 作品展示”主页

实验步骤如下：

1. 创建新的站点

（1）打开 Dreamweaver CS6，单击菜单栏中的“站点”，选择“新建站点”命令，在弹出的“站点设置对象”对话框中输入站点名称为“动画与 PS 作品展示”，并在“本地站点文件夹”中输入网站文件的存储路径“D:\动画与 PS 作品展示\”，如图 8-2 所示。为了操作方便，也可以通过“浏览文件夹”按钮 选择相应的存储路径。

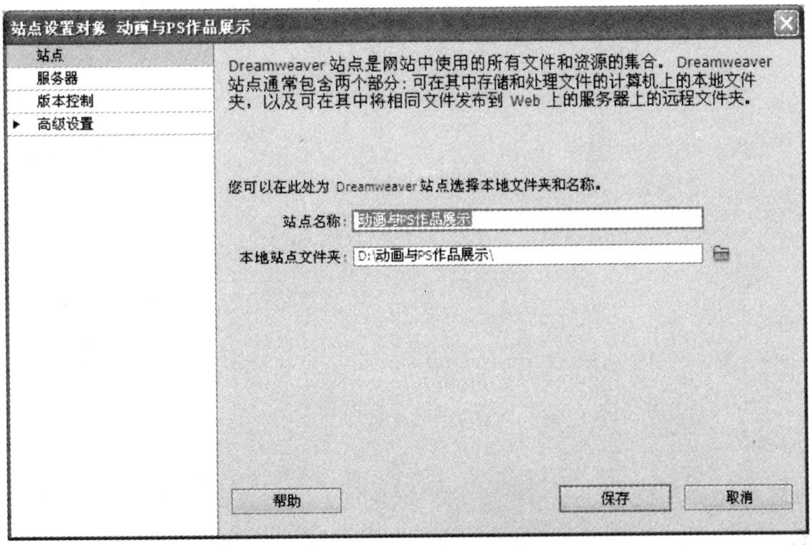

图 8-2　站点设置对象对话框

（2）单击“保存”按钮，即可在 D 盘新建一个名称为“动画与 PS 作品展示”的文件夹。该文件夹用以存放各种网页文件及素材。

（3）单击菜单栏中的“站点”，选择“管理站点”命令，在弹出的“管理站点”对话框中会显示新建的站点，如图 8-3 所示。此时，在文件面板中也可以看到其他相关站点的信息，如图 8-4 所示。至此站点创建完毕。

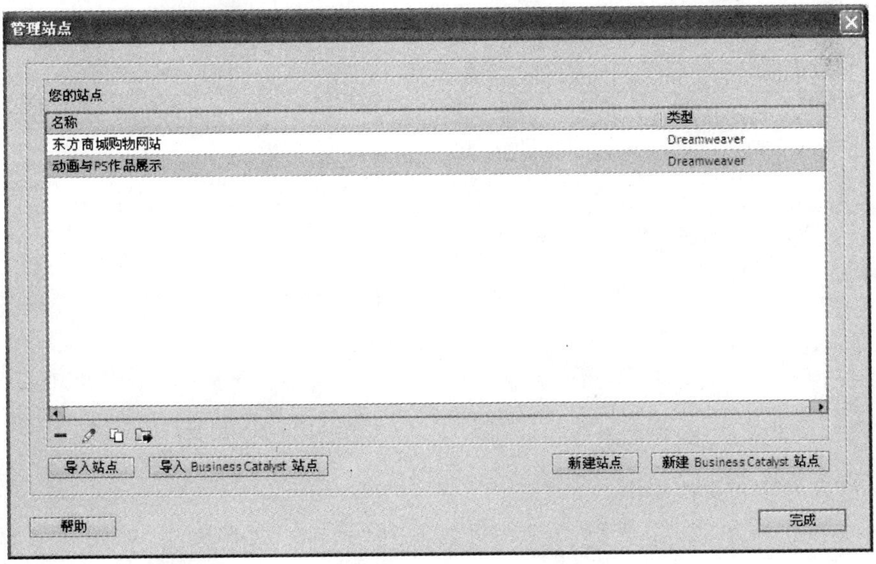

图 8-3　管理站点对话框

图 8-4　文件面板

2. 增加站点文件和文件夹

（1）在站点内创建文件夹

① 在如图 8-4 所示的文件面板上，选择名称为“动画与 PS 作品展示”的站点，并单击鼠标右键，在弹出的快捷菜单中选择“新建文件夹”，此时新建的文件夹处于可编辑状态。将该文件夹的名称改成“Flash”，单击文件面板中的其他位置，完成图片文件夹的创建，其效果如图 8-5 所示。Flash 文件夹用来存放动画素材文件。

② 同样的操作，分别创建名称为“Image”和“Music”的文件夹，其效果如图 8-6 所示。Image 文件夹用来放图像素材文件，Music 文件夹用来存放音乐素材文件。

图 8-5　创建 Flash 文件夹

图 8-6　创建其他文件夹

（2）将素材导入文件夹中

文件夹建立完毕后，需要将动画素材复制到“Flash”文件夹中，将图片素材复制到“Image”文件夹中，将音乐素材复制到“Music”文件夹中。如图 8-7 所示，导入文件后的文件结构都显示在文件面板中。

（3）在站点内创建页面文件

在如图 8-4 所示的文件面板中，选择站点并单击鼠标右键，在弹出的快捷菜单中选择

"新建文件",此时新建文件名处于可编辑状态。将新建文件"untitled. html"改成"index. html",单击该文件面板其他位置,完成主页文件的创建,如图 8-8 所示。

相同的操作创建网页文件 about. html,其效果如图 8-9 所示(创建的网页文件按名称顺序排列)。至此,本网站所需的页面和文件夹创建完毕。

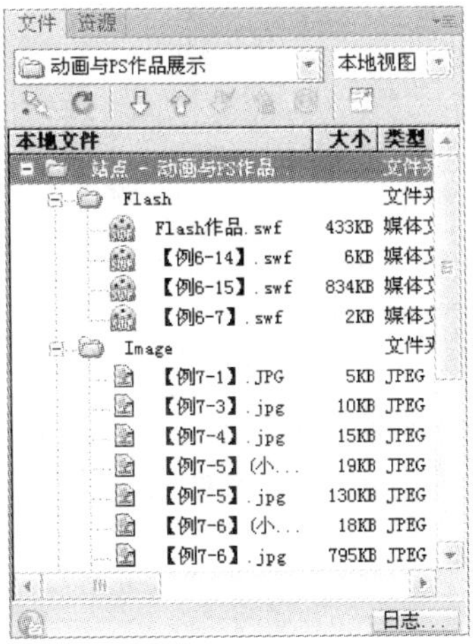

图 8-7 增加文件素材

图 8-8 创建 index. html 文件

图 8-9 创建 about. html 文件

3. 网页布局

(1) 打开文档编辑区。在文件面板中双击 index. html 文件,显示空白页面。

(2) 插入表格,创建各个区域。

① 创建整体框架表格。由于图 8-1 所示的主页框架共有 11 行,因此这里需要建立一个 11 行 1 列的表格。选择插入面板中的"常用"选项如图 8-10 所示,单击"表格",会弹出如图 8-11 所示的"表格"对话框,设置参数:行数为 11,列数为 1,宽度为 666 像素,边框粗细为 1 像素,无标题。单击"确定"按钮,文档编辑区中会出现一个表格,如图 8-12 所示。

② 调整表格。按照图 8-1 所示的区域布局,使用鼠标调整各个区域所占单元格的大小,如图 8-13 所示。

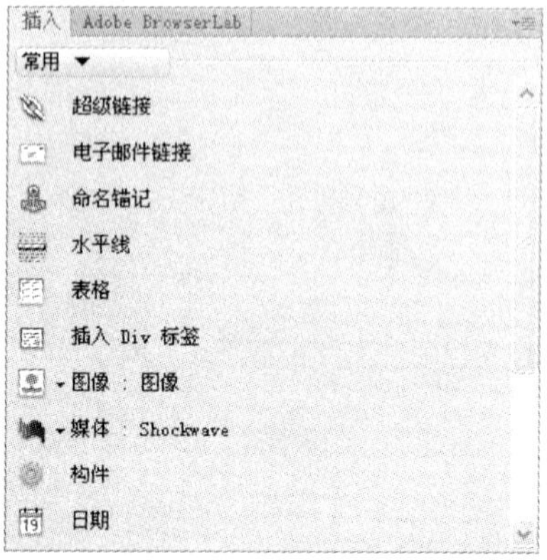

图 8-10　插入面板

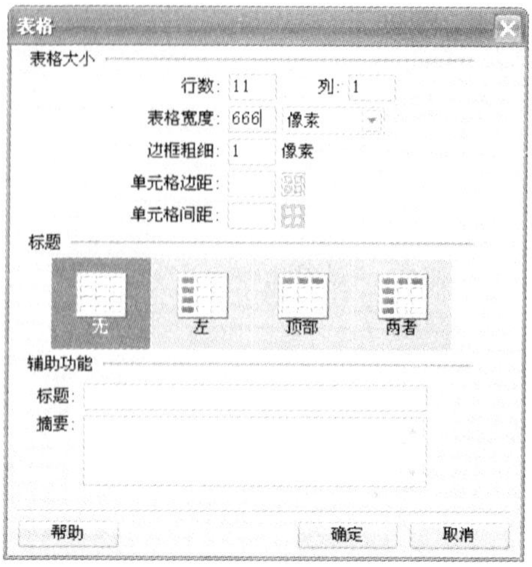

图 8-11　表格对话框

图 8-12　创建 11 行 1 列的初始表格

图 8-13　调整表格布局

③ 细化“站标”区域。单击图 8-13 所示表格的第 1 行单元格，单击属性面板下的“拆分单元格为行或列”按钮，弹出“拆分单元格”对话框，进行如图 8-14 所示的参数设置，单击“确定”按钮。此时第 1 行单元格自动拆分成了两个，调整单元格的大小如图 8-15 所示。单击该行右侧的单元格，重复步骤①的插入表格操作，在右侧单元格内嵌套一个 1 行 1 列的表格，并调整其大小，效果如图 8-16 所示。为了让嵌套的单元格居中，鼠标单击该单元格的边界，在属性面板中设置对齐下拉菜单为“居中对齐” 对齐(A) 居中对齐，得到的页面设计效果图，如图 8-17 所示。

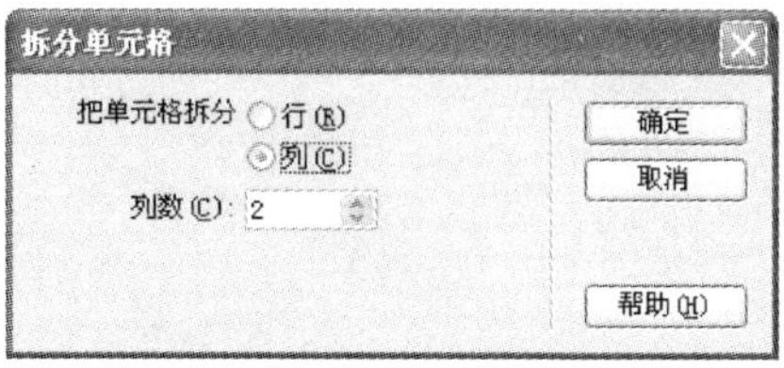

图 8-14　拆分单元格对话框

图 8-15　拆分第 1 行的站标区域

图 8-16　嵌套站名单元格

图 8-17　站标区域最终布局

④ 细化“PS 作品欣赏”区域。单击图 8-13 中的第 6 行单元格，单击属性面板下的“拆分单元格为行或列”按钮，弹出“拆分单元格”对话框，列数设置为 2，单击“确定”按钮。此时该单元格自动拆分成了三个，并调整大小，如图 8-18 所示。

⑤ 细化“技术帖子”区域。重复步骤④，将图 8-13 中的第 8 行单元格拆分成 3 列，并调整大小。得到该站点最终布局，如图 8-19 所示。

(3) 保存。单击菜单栏中的“文件”，选择“保存”命令，将 index. html 文件的布局进行保存。

图 8-18　细化的“PS 作品欣赏”区域

图 8-19　主页的最终布局效果图

4. 文本的插入

(1) 打开编辑页面。在文件面板中双击“index.html”文件，显示调整布局后的表格。

(2) 在“站标”区域添加站名。单击图 8-19 中表格第 1 行右侧内部嵌套的单元格，输入文字“动画与 PS 作品展示”，得到的页面设计效果图如图 8-20 所示。

图 8-20　添加站名

(3) 设置站名的字体属性。将“动画与 PS 作品展示”字体选中，在属性面板上单击“CSS”按钮，进入 CSS 属性设置页面，如图 8-21 所示。设置如下参数：目标规则为“新内联样式”（在此规则下，所更改的属性不会影响其他文本），字体为黑体，大小为 18，单位为 mm，位置居中，颜色为 #F0F，其设置如图 8-22 所示。

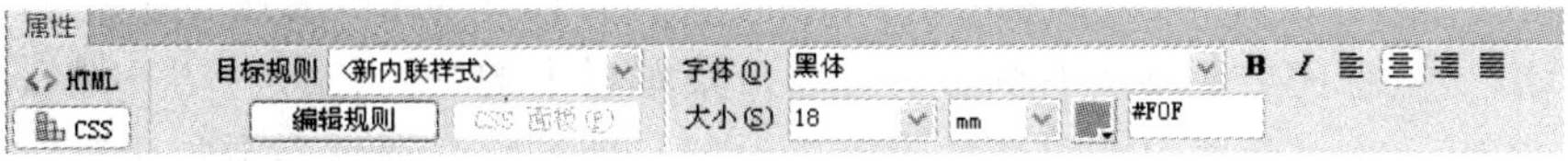

图 8-21　设置站名字体属性

图 8-22　站名效果图

（4）添加“导航栏”文字并设置属性。在图 8-19 所示表格第 2 行单元格加入各个导航小标题，设置字体颜色为＃00F，字体为黑体，大小为默认，其效果如图 8-23 所示。

图 8-23　添加导航栏

（5）添加其他区域标题并设置属性。同样的操作为各个区域添加小标题，参数设置为：字体颜色为＃03C，字体为黑体，大小为默认，其效果如图 8-24 所示。

图 8-24　添加各区小标题

(6) 添加日期。鼠标单击如图 8-24 所示的第 2 行的单元格，多次按下组合键 Ctrl＋Shift＋空格，使光标向单元格的右侧移动。单击菜单栏中的“插入”，选择“日期”命令，在弹出如图 8-25 所示的对话框中完成参数设置。设置日期的字体属性参数如步骤(3)，其效果图如图 8-26 所示。

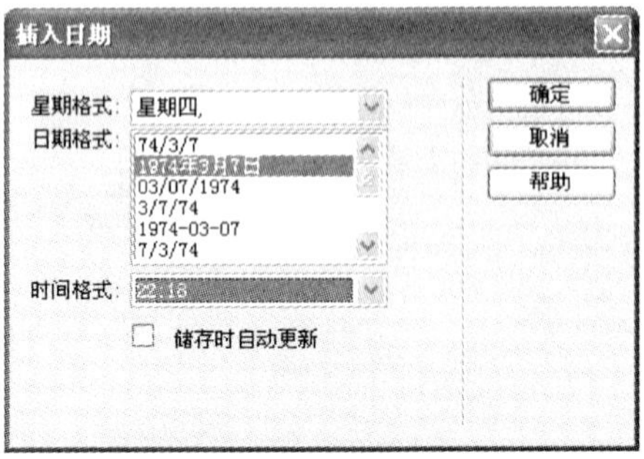

图 8-25 插入日期对话框

图 8-26 插入日期效果图

(7) 为“技术帖子”区域增加帖子小标题。在每个帖子标题区域插入标题名称文字，参数设置默认，得到设计效果图如图 8-27 所示。为了显示标题的效果，选中各个面板的小标题时需要单击属性面板的“项目列表按钮”☰按钮。选中所有小标题文字，字体设置为“楷体_GB2312”，其浏览器效果如图 8-28 所示。

图 8-27 帖子标题设计效果图

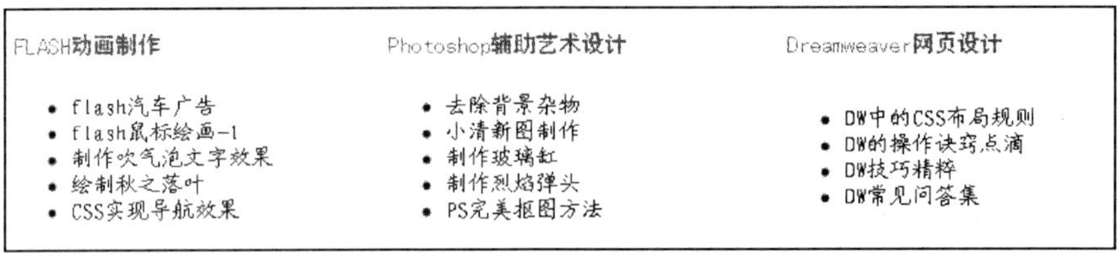

图 8-28 帖子标题预览效果图

(8) 添加“友情链接”网站名称。输入链接网站名称，用“|”隔开。选中文字，参数设置

为：字体为“楷体_GB2312”，字体颜色为＃93C，其他默认，其设计效果图如图 8-29 所示。

图 8-29 “友情链接”网站名称设计效果图

(9) 添加“版权”区域的符号和文字。

① 添加版权符号。单击该单元格内部，在菜单栏中单击“插入”，选择“HTML”选项的“特殊字符”中的“版权”命令，成功插入“版权符号”©。

② 添加文字。输入“李向群，刘佰龙”字样并在属性面板中单击“居中”按钮，得到效果如图 8-30 所示。

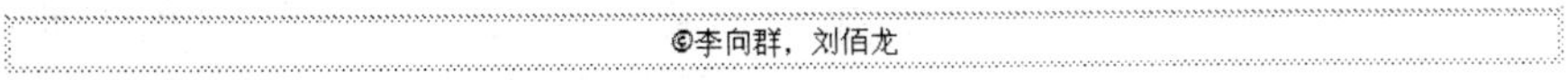

图 8-30 添加版权符号和文字

(10) 保存。单击菜单栏中的“文件”，选择“保存全部”命令，将 index. html 文件的设计进行保存。

5. 图像的插入

(1) 打开编辑文档。在文件面板中双击 index. html 文件，显示编辑界面。

(2) 利用占位符插入站标。单击如图 8-19 所示表格第 1 行第 1 列的单元格，单击菜单栏中的“插入”，选择“图像对象”选项的“图像占位符”命令，在弹出的“图像占位符”对话框中，设置参数为：名称为 zhanbiao，宽度为 176，高度为 169(为该单元格的属性)，颜色为＃00CC00，如图 8-31 所示。单击“确定”按钮，显示效果如图 8-32 所示。

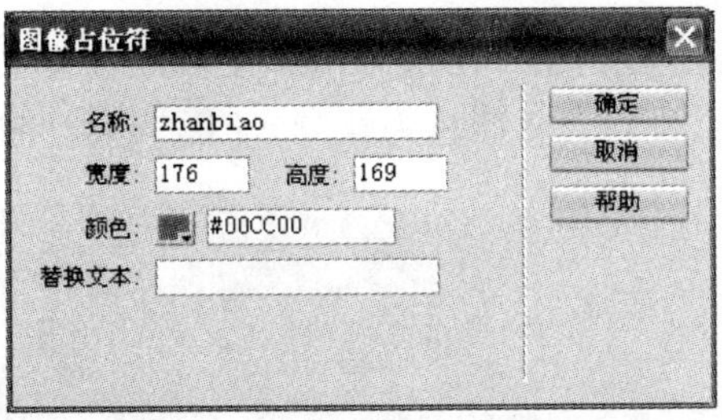

图 8-31 “图像占位符”对话框

图 8-32 添加站标占位符

(3) 选择站标图片。双击“zhanbiao”图像占位符图标，在弹出的“选择图像源文件”对话框中，找到该站点文件夹，选择 Image 文件夹下的“【例 7-1】.JPG”文件，单击“确定”按钮即插入图片，调整单元格的大小，显示效果如图 8-33 所示。

图 8-33　选择站标图片

（4）为“动画与 PS 作品展示”文字所在嵌套内部单元格增加背景色。按住 Ctrl 键并单击图 8-33 中该嵌套单元格，在属性面板中设置该单元格的背景颜色为蓝色（值为 2A5FFF），其设置如图 8-34 所示。适当调整该单元格的大小，其显示效果如图 8-35 所示。

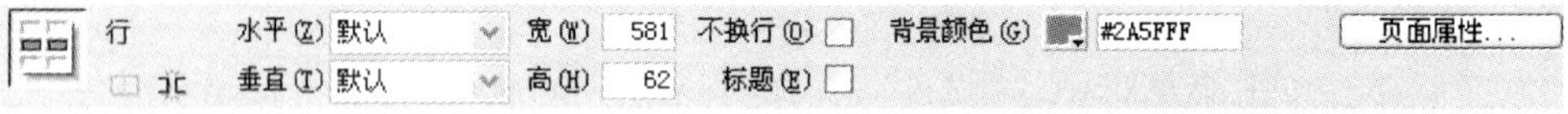

图 8-34　在属性面板中设置背景颜色

图 8-35　设置文字内容的背景色

（5）为“动画与 PS 作品展示”文字所在外部单元格设置背景色。单击“动画与 PS 作品展示”所在的外部大单元格，设置背景颜色为＃3399FF，其设计效果如图 8-36 所示。

图 8-36　为“动画与 PS 作品展示”所在单元格设置背景色

（6）设置其他区域背景颜色。使用同样的操作，分别为各个单元格添加不同的背景颜色，其设计效果如图 8-37 所示。背景颜色值分别为：“导航栏”单元格为＃00FF00，“动画作品欣赏”和“PS 作品欣赏”单元格均为＃00FF99，“Flash 动画制作”单元格为＃FF00FF（其下方的单元格为＃CC99FF），“Photoshop 辅助艺术设计”单元格为＃CC6600（其下方的单元格为＃CCCC00），“Dreamweaver 网页设计”单元格为＃99FF33（其下方的单元格为＃66FF66），“友情链接”单元格为＃CC66FF（其下方的单元格为＃CC99FF），“版权”单元格为＃3399FF。

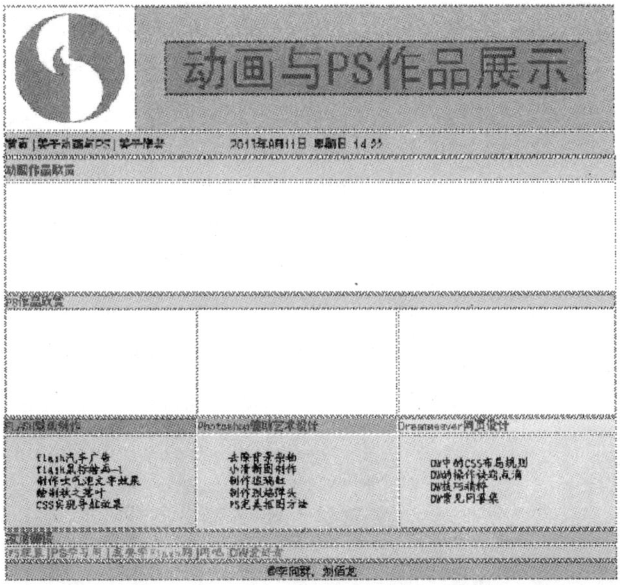

图 8-37 设置其他区域背景颜色

(7) 直接插入 PS 作品图片。在“PS 作品欣赏”文字下方左侧的两个单元格添加图片。图片的路径分别在站点文件夹中的 Image 文件夹下的“【例 7-5】(小图). JPG”文件和“【例 7-7】(小图). JPG”。操作方法为:单击菜单栏中的“插入”,选择“图像”命令,在弹出的“选择图像源文件”对话框中选择相应的文件名即可。最终得到的插入图片效果如图 8-38 所示。

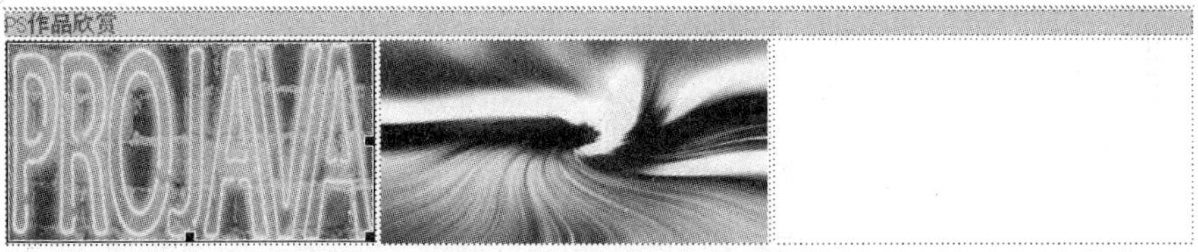

图 8-38 直接插入 PS 作品图片

(8) 为“PS 作品欣赏”添加一个“鼠标经过图像”。鼠标单击图中 8-42 右侧的单元格,单击“插入”菜单,选择“图像对象”中的“鼠标经过图像”命令。在弹出的“插入鼠标经过图像”对话框中,设置参数为:在原始图像文本框中输入“Image/【例 7-6】素材-木塔(小图). jpg”或单击“浏览”按钮找到该文件。在鼠标经过图像文本框中引入“Image/【例 7-6】(小图). jpg”图片,其设置效果如图 8-39 所示。单击确定按钮,其显示效果如图 8-40 所示,只显示了原始图像。当按下 F12 键在浏览器中打开该页面后,鼠标放在该图像上,右侧单元格中的图像就会在两幅图像之间变化,其变化效果如图 8-40 和图 8-41 所示。

(9) 保存。单击菜单栏中的“文件”,选择“保存全部”命令,将 index. html 文件的设计进行保存。

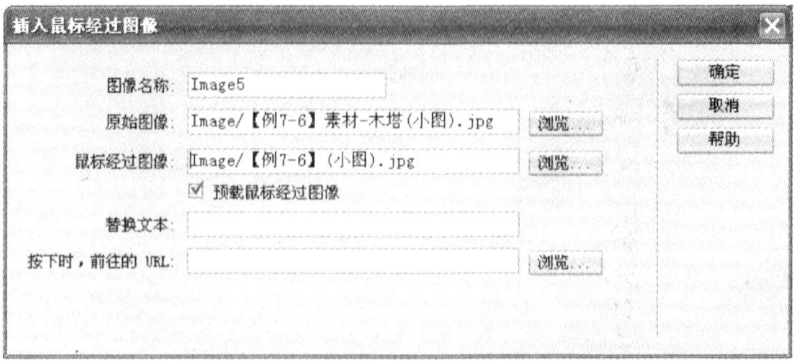

图 8-39 “插入鼠标经过图像”对话框

图 8-40 设计界面下的效果

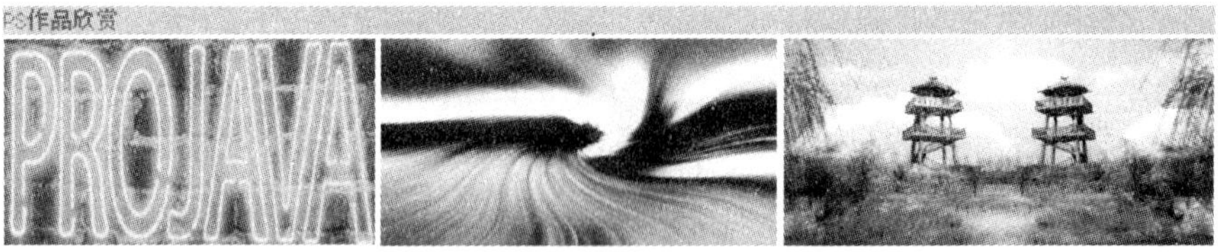

图 8-41 浏览器界面下鼠标经过效果

6. 动态元素的插入

(1) 打开编辑文档。在文件面板中双击 index.html 文件,显示编辑界面。

(2) 在如图 8-37 所示的“动画作品欣赏”下方的单元格内增加一个 Shockwave 动画作品。单击单元格内部,在插入面板的“常用”选项卡中选择“媒体”,从弹出的下拉列表中选择“Shockwave”图标。在弹出的“选择文件”对话框中找到该站点的 Flash 文件夹,选择名称为“【例 6-14】”的文件,如图 8-42 所示。单击确定,在弹出的“对象标签辅助功能属性”对话框中可以设置相关参数,如图 8-43 所示。单击确定,在设计页面中该单元格中显示了一个带有图标的对象,此时在属性面板或者通过鼠标调整该 Flash 播放区域的宽和高,使其占满该单元格,即如图 8-44 所示灰色区域。要想观察动画的效果,可以按下 F12 键或者单击文档工具栏中的 实时视图 按钮,进行预览,如图 8-45 所示。

(3) 保存。单击菜单栏中的“文件”,选择“保存全部”命令,将 index.html 文件的设计进行保存。

图 8-42 “选择文件”对话框

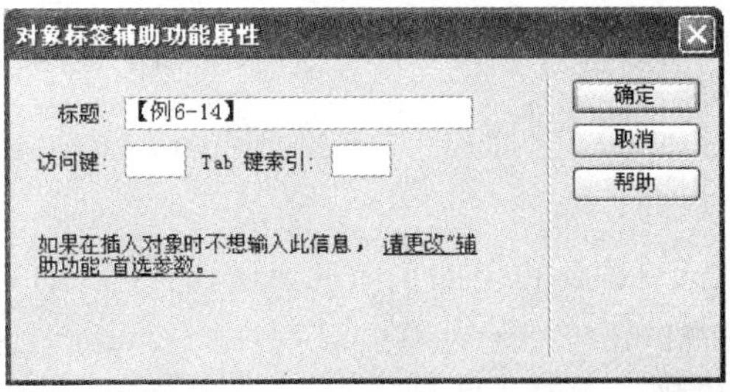

图 8-43 “对象标签辅助功能属性”对话框

图 8-44 插入 Shockwave 动画编辑效果

图 8-45 插入 Shockwave 动画预览效果

7. 音频的插入

(1) 打开编辑文档。在文件面板中双击 index. html 文件,显示设计界面。

(2) 切换到代码视图。在文档工具栏中单击“代码”按钮,切换到代码视图如图 8-46 所示。

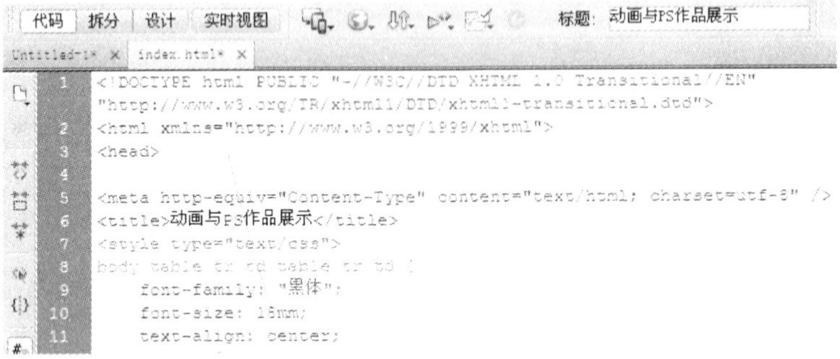

图 8-46　代码视图

(3) 输入播放器代码。在代码中＜head＞之后添加如下代码:

```
< EMBED src="Music/梁祝.mp3" hidden="true" autostart="true" loop="true" width=0 height
=0 >
```

该代码的目的就是插入一段不占空间页面的音乐。音乐文件的路径在站点文件夹下的 Music 文件夹,名称为“梁祝. mp3”。

如果要显示播放器的样式,可以将上述部分宽度和高度参数修改为: width=300 height=200。

src="Music/梁祝. mp3" 用于设定 mp3 文件及路径,可以是相对路径或绝对路径。

autostart=true 设置音乐文档是否自动播放,True 表示是,false 表示否。

loop=true 设置是否自动反复播放,loop=2 表示重复两次,true 表示重复多次。

(4) 保存。单击菜单栏中的“文件”,选择“保存”命令,将 index. html 文件的设计进行保存。按下 F12 键,则可以在浏览器中打开带有背景音乐的网页了。

8. 创建链接

(1) 打开编辑文档。在文件面板中双击 index. html 文件,显示设计界面。

(2) 为如图 8-1 所示的“关于作者”创建链接,链接指向“about. html”子页。

① 选取文字。由于在设计状态下“导航栏”一行中添加了多个空格,使得设计状态对这几个字的精确选取出现偏差。此时,应当单击文档工具栏中的“代码”按钮,切换到“代码”视图。在代码窗口里找到“关于作者”字样并选取,如图 8-47 所示。然后再次切换到“设计”视图,发现这些文字被选中,但选中的位置有偏差,如图 8-48 所示,但这并不影响实际的浏览效果。

② 为选取的文字创建文本超级链接。单击属性面板中“链接”下拉列表框后的按钮,在弹出的“选择文件”对话框中找到站点文件夹中的“about. html”文件,如图 8-49 所示。

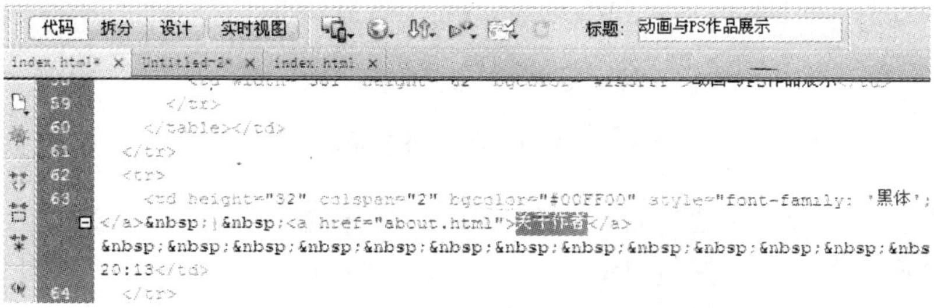

图 8-47　在代码视图中选择文字

图 8-48　选中文字出现偏差

单击“确定”按钮，可以看到“关于作者”字样下出现了下划线并变成蓝色，表示已经成功建立链接，如图 8-50 所示。保存文件并按下 F12 键，在浏览器下将鼠标放在该文字上，鼠标会变成“手型”图标，单击即可打开 about. html 子页。

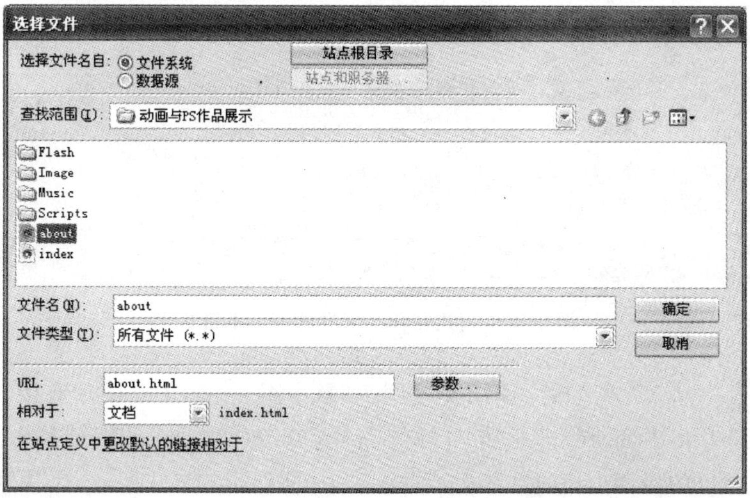

图 8-49　“选择文件”对话框

图 8-50　为“关于作者”创建链接

(3) 创建其他站内链接的超文本。在图 8-8 文件面板中，选择站点并单击鼠标右键，在弹出的快捷菜单中选择“新建文件”，此时新建文件名处于可编辑状态。将新建文件“untitled. html”改成“zuopin. html”，单击该文件面板其他位置，在站点中添加“zuopin. html”文件。重复步骤(2)的方法可以为主页中的“动画作品欣赏”文字链接上“zuopin. html”子页；同样为“主页”、“关于动画与 PS”创建链接，效果如图 8-51 所示。

(4) 为“技术帖子”小标题创建站外链接。选中“Flash 汽车广告”标题文字，单击属性面

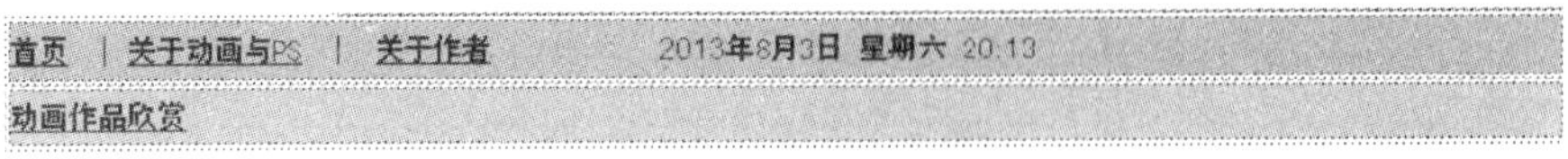

图 8-51 创建导航条各个标题链接

板中“链接”文本框，输入需要连接页面的 URL：“http://www2.Flash8.net/teach/8585.htm”，在“目标”下拉框中选择“_blank”，使得链接的网站在新窗口打开。此时该小标题字体变蓝并具有下划线，表示成功建立链接，效果如图 8-52 所示。

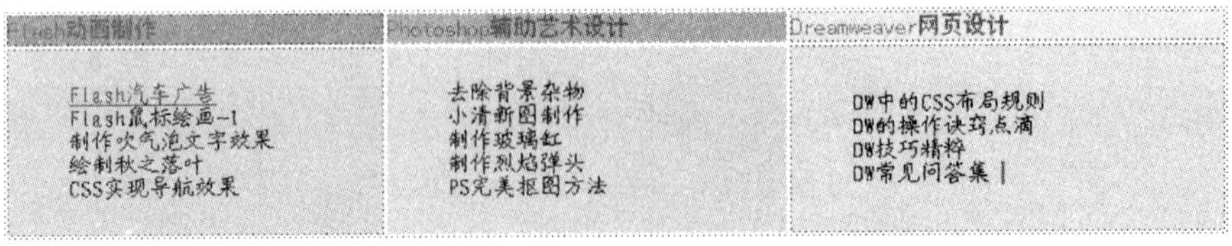

图 8-52 制作“Flash 汽车广告”小标题链接

（5）创建其他小标题的站外链接。重复步骤（4）的方法，对其他版块的标题创建链接，效果如图 8-53 所示。此时按下 F12 并保存文件，在浏览器下将鼠标指向某标题上，鼠标会变成手型图标，单击即可打开相应的网页。

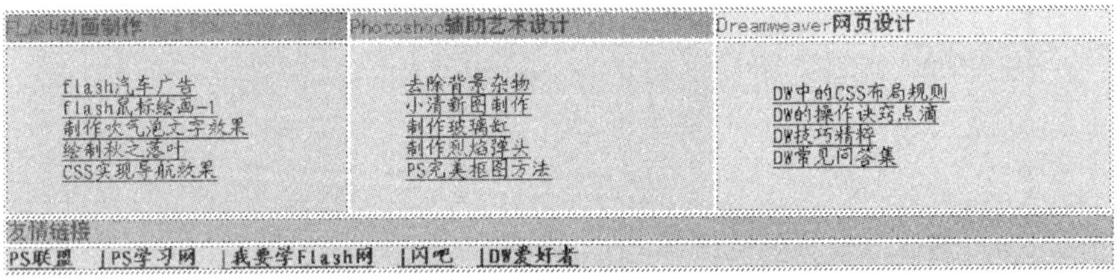

图 8-53 创建其他小标题的超文本链接

（6）为“PS 作品欣赏”区域左侧图片“【例 7-5】（小图）.jpg”创建图片链接。

单击主页中“PS 作品欣赏”下方左侧的图片，单击属性面板中“链接”下拉列表框后的按钮，在弹出的对话框中进入本站点文件夹中的 Image 文件夹，选择“【例 7-5】.jpg”文件，单击确定，在属性面板的“目标”中下拉框中选择“_blank”。按下 F12 键并保存文件，可以在浏览器状态下，鼠标移动至该图片上，就会变成“手型”图标，单击即可在浏览器的单独页面中打开相应的原始图片，如图 8-54 所示。

（7）为“PS 作品欣赏”区域中间图片“【例 7-7】（小图）.jpg”创建链接。重复步骤（6）的方法，链接文件位置在站点文件夹中的 Image 文件夹，名称为“【例 7-7】.jpg”。

（8）为“PS 作品欣赏”区域右侧“鼠标经过图像”加热点链接，在一幅图像上建立多个链接区域。

① 创建第一个热点。单击该图像，在如图 8-55 所示的属性面板中选择“矩形热点工具”。移动鼠标至该图像上，鼠标变成“+”形图标，在目标位置拖动鼠标，形成如图 8-56 所示的热点区域。单击热点区域，在属性面板窗口上的“链接”文本框中添加“Image/【例 7-6】素材-木塔.jpg”，“目标”下拉框中选择“_blank”，如图 8-57 所示。此时按下 F12 并

图 8-54　图片链接在新页面显示原始图像

保存文件，在浏览器下将鼠标放在该图片左侧区域，就会变成手型图标，单击即可打开相应的图片。

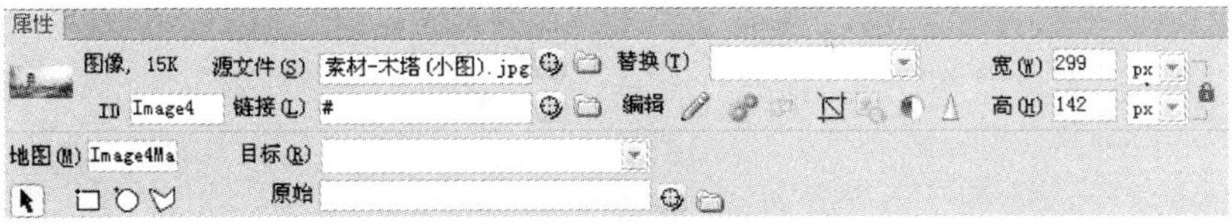

图 8-55　图像属性面板

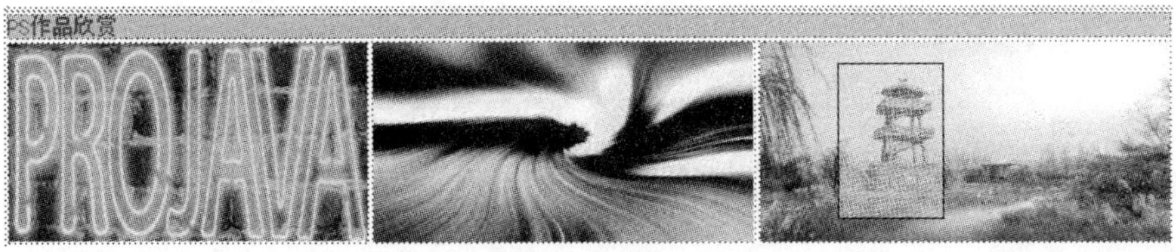

图 8-56　设置第一个热点区域

图 8-57　热点属性面板

② 创建第二个热点。重复步骤①，在第三幅图像的右侧添加矩形热点区域如图 8-58 所示，链接的文件路径为“Image/【例 7-6】.jpg”，“目标”下拉框中选择“_blank”。

(9) 保存。单击菜单栏中的“文件”，选择“保存全部”命令，将 index.html 文件的设计

图 8-58　设置第二个热点区域

进行保存。至此，主页的主体设计操作完成。

9. 修改网页在浏览器上的标签标题

在如图 8-59 所示的位置将“无标题文档”改成“动画与 PS 作品展示”即可。此时，在浏览器浏览时网站时的标题就改变为“动画与 PS 作品展示”，如图 8-60 所示。

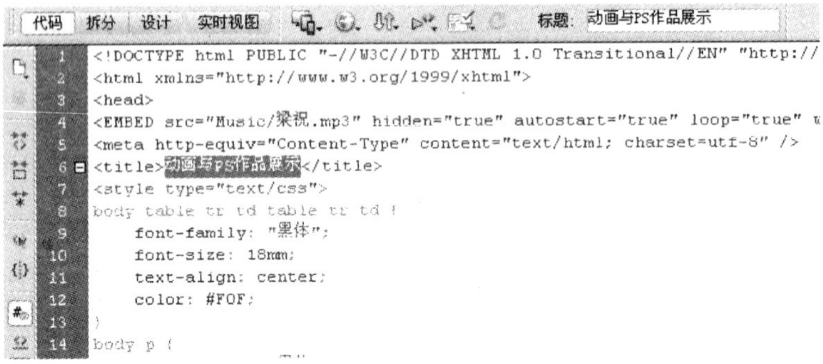

图 8-59　改变网页标题

图 8-60　网页在浏览器标签中的标题

10. 网站子页的完善

（1）打开 about.html 文档。在文件面板上双击 about.html，打开设计界面。

（2）为 about.html 布局，即增加表格及文字。插入一个 3 行 1 列的表格（边框值为 1），调整表格到适当大小。添加“关于作者”及相关的介绍文字，设置字体格式，效果如图 8-61 所示，图中在两位作者信息中间的“水平线”，是利用插入面板中“常用”选项下的“水平线”生成的。

（3）为 about.html 添加背景颜色。为如图 8-61 所示表格的第 2～4 行添加背景颜色，效果如图 8-62 所示。

（4）为 about.html 添加动画。将本站点文件夹内 Flash 文件夹中名称为“【例 6-15】”的动画添加到图 8-61 表格的第一行单元格中，调整大小使其充满单元格。这是一个带有音乐的文件，在“文档工具栏”中单击 实时视图 按钮，其效果图如图 8-63 所示，并伴有音乐。

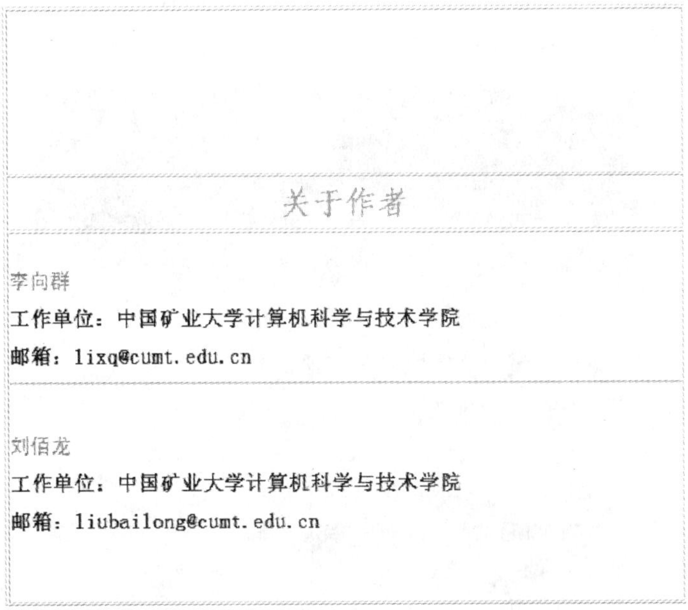

图 8-61　为 about.html 文件添加文字

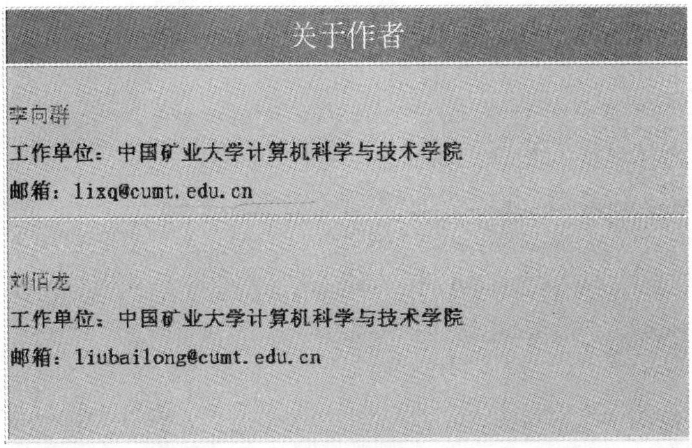

图 8-62　为 about.html 文件添加背景颜色

图 8-63　为 about.html 文件添加动画

（5）保存修改内容。单击菜单栏中的“文件”，选择“保存”命令，将 about. html 文件的设计进行保存，最终效果如图 8-64 所示。

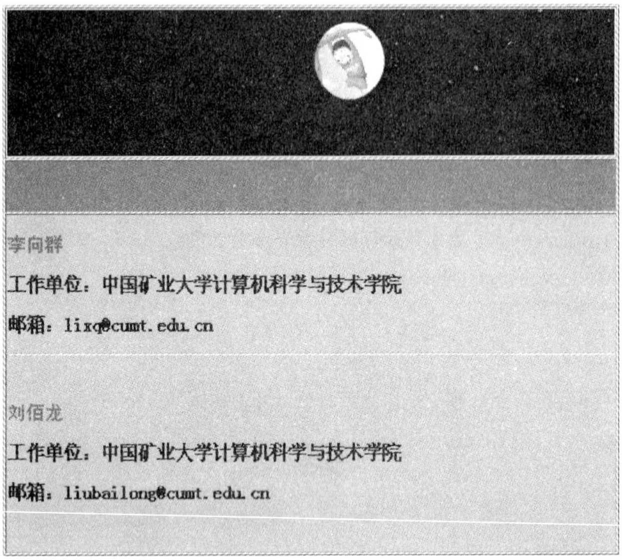

图 8-64　about. html 文件的最终效果图

（6）打开 zuopin. html 文档。双击文件面板中的 zuopin. html，显示设计界面。

（7）为 zuopin. html 布局并加入标题。插入一个 5 行 1 列的表格，如图 8-65 所示。单击第 1 行，输入“作品欣赏”字样，设置相应的字体、大小和颜色。

图 8-65　为 zuopin. html 添加表格和标题文字

(8) 为 zuopin.html 插入 SWF 动画。单击图 8-65 所示第 2 行单元格，选择菜单栏中的“插入”，选择“媒体”中的“SWF”命令，在弹出的“选择 SWF”对话框中找到该站点的 Flash 文件夹，选择名称为“Flash 作品.SWF”的文件。单击确定，在弹出的对话框中设置相应参数。单击确定按钮，则添加了一个含有 标记的对象，如图 8-66 所示。

图 8-66　为 zuopin.html 添加 SWF 动画

(9) 为 zuopin.html 添加 Shockwave 动画。单击图 8-65 所示第 3 行单元格，其源文件的所在位置在站点文件夹的 Flash 文件夹中，名称为“【例 6-7】”。

(10) 为 zuopin.html 添加图片。

① 如图 8-65 所示，在第 4 行单元格中添加两个图片文件。首先单击该单元格，在属性面板中单击“拆分单元格为行或列” ，将单元格拆分成两列，对每个单元格添加一个图片文件。两个图片文件所在位置为站点文件夹中的 Image 文件夹，名称分别为“【例 7-3】”和“【例 7-4】”。

② 如图 8-65 所示，在第 5 行单元格中添加一个图片文件。图片文件所在位置为站点文件夹中的 Image 文件夹，名称为“【例 7-9】”。

至此，步骤(5)-步骤(7)完成后，在浏览器中效果图如图 8-67 所示。

图 8-67　zuopin.html 的整体效果

（11）为 zuopin.html 页面添加音乐元素。将插入点定位在图 8-67 所示“作品欣赏”文字之后，单击菜单栏中的“插入”，选择“媒体”中的“插件”命令，打开“选择文件”对话框。选中该站点文件夹中的 Music 文件夹，单击“高山流水.mp3”，单击确定，成功添加音乐文件。按下 F12 键，可以在浏览器中看到文字后有个 图标，即为播放图标，如图 8-68 所示。单击图标中的白色部分可以暂停/播放音乐。

图 8-68　为 zuopin.html 添加音乐

（12）保存。单击菜单栏中的“文件”，选择“保存”命令，将 zuopin.html 文件的设计进行保存。至此，所有子页设计完毕。

8.2　实验设计

【实验设计 1】 Dreamweaver 网页设计综合题目。阐释或传递某类主题信息的网页作品，自拟主题完成网页作品的设计。

（1）作品要求

① 作品要有符合主题内容的背景音乐以及网站站标。

② 网站主题明确，内容健康向上，主题表达新颖、直接，具有想象力和个性表现力。

③ 所有非原创的素材要注明来源和出处。

④ 运用多种媒体，如图片、艺术字、动画、视频、声音等。

⑤ 界面美观，布局合理，具有一定的艺术感染力。

⑥ 人机交互方便，结构清晰，导航和链接准确。

（2）作品提交方式

存放作品的总文件夹以“学号-姓名-作品名称”命名，总文件夹下设“运行文件”、“源文件”和“支持与说明”三个子文件夹，具体要求如下：

①“运行文件”文件夹。该文件夹用于存放可脱离开发环境直接运行的文件。

②“源文件”文件夹。该文件夹用于存放程序源文件、素材图片、背景音乐等文件以反映作品的原创性。

③“支持与说明”文件夹。该文件夹用于存放作品简介、作品截图以及保证作品正常运行的说明文档。

作品简介是指不少于 500 字的作品简介（Word 格式），如涉及引用请一并在此注明出处。

作品截图是指作品代表图片 1 张，JPEG 格式，分辨率为 800 * 600。

说明文档是指保证作品正常运行的说明（Word 格式），包括开发、安装、配置的系统与软件版本及要求，分步骤详细的安装配置说明等。

习题部分

习　　题

第1章　计算机基础

一、填空题

1. 计算机的诞生过程中有两位杰出科学家的贡献不可磨灭：他们是阿兰·图灵和________。

2. 现在使用的计算机，其基本工作原理都是________和程序控制。

3. ________被誉为"世界计算机之父"。

4. ________的设计思想是指计算机中的指令和数据都采用二进制的形式进行存储。

5. 世界上第一台计算机诞生于________年美国的宾夕法尼亚大学，该机命名为________，即"电子数值积分计算机"。

6. 计算机时代划分的主要依据是计算机所采用的________的不同。

7. 随着计算机技术的发展以及社会对计算机的不同层次的需求，计算机发展趋势将更加趋于________化、微型化、________化和智能化。

8. 一个国家拥有________的数量，已成为衡量一个国家科技水平和综合国力的重要指标之一。

9. 计算机中有一个专门存储数据的部件叫做________，其容量可以做得很大，因此"记忆力"超强。

10. 世界上第一台计算机的诞生，其应用目的是为了________。

11. ________是用计算机模拟人类的某些智能活动，辅助人类进行问题的决策。

12. 在计算机内部均采用________编码的形式表示数据，即用0和1来表示数据。

13. ________是指某数制具体使用多少个数字来表示数的大小。

14. 位是计算机中最小的数据度量单位，1位就是一个________数字。

15. 1GB = 1024 ________

16. 字符的编码方式很多，目前国际上比较通用的是________码。

17. 计算机________是指那些看得见、摸得着的物理设备如主机、键盘、鼠标和显示器等，它是计算机工作的基础。

18. 计算机________是指那些看不见、摸不着却在指挥计算机工作的各种程序，如操作系统、办公软件等，它是计算机的灵魂。

19. 计算机的五大部件是指：运算器、________、________、输入设备和输出设备。

20. 中央处理器又称为________，是计算机的核心部件。

21. 存储器分为________和外存。

22. ________中主要存储正在运行或者随时都要用到的程序和数据。

23. ________多采用磁性和光学材料制成，主要存放暂时不用但是却需要长期保存的数据。

24. ________是最常见的计算机输入设备，可以向计算机中输入英文字母、数字、标点符号、各种程序代码、操作命令，从而指挥计算机的工作。

25. 打印机一般分为针式打印机、________打印机和激光打印机三种。

26. ________打印机是医院、银行、邮局等行业必备的办公工具。

27. ________打印机是目前普遍使用的打印机，对打印纸的要求较低，打印质量好。

28. 在系统软件中，________具有重要的核心地位，是控制和管理计算机硬件资源和软件资源的程序的集合。

29. 计算机病毒，是指在计算机程序中插入破坏计算机功能或者破坏计算机数据并且能够自我复制的一组计算机________或者________。

30. 防御黑客入侵的最有效方法之一就是安装杀毒软件和________。

二、选择题

1. 计算机体系结构的设计思想是由________提出的。

A）肖特　B）比尔·盖茨　C）图灵　D）冯·诺依曼

2. 下列选项是冯·诺依曼体系结构计算机的基本思想之一的是________。

A）计算精度高　B）可控制性高　C）处理速度快　D）存储程序控制

3. 电子计算机主要的发展阶段是由________来划分的。

A）电子管　B）电子元件　C）集成电路　D）晶体管

4. 当前的微型计算机，其主要元器件是由________组成的。

A）大规模和超大规模集成电路　B）晶体管

C）中小规模集成电路　D）电子管

5. 用电子管作为电子元件制成的计算机属于________计算机。

A）第一代　B）第二代　C）第三代　D）第四代

6. CAD是计算机的应用领域之一，其含义是________。

A）计算机辅助教学　B）计算机辅助管理

C）计算机辅助测试　D）计算机辅助设计

7. CAI是计算机的应用领域之一，其含义是________。

A）计算机辅助测试　B）计算机辅助设计

C）计算机辅助教学　D）计算机辅助管理

8. 十进制数8的二进制编码是________。

A）1000　B）0111　C）1110　D）1101

9. 将十进制数28转换成的二进制数________。

A）10011　B）11100　C）11110　D）10111

10. 十进制数79转换成二进制数是________。

A）1001100　B）1001111　C）1001011　D）1010101

11. 将二进制数111011转换成的十进制数________。

A）61　B）60　C）59　D）57

12. 二进制数101011转换成十进制数________。

A）49　B）43　C）57　D）55

13. 在十六进制中，基本数码 B 表示十进制数中的________。

A) 13　　B) 14　　C) 10　　D) 11

14. 下列数中最小的是________。

A) 十进制数 35　　B) 二进制数 10111　　C) 十六进制数 D　　D) 十六进制数 2B

15. 十进制数 286 转换成十六进制数是________。

A) 11E　　B) 11D　　C) 11C　　D) 11B

16. 下列每组数中，第一个数为二进制，第二个数为八进制，第三个数为十六进制，三个数值相同的是________。

A) 11010110,218,96　　B) 11011001,203,D9

C) 11010110,326,D6　　D) 10111001,277,DF

17. 二进制的基本字符共________个。

A) 12　　B) 8　　C) 2　　D) 6

18. 计算机中数据存储的最小单位是________。

A) BYTE　　B) BIT　　C) WORD　　D) CHAR

19. 字节是计算机________的基本单位。

A) 存取数据　　B) 存储程序　　C) 存储容量　　D) 计算容量

20. 计算机中数据信息是以________表示的。

A) 八进制　　B) 二进制　　C) 十进制　　D) 十六进制

21. 计算机内部采用二进制表示数据信息，主要优点是________。

A) 容易实现　　B) 符合使用的习惯

C) 方便记忆　　D) 书写简单

22. 计算机中通常用 Byte 来表示________。

A) 字　　B) 二进制位　　C) 字长　　D) 字节

23. 计算机中，bit 的含义是________。

A) 二进制位　　B) 半角　　C) 字节　　D) 字

24. 计算机中 1K 字节表示的二进制位数是________。

A) 2000　　B) 6 * 1000　　C) 1024　　D) 8 * 1024

25. 计算机中________字节称为 1MB。

A) 16K　　B) 240K　　C) 1024K　　D) 1000K

26. 计算机中普遍采用的西文符号编码是________。

A) 机内码　　B) BCD 码　　C) GB2312-80　　D) ASCII 码

27. 一个 ASCII 字符用________个字节表示。

A) 1　　B) 2　　C) 3　　D) 4

28. 汉字的国家标准的编码原则是：一个汉字用________个字节表示。

A) 4　　B) 2　　C) 3　　D) 1

29. 计算机中的一个________是由八个二进制位组成的。

A) 机内码　　B) 字　　C) ASCII 码　　D) 字节

30. 存储器容量是以能存储多少个二进制信息位或多少个字节来表示，1 个字节是指几个二进制信息位________。

A）32　　B）8　　C）16　　D）64

31. 一条计算机指令通常包含________。

A）数据和控制符　B）操作码和操作数　C）运算符和数据　D）控制符和结果

32. 计算机内部能直接识别和执行的程序语言是________。

A）高级语言　B）机器语言　C）符号语言　D）汇编语言

33. 下面是关于解释程序和编译程序的叙述，其中正确的是________。

A）编译程序、解释程序均能产生目标程序

B）编译程序、解释程序均不能产生目标程序

C）编译程序能产生目标程序，解释程序不能产生目标程序

D）编译程序不能产生目标程序而解释程序能产生目标程序

34. 用高级程序设计语言编写的程序称为________。

A）目标程序　B）编译程序　C）源程序　D）解释程序

35. 不同的计算机指令系统通常有所不同，主要取决于________。

A）所用的控制系统　B）系统的总线结构　C）所用的CPU　D）所用的操作系统

36. 下列关于程序设计语言的叙述中，正确的是________。

A）机器语言比高级语言执行得慢

B）机器语言程序比高级语言程序可移植性高

C）机器语言程序和高级语言程序都可被计算机直接执行

D）只有机器语言程序能被计算机直接执行

37. 将高级程序设计语言编写的程序翻译成机器语言程序，采用的两种翻译方式是________。

A）编译和解释　B）编译和汇编　C）编译和连接　D）解释和汇编

38. 在计算机中，汉字的________是用点阵表示的汉字字形。

A）外部码　B）交换码　C）信息码　D）字形码

39. 计算机硬件由输入设备、________和输出设备五部分组成。

A）控制器、中央处理器、寄存器　B）控制器、寄存器、硬盘

C）CPU、存储器、运算器　D）运算器、控制器、存储器

40. 微型计算机硬件系统中最核心的部件是________。

A）CPU　B）运算器　C）内存储器　D）硬盘

41. CPU即中央处理器，包括________。

A）运算器和控制器　B）寄存器和存储器　C）运算器和存储器　D）内存和缓存

42. 在微型计算机的硬件系统中，________是计算机的记忆部件。

A）运算器　B）中央处理器　C）存储器　D）控制器

43. 存储器可分为________。

A）内存储器和外存储器　B）硬盘与光盘

C）RAM和ROM　D）ROM和EPROM

44. CPU可以直接访问的存储部件是________。

A）硬盘　B）内存储器　C）软盘　D）U盘

45. 内存储器可分为随机存储器和________。

A) 磁盘存储器　B) ROM　C) RAM　D) U 盘存储器

46. 下列选项中，________不能与 CPU 直接交换数据。

A) RAM　B) Cache　C) ROM　D) CD-ROM

47. RAM 具有的特点是________。

A) 容量大但存取速度慢

B) 存储的信息可以永久保存

C) 一旦断电，其存储的信息将全部消失且无法恢复

D) 存储的信息不能改写

48. 显示器是一种________。

A) 存储控制单元　B) 输入设备　C) 输出设备　D) 显示单元

49. 在微型计算机系统中，常用的 CD-ROM 是________。

A) 只读型光盘存储器　B) 只读型大容量软盘

C) 只读型硬盘存储器　D) 半导体只读存储器

50. 微型计算机中，控制器的基本功能是________。

A) 控制硬件系统和软件系统　B) 存储各种控制信息

C) 实现算术运算　D) 控制机器各个部件协调一致地工作

51. 计算机中运算器的作用是________。

A) 控制数据的输入/输出　B) 控制内存与外存储器间的数据交换

C) 协调和指挥整个计算机系统统一工作　D) 完成各种算术运算和逻辑运算

52. 下列有关存储器读写速度的排列，正确的是________。

A) RAM＞Cache＞硬盘＞光盘　B) Cache＞硬盘＞RAM＞光盘

C) Cache＞RAM＞硬盘＞光盘　D) RAM＞ Cache＞光盘＞硬盘

53. 配置高速缓冲存储器(Cache) 是为了解决________。

A) 内存与辅助存储器之间速度不匹配问题

B) CPU 与辅助存储器之间速度不匹配问题

C) CPU 与内存储器之间速度不匹配问题

D) 主机与外设之间速度不匹配问题

54. 通常所说的 I/O 设备是指________。

A) 控制设备　B) 存储设备　C) 网络设备　D) 输入输出设备

55. 微型计算机上既是输入设备又是输出设备的是________。

A) 显示器　B) 扫描仪　C) CD-ROM　D) 磁盘存储器

56. RAM 的特点是________。

A) 只能读不能写　B) 能任意地读写　C) 只能写不能读　D) 内容不可修改

57. 与外存储器相比，内存储器________。

A) 处理速度快，存储量大　B) 处理速度快，存储量小

C) 处理速度慢，存储量大　D) 处理速度慢，存储量小

58. 字长为 64 位的计算机是指________。

A) 该计算机能够处理的最大数不超过 2^{64}

B) 该计算机中的 CPU 可以同时处理 64 位的二进制信息

C) 该计算机的内存量为 64MB

D) 微型计算机的型号

59. 1024B 是________。

A) 1KB　　B) 10KB　　C) 1GB　　D) 10GB

60. 通常我们说内存为 64 兆字节,是指内存容量为________。

A) 64GB　　B) 64B　　C) 64KB　　D) 64MB

61. 操作系统是计算机系统中的________。

A) 系统软件　　B) 硬件系统　　C) 应用软件　　D) 外部设备

62. 一个完整的计算机系统应该包括________。

A) 编译系统和应用系统　　B) 硬件系统和软件系统

C) 系统软件和应用软件　　D) 主机和它的外部设备

63. 计算机软件包括系统软件和_________。

A) 表格处理软件　　B) 管理软件　　C) 应用软件　　D) 工具软件

64. 下列选项中________都属于系统软件。

A) Windows 和 Excel　　B) Windows 和 PowerPoint

C) Unix 和 Word　　D) Unix 和 Windows

65. 计算机病毒破坏的主要对象是________。

A) 硬盘片　　B) 磁盘驱动器　　C) 主机板　　D) 程序和数据

第 2 章　Windows 7 操作系统

一、填空题

1. 进入 Windows 7 操作系统之后,用户看到的第一个界面就是________。

2. 桌面背景指的是 Windows 7 操作系统桌面的背景图案,又称为________。

3. 桌面图标的查看和排序方式的设置方法是:在桌面的空白处右击,选择“查看”/“________”。

4. ________几乎包括了计算机中的所有程序如快捷方式、Windows 7 常用组件的链接、关机、重新启动、注销、切换用户等。

5. 用户账户有标准账户、________账户和来宾账户三种不同的类型,每种类型为用户提供不同的计算机控制级别。

6. ________账户在计算机上没有用户账户,也没有密码,可以快速登录以进行邮件收发或访问网络等功能,无法安装软件或硬件,但可以访问已经安装在计算机上的程序。

7. 在开始菜单上单击________选择“打开 Windows 资源管理器(P)”。

8. 为了区分不同的文件,系统定义了每一个文件都需要有一个文件名,文件名后是用点(.)隔开的________代表着文件类型的不同。

9. 单击待选文件或文件夹中的第一个,然后按住________键单击最后一个,则两个文件或者文件夹之间的所有内容均被选定。

10. 选择“编辑”菜单中的“全部选定”命令或者用________组合键即可选定所有文件与文件夹。

11. 选定要复制的文件,使用________组合键进行复制,单击目标位置的空白处,使用________组合键完成粘贴。

12. 选定要删除的文件,按 Delete 键的同时按下________键,则选定内容将被彻底删除而无法从回收站恢复。

13. 搜索时可以使用通配符“*”和“?”来代替一些未知的字符,“________”代表任意多个字符。

14. ________可以减少硬盘上不需要的文件以释放磁盘空间让系统恢复最佳性能。

15. ________是用户反复执行文件的剪切、粘贴、复制、移动和删除等读写操作造成的磁盘中的零散空间。

16. 按 Ctrl+Shift+Esc 组合键或者按________________组合键都可以打开 Windows 任务管理器。

17. Windows 7 操作系统中附带了________功能,可以放大或者缩小计算机屏幕上的内容。

18. Windows 7 自带的________可以帮助用户截取屏幕上的内容并允许用户对截图进行编辑。

19. Windows 7 自带的________程序是一款可以绘制或编辑图片的图像处理程序。

20. 可以使用功能键“Print Screen”复制屏幕,或者使用快捷键“Alt+ Print Screen”复制________。

二、选择题

1. 在 Windows 7 中,显示在窗口最顶部的称为________。
   A) 标题栏　B) 状态栏　C) 菜单栏　D) 工具栏
2. 在 Windows 7 中,窗口的右上角可以同时显示的按钮是________。
   A) 最小化、还原和最大化　B) 还原、最大化和关闭
   C) 最小化、还原和关闭　D) 还原和最大化
3. Windows 7 中,“剪切”的快捷键是________。
   A) Ctrl+C　B) Ctrl+V　C) Ctrl+X　D) Ctrl+A
4. Windows 7 是一种基于图形界面的________操作系统。
   A) 单任务　B) 多用户　C) 网络　D) 多媒体
5. Windows 7 中,“粘贴”的快捷键是________。
   A) Ctrl+C　B) Ctrl+X　C) Ctrl+A　D) Ctrl+V
6. Windows 7 中,“复制”的快捷键是________。
   A) Ctrl+X　B) Ctrl+V　C) Ctrl+C　D) Ctrl+A
7. 在 Windows 7 中,________颜色可区分非活动窗口和活动窗口。
   A) 工具栏　B) 状态栏　C) 菜单栏　D) 标题栏
8. 在 Windows 7 中,下列说法正确的是________。
   A) 可打开多个应用程序窗口,但其中只有一个是当前活动窗口
   B) 只能打开一个应用程序窗口
   C) 可打开多个应用程序窗口,被打开的窗口都是当前活动窗口
   D) 可打开多个应用程序窗口,但在屏幕上只能见到一个应用程序窗口
9. 在 Windows 7 中,快速按下并释放鼠标左键的操作称为________。

A）拖动　　B）双击　　C）单击　　D）启动

10. 在 Windows 7 中，利用键盘在打开的多窗口之间切换，可用________组合键。

A）Alt＋Ctrl　　B）Alt＋Tab　　C）Ctrl＋Tab　　D）Ctrl＋Shift

11. Windows 7 的________是一个临时存放、交换信息的区域，以实现应用程序间信息的复制或移动等信息交换。

A）回收站　　B）磁盘管理　　C）剪贴板　　D）资源管理器

12. Windows 7 中当打开一个文件夹后，选取其全部内容的快捷键为________。

A）Ctrl＋F　　B）Ctrl＋C　　C）Ctrl＋X　　D）Ctrl＋A

13. Windows 7 是________。

A）操作系统　　B）管理软件　　C）字处理软件　　D）工具软件

14. 在“资源管理器”中，若选定多个不连续的文件或文件夹，需按住________键，同时单击要选择的各个文件。

A）Shift　　B）Ctrl　　C）Alt　　D）Esc

15. 在“资源管理器”中，若选定多个连续的文件或文件夹，需用鼠标单击第一个文件，再按住________键，同时单击要选择的最后一个文件。

A）Shift　　B）Ctrl　　C）Alt　　D）Esc

16. 在“资源管理器”中，删除文件可按________键。

A）Esc　　B）BackSpace　　C）F5　　D）Delete

17. 在“资源管理器”中，改变文件属性应选择“组织”菜单项中的________命令。

A）重命名　　B）属性　　C）搜索　　D）编辑

18. 在 Windows 7 中不能打开“资源管理器”的操作是________。

A）打开“开始”菜单，选“所有程序”下的“附件”中的“Windows 资源管理器”

B）鼠标指针放在“开始”上点右键，在快捷菜单中选“Windows 资源管理器”

C）win 键＋E

D）鼠标指针放在“我的电脑”上点右键，在快捷菜单中选“windows 资源管理器”

19. 打开“资源管理器”，在同一驱动器中，用鼠标将选定的文件或文件夹拖曳到指定位置，可完成对文件或文件夹的________操作。

A）移动　　B）移动或复制　　C）剪切　　D）删除

20. 在 Windows 7 的“资源管理器”窗口（左窗格）中，是以________组织和管理文件的。

A）树形结构　　B）网状结构　　C）列表结构　　D）成状结构

21. 在“资源管理器”窗口中，选择好文件后，________操作不能将所选定的文件删除。

A）执行“组织”菜单中的“删除”命令

B）用鼠标右键单击该文件，在打开的快捷菜单中选择“删除”命令

C）按键盘上的 Delete 键或 Del 键

D）用鼠标左键双击该文件

22. Windows 7 的________显示了正在运行的程序。

A）控制面板　　B）任务栏　　C）磁盘管理器　　D）任务管理器

23. 下列选项中对于任务栏的描述不正确的是________。

A）任务栏的位置可以改变

B）Windows 7 允许添加工具栏到任务栏

C）当任务栏是“自动隐藏”的属性，正在运行其他程序时，任务栏不能显示

D）任务栏的大小是可以改变的

24. 在 Windows 7 中，在中文和西文输入法之间切换的快捷键是________键。

A）Esc＋空格　B）Ctrl＋空格　C）Enter＋空格　D）Shift＋空格

25. 在 Windows 7 中，切换不同的汉字输入法，应同时按下________键。

A）Alt＋空格　B）Ctrl＋空格　C）Shift＋空格　D）Ctrl＋Shift

26. 在 Windows 7 中，利用________，可以建立、编辑文本文档。

A）系统工具　B）资源管理器　C）记事本　D）控制面板

27. 在 Windows 7 中，文件名不能包括的符号是________。

A）-　B）!　C）%　D）>

28. 将桌面上的文件拖到回收站后，表示________。

A）清空回收站　B）复制该文件到回收站

C）删除该文件且不能恢复　D）删除该文件但能恢复

29. Windows 7 中，可以通过________进行窗口切换。

A）资源管理器　B）控制面板　C）我的电脑　D）Alt＋Tab

30. 启动 Windows 7 任务管理器应同时按________键。

A）Alt＋Del＋Ctrl　B）Alt＋Del＋空格

C）Shift＋Del＋Ctrl　D）Shift＋Del＋空格

31. 如果清空回收站，则回收站的文件或文件夹________。

A）能够恢复　B）不能恢复　C）磁盘上还存在　D）不确定

32. Windows 7 的“桌面”是指________。

A）整个屏幕　B）应用程序窗口　C）所有窗口　D）活动窗口

33. 在 Windows 7 中，修改“桌面”显示属性的基本步骤是________。

A）鼠标右键单击桌面空白区，选择“个性化”命令

B）鼠标右键单击计算机图标，选择“个性化”命令

C）鼠标右键单击“开始”菜单，选择“个性化” 命令

D）鼠标右键单击任务栏空白区，选择“个性化” 命令

34. 在 Windows 7 中，对桌面上的一个文件进行操作，正确的是________。

A）双击鼠标右键可将文件打开　B）单击鼠标右键可将文件打开

C）单击鼠标左键可将文件打开　D）双击鼠标左键可将文件打开

35. 在 Windows 7 中，选中文件夹后，选择“组织”菜单中的“删除”命令，则________。

A）文件夹被删除　B）文件夹被发送到剪贴板

C）文件夹被发送到回收站　D）弹出“删除文件夹”对话框

36. 在 Windows 7 中，“回收站”中的文件或文件夹被还原后，将存放________。

A）在 C 驱动器根目录下

B）在一个专门存放还原文件的文件夹中

C）在原先的位置

D）在指定文件夹下

37. 在 Windows 7 中，下列________不属于“个性化”的选项卡。

A）更改桌面图标　　B）任务栏设置

C）更改屏幕保护程序　　D）更改桌面背景

38. 下列关于 Windows 7 文件名的说法中，不正确的是________。

A）文件名可以用汉字　　B）文件名中可以使用任意符号

C）文件名最长可达 255 个字符　　D）文件名中可以出现空格

39. 当文件处于________状态时，通常情况下在文件夹窗口中不显示。

A）只读　　B）存档　　C）隐藏　　D）常规

40. 下列操作中，________直接删除文件而不把被删除文件放入回收站。

A）选定文件后，按 Delete 键　　B）选定文件后，按 Shift＋Delete 键

C）选定文件后，按 Alt＋Delete 键　　D）选定文件后，按 Ctrl＋Delete 键

41. 若在桌面上删除了某个应用程序的快捷方式图标，则________。

A）删除了该应用程序

B）只删除了快捷方式，对应的应用程序仍存在

C）该应用程序及其快捷方式一起被删除

D）该应用程序及其图标一起被删除

42. 控制面板的主要作用是________。

A）调整窗口　　B）设置系统配置　　C）管理应用程序　　D）设置高级语言

43. Windows 7 中，若卸载软件，打开“控制面板”，选择________中的“卸载程序”。

A）硬件和声音　　B）系统和安全　　C）软件　　D）程序

44. 在下列有关 Windows 7 菜单命令的说法中，不正确的是________。

A）带省略号“…”的命令执行后会打开一个对话框

B）符号“▶”表示有下一级联菜单

C）命令前带有符号“√”表示该命令有效

D）菜单命令为灰色时，表示可以执行相应操作

45. Windows 7 中磁盘清理程序的功能是________。

A）扫描是否存在无用的文件

B）移动文件数据，使文件连续存放

C）释放无用文件占用的磁盘空间

D）扫描硬盘以检查它的逻辑和物理错误

第 3 章　Office 2010 办公应用案例

Word 部分

一、填空题

1. ________是微软公司推出的办公自动化系列套装软件，包括 Word、Excel、PowerPoint 以及 Access 等组件。

2. 利用 Word 2010 建立的文档，其扩展名为________，Word 2010 也可以兼容之前版本中扩展名是________的文件。

3. 文本格式的复制可以单击“开始”选项卡中“剪贴板”工具栏组上的“________”按钮。

4. 文本格式的清除，首先要选定需要清除格式的文本，然后使用组合键________。

5. ________与撤销是两个功能相反的操作。

6. 在文本编辑时，按________键可以实现换行。

7. 单击“开始”选项卡中“________”工具栏组的“下划线”按钮 U ，在光标所在位置按空格键生成下划线。

8. 使用自动生成目录的功能，其前提是要事先在文档中设置各级标题的________。

9. 按“________”键，可以增加一个空白页。

10. 在 Word 2010 中，页码________（是/否）可以从 0 开始。

11. 在 Word 2010 中，页眉________（是/否）可以奇偶页不同。

12. 在 Word 2010 中编辑页眉和页脚时，________（是/否）可以隐藏文档中的文字。

13. ________可以实现批量制作并打印统一格式的信封、工资条、个人简历、学生成绩单、获奖证书、准考证以及明信片等等。

14. ________必须包括两个文档：一个 Word 主文档和一个________数据源文档。

15. 将光标定位到主文档中需要插入数据源的位置，单击“邮件”选项卡中“编写和插入域”工具栏组的“________”按钮，在下拉列表中将数据源逐项插入主文档相应的位置。

二、选择题

1. 下面对 Word 2010 的叙述中，正确的是________。
   A）Word 2010 是一种电子表格处理软件
   B）Word 2010 是一种文字处理软件
   C）Word 2010 是一个电子邮件管理软件
   D）Word 2010 是一种编制幻灯片演示文稿的软件

2. Word 2010 具有的功能是________。
   A）文字校对　B）绘制图形　C）格式编辑　D）以上三项都是

3. 在 Word 2010 主窗口呈最大化显示时，窗口右上角显示的按钮是________按钮。
   A）最小化、最大化、还原　B）最大化、还原、关闭
   C）最小化、还原和关闭　D）最小化和最大化

4. 在 Word 2010 的________视图方式下，可以显示分页效果。
   A）文档　B）阅读　C）页面　D）普通

5. 在 Word 2010 中，垂直标尺出现在 Word 编辑区的________。
   A）左侧　B）顶部　C）右侧　D）底部

6. 若关闭 Word 2010 窗口，可在主窗口中单击“文件”菜单项，然后单击________命令。
   A）关闭　B）退出　C）Word 选项　D）准备

7. 在 Word 编辑状态，按________键删除光标前面的字符。
   A）Backspace　B）Ctrl+D　C）Delete　D）Alt+Esc

8. 在 Word 2010 的编辑状态，执行“粘贴”命令是将________。
   A）被选择的内容移到插入点处　B）剪贴板中的内容链接到插入点处
   C）被选择的内容传入到剪贴板　D）剪贴板中的内容复制到插入点处

9. Word 2010 文档的扩展名是________。

A) DOT　　B) DOCX　　C) WPS　　D) DOC

10. 下列选项中,对 Word 2010 中撤销操作描述正确的是________。

A) 不能撤销已经做过的编辑操作

B) 能撤销已经做过的一定数量的编辑操作

C) 能撤销已经做过的任意数量的编辑操作

D) 既不能撤销已做过的编辑操作,也不能恢复

11. 退出 Word 2010 的快捷键是________。

A) Ctrl+F4　　B) Alt+F4　　C) Ctrl+F5　　D) Alt+F5

12. 在 Word 2010 中,复制对象操作的第一步是________。

A) 定位插入点　　B) 选定对象　　C) Ctrl+C　　D) Ctrl+X

13. 用 Word 2010 打开一个文档,对文档进行修改,执行"关闭"文档操作时,则________。

A) 关闭文档,并保存修改后的内容

B) 文档不能关闭,并提示出错

C) 弹出对话框,询问是否保存对文档的修改

D) 文档被关闭,修改后的内容丢失

14. 用 Word 2010 打开一个文档,对该文档重新进行编辑后,执行"文件"菜单项中的"保存"命令,则________。

A) 可以用一个新文件名保存该文档

B) 只能将该文档存储在原文件夹内

C) 可将该文档存储在任意文件夹内

D) 可先建立一个新文件夹、再将该文档存储在该文件夹内

15. 在 Word 2010 新建一个文档"练习.docx",当执行"文件"菜单项中的"另保存"命令后________。

A) 文档"练习.docx"被保存在硬盘上

B) 自动将文档以"练习.docx"为名存在当前盘当前文件夹下

C) 弹出"另存为"对话框

D) 文档"练习.docx"不能存盘

16. 在 Word 2010 的编辑状态下,依次打开 wb1.docx、wb2.docx、wb3.docx、wb4.docx 四个文档,则________文档窗口是当前活动窗口。

A) wb1.docx　　B) wb2.docx　　C) wb3.docx　　D) wb4.docx

17. 在 Word 2010 中,设置字体前不选择文本,则设置的字体对________起作用。

A) 插入点之前的文本　　B) 插入点新输入的文本

C) 当前文本　　D) 本文档中全部文本

18. 在 Word 2010 中,保存文档的快捷键是________。

A) Ctrl+X　　B) Ctrl+S　　C) Ctrl+C　　D) Ctrl+A

19. 在"资源管理器"中双击一个 Word 文件,将________。

A) 在"资源管理器"窗口显示该文件的内容

B) 打开"写字板"程序窗口,编辑该文件

C) 打开“记事本”程序窗口，编辑该文件

D) 打开“Word”程序窗口，编辑该文件

20. 在 Word 2010 中，选择了文档全文，在“段落”对话框中设置行距为 15 磅的格式，“行距”列表框中应选________。

A) 多倍行距　B) 2 倍行距　C) 固定值　D) 最小值

21. Word 2010 中的字体格式定义不包括________。

A) 字体的效果　B) 字体的颜色　C) 字体的对齐方式　D) 字体间距

22. 在 Word 2010 中“段落”对话框中不包括________。

A) 段中字符的间距　B) 缩进方式　C) 对齐方式　D) 段间距

23. 在 Word 2010 中，当前已打开一个文件，若想打开另一文件________。

A) 先关闭原来的文件，才能打开新文件

B) 打开新文件时，系统会自动关闭原文件

C) 两个文件同时打开

D) 新文件的内容将会加到原来打开的文件的后面

24. 在 Word 2010 中，段落的标记是在输入________之后产生的。

A) Enter 键　B) 句号　C) Shift＋Enter　D) Ctrl＋Alt

25. 在 Word 2010 中选取文本内容，下列叙述中不正确的是________。

A) 在文本选定区单击可选定一行

B) 三击鼠标左键可选取光标所在段的内容

C) 不能选定两块不连续的内容

D) 使用 Ctrl＋A 键可选定全文

26. 在 Word 2010 文档中，一页未写满时强行分页，可以插入________。

A) 插入分段符　B) 插入分页符　C) 插入项目符号　D) 插入换行符

27. 在 Word 2010 中，若将段落的第二行至段落末尾的内容缩进的操作是指________。

A) 右缩进　B) 左缩进　C) 悬挂缩进　D) 段后缩进

28. 在 Word 2010 中，对文档 w.docx 修改后退出时，若保留原文档内容，将修改后的文件存为另一文档，应当选择“文件”菜单中的________。

A) 保存　B) 另存为　C) 取消　D) 剪切

29. 在 Word 2010 中选定文本后，单击复制按钮，是把所选内容放到________上。

A) 插入点位置　B) 剪贴板　C) 文本编辑区　D) 主窗口

30. 在 Word 2010 页面视图下分成四栏的文本版式，在普通视图中显示的是________栏。

A) 3　B) 4　C) 1　D) 2

31. 下列关于 Word 2010 的段落符的叙述不正确的是________。

A) 只在屏幕显示不会打印　B) 一定在屏幕上显示

C) 只有按回车键才会产生　D) 删除后前后两段合并为一段

32. 如果要复制格式，在选定所需格式文本后，应单击或双击工具栏的________。

A) 格式刷　B) 粘贴　C) 剪切　D) 复制

33. 下列关于 Word 2010 表格的叙述正确的是________。

A）文本不能转换成表格　　B）表格不能转换成文本
C）文本与表格可以相互转换　　D）文本与表格不能相互转换

34．下列关于 Word 2010 表格的叙述正确的是________。
A）表格中的数据能进行公式计算　　B）只能在表格的外框画双线
C）表格中的文本只能水平居中　　D）不能对表格中的数据排序

35．在 Word 2010 中，若将表格中相邻的两个单元格合成一个单元格，在选定这两个单元格后，应执行“布局”选项卡中“合并”组的________命令。
A）移除单元格　　B）合并单元格　　C）拆分单元格　　D）删除单元格

36．在 Word 2010 的编辑状态下，选择了整个表格，执行了“布局”选项卡中“行和列”组中的“删除行”命令，则________。
A）删除整个表格　　B）表格中的一列被删除
C）表格中的一行被删除　　D）只删除表格中单元格内的字符

37．在 Word 2010 中，若光标在表格中某行的最后一个单元格的外框线上，按 Enter 键后，则________。
A）在光标所在行上方增加一行　　B）在光标所在列右侧增加一列
C）在光标所在行下增加一行　　D）在光标所在列左侧增加一列

38．在 Word 2010 中，图片的文字环绕方式不包括________。
A）上下型环绕　　B）左右型环绕　　C）穿越型环绕　　D）紧密型环绕

39．下列关于 Word 2010 的分栏功能说法正确的是________。
A）最多可以设 5 栏　　B）各栏的宽度必须相同
C）各栏的宽度可以不同　　D）各栏之间的间距是固定的

40．在 Word 2010 中将文档中原有的多个相同的内容换成另外的内容，应选择“开始”选项卡中的________命令会更方便。
A）重新输入　　B）剪切　　C）粘贴　　D）替换

41．在 Word 2010 中，编辑 Word 文档时，若进行中英文切换，可按________键。
A）Ctrl＋空格　　B）Ctrl＋Shift　　C）Ctrl＋Alt　　D）Shift＋空格

42．在 Word 2010 中，选定图形的方法为________。
A）按 Alt＋F5 键　　B）双击图形　　C）单击图形　　D）按 Shift＋F5 键

43．在 Word 2010 文档中插入图片后，可以进行的操作是________。
A）旋转　　B）剪裁
C）文字环绕　　D）A、B、C 三个选项中的操作都可以

44．在 Word 2010 中，文本框是通过________选项卡中的文本组的“文本框”命令建立的。
A）文件　　B）插入　　C）布局　　D）视图

45．下列关于 Word 2010 中插入图形文件的描述正确的是________。
A）插入的图形文件只能在画图程序中绘制
B）只能插入扩展名是.bmp 的文件
C）只能插入扩展名是.jpg 的文件
D）可以插入 Windows 能够支持的多种格式的图形文件

46. 下列关于对 Word 2010 中插入的图片大小进行缩放的操作，正确的是________。

A) 只能进行水平放大或缩小

B) 只能进行垂直放大或缩小

C) 在水平和垂直方向只能按比例放大或缩小

D) 图片在水平和垂直方向均可以任意放大或缩小

47. 若在 Word 2010 中用绘图工具栏中的按钮绘制正方形、圆时，单击相应的绘图工具按钮后，必须按住________键来拖动鼠标绘制。

A) Shift　　B) Alt+Shift　　C) Ctrl　　D) Alt+Ctrl

48. 在 Word 2010 中，如果在有文字的区域绘制图形，文字与图形的重叠部分________。

A) 文字不会被覆盖　B) 文字可能被覆盖　C) 西文字符被覆盖　D) 汉字被覆盖

49. 不能用 Word 2010 打开的文件类型是________。

A) .docx　　B) .doc　　C) .txt　　D) .com

50. 用 Word 2010 编辑文档时，文字下面出现红色波浪线表示可能________。

A) 存在拼写错误　B) 格式设置错误　C) 背景颜色　D) 特殊符号设置

51. Word 2010 只有在________视图下才会显示页眉和页脚。

A) 普通　　B) Web 版式　　C) 页面　　D) 阅读

52. 关于 Word 2010 中页眉页脚的说法错误的是________。

A) 页眉和页脚通常打印在文档每页顶部和底边上

B) 页眉和页脚不能是图片

C) 页眉和页脚可以是日期

D) 页眉和页脚的内容可以是页码

53. 编辑 Word 2010 的页眉页脚时，描述错误的是________。

A) 单击页眉页脚的区域可以重新对页眉页脚进行编辑

B) 可对页眉页脚中的文字设置字体

C) 页眉页脚编辑时不能编辑文档内容

D) 页眉页脚中可插入图标

54. 下面关于页眉页脚的叙述中正确的是________。

A) 首页不能设置页眉和页脚

B) 奇数页和偶数页可以设置不同的页眉和页脚

C) 在页眉和页脚中不能设置页码

D) 在页眉和页脚中不能包含图形

55. 在 Word 2010 中，下列描述正确的是________。

A) 文本框内文本的字体. 字号均可以不同

B) 文本框内文本的字体必须一致，字号可以不同

C) 文本框内文本的字体必须一致，颜色可以不同

D) 文本框内文本的格式必须一致

56. 在 Word 2010 中，向文档中绘制的矩形中添加文字的方法是________。

A) 不能在矩形内添加文字

B) 单击矩形,然后输入文字

C) 在矩形上单击鼠标右键,在快捷菜单中选择“添加文字”命令,然后输入文字

D) 双击矩形,然后输入文字

57. Word 2010 中打印页码“3, 8-10, 15”表示打印的页码是________。

A) 3, 8,9, 10, 15　　　　B) 3, 8, 8, 8,15

C) 3, 3, 3, 8, 15　　　　D) 3, 10, 10, 10, 15, 15, 15

58. 关于 Word 2010 中的打印,下列说法正确的是________。

A) 只能打印整篇文档,不能打印部分文档

B) 能打印整篇文档,也能打印部分文档

C) 只能单面打印,不能双面打印

D) 一个文档一次只能打印 1 份

59. 在 Word 2010 中,要想将光标迅速定位于文档的 88 页,通常最快的操作是________。

A) 用鼠标拖动垂直滚动条中的方块按钮,直到找到为止

B) 用鼠标连续点击垂直滚动条中的黑色双三角形按钮,直到找到为止

C) 用鼠标连续点击垂直滚动条中的黑色三角形按钮,直到找到为止

D) 选择“开始”选项卡“编辑”组的“查找”命令,打开“转到”对话框,在对话框中输入页号并单击“定位”按钮

60. 使用 Word 2010 时,________情况下会出现浮动工具栏。

A) 双击功能区上的活动选项卡

B) 将插入点定位至文本编辑区中的已编辑区域

C) 选择文本,然后指向该文本

D) 以上说法都正确

Excel 部分

一、填空题

1. Excel 2010 文档默认的文件扩展名是________ ,Excel 2010 也可以兼容之前版本中扩展名是________的文件。

2. 在 Excel 2010 中,每个 Excel 文件都是一个________。

3. 在 Excel 2010 中,单击工作表 Sheet3 后面的“插入工作表”按钮或者直接按组合键“________”,可以直接插入一张新的工作表。

4. 在 Excel 2010 中默认情况下,在单元格中输入的文本型数据自动________对齐。

5. 在 Excel 2010 中可以使用“________”组合键使超长文本在当前单元格内换行以便在单元格内完整显示。

6. 在 Excel 2010 中,默认情况下,在单元格中输入的数值型数据自动________对齐。

7. 在 Excel 2010 中输入分数时,先输入一个 0,接着输入一个________,最后再输入分数如 1/5。

8. 在 Excel 2010 中,当输入的数值长度超出单元格的宽度之后,系统会自动转化为________。

9. 在 Excel 2010 中,若单元格内是汉字或者字符,拖动填充标志可以实现________。

10. Excel 2010 中公式是以“________”开头的表达式，表达式一般是由数据、运算符和函数等组成。

11. Excel 2010 中地址的表示有三种方法：绝对地址、________地址和混合地址。

12. Excel 2010 中，若在单元格中输入：=WEEKDAY(DATE(2012,10,30))，回车后在单元格中显示数字 3，则表示 2012 年的 10 月 30 日是星期________。

13. 在 Excel 2010 中，________可以使工作表只显示满足条件的数据以达到对特定数据的查找与浏览。

14. 在 Excel 2010 中，________是指通过为所选单元格自动插入小计和合计，汇总多个相关数据行。

15. 在 Excel 2010 中，插入图表的方法是利用“________”选项卡中的“图表”工具栏组。

二、选择题

1. Excel 2010 是 Microsoft Office 2010 的重要组成部分，它的主要作用是________。
   A) 数据处理　B) 文字处理　C) 幻灯制作　D) 数据库管理软件

2. 下面有关 Excel 2010 工作表. 工作簿的描述，正确的是________。
   A) 一个工作簿可包含多个工作表，缺省工作表名为 Work1/Work2/Work3
   B) 一个工作簿可包含多个工作表，缺省工作表名为 Sheet1/Sheet2/Sheet3
   C) 一个工作表可包含多个工作簿，缺省工作表名为 Work1/Work2/Work3
   D) 一个工作表可包含多个工作簿，缺省工作表名为 Sheet1/Sheet2/Sheet3

3. 在 Excel 2010 中，被选中的单元格称为________。
   A) 工作簿　B) 活动单元格　C) 文档　D) 拆分框

4. Excel 2010 基本数据单元是________。
   A) 工作表　B) 单元格　C) 表单　D) 数据

5. Excel 2010 工作表默认的扩展名是________。
   A) DOCX　B) XLSX　C) XLTX　D) XLWX

6. 关闭 Excel 2010 可选择“文件”菜单中的________命令。
   A) 保存　B) 退出　C) 新建　D) 另存为

7. 在 Excel 2010 工作簿中有三张工作表，当执行“文件”菜单的“保存”命令时，则________。
   A) 只保存当前工作表文件　B) 分成三个文件来保存
   C) 将三张工作表作为一个文件来保存　D) 以上三个选项都不正确

8. 在 Excel 2010 中将工作表重命名的操作是________。
   A) 右击工作表标签　B) 单击工作表标签
   C) 单击表格标题行　D) 双击表格标题行

9. 在 Excel 2010 中，工作表的列名用________表示。
   A) 1,2,3……　B) 甲,乙,丙……　C) A,B,C ……　D) Ⅰ,Ⅱ,Ⅲ……

10. 在 Excel 2010 工作表中，每个单元格都有唯一的地址，地址是由________组成。
   A) 数字+字母　B) 字母+字母　C) 行号+列标　D) 列标+行号

11. Excel 2010 中活动单元格是指________。
   A) 可以随意移动的单元格　B) 第一列的第一个单元格

C）已经改动了的单元格　　　　D）正在操作的单元格

12. 在 Excel 2010 中________单元格。

A）只能选定连续的　　　　B）可以选定不连续的

C）选中的都是活动　　　　D）可以有多个活动

13. Excel 中正确的单元格名字有________。

A）A1B3　　B）CW3　　C）D36　　D）28D

14. 在 Excel 2010 中，下列________是正确的区域表示法。

A）B1＄-F4＄　　B）B1:F4　　C）B1. F5　　D）B1＞F5

15. 在 Excel 2010 中，编辑栏的名称栏显示为 D6，则表示________。

A）第四列第 1 行　B）第四列第 6 行　C）第 6 列第 1 行　D）第 6 列第 6 行

16. 在 Excel 中，输入公式时必须以________开头。

A）＝　　B）＃　　C）/　　D）＄

17. 在 Excel 2010 中，活动单元格的内容会在________中显示。

A）工具栏　　B）地址栏　　C）编辑栏　　D）状态栏

18. Excel 2010 中，“复制”命令的快捷键是________。

A）Ctrl＋Alt＋C　B）Shift＋Alt＋C　C）Alt＋C　　D）Ctrl＋C

19. Excel 2010 中，使用 Ctrl＋V 是________命令。

A）剪切　　B）复制　　C）保存　　D）粘贴

20. Excel 2010 表格中，选中单元格后按 Delete 键将执行何种操作________。

A）删除单元格　B）清除单元格内容　C）删除行　　D）删除列

21. 在 Excel 2010 中，强迫换行的方法是在需要换行的位置按________键。

A）Enter　　B）Alt＋Enter　　C）Shift＋Tab　　D）Alt ＋ Tab

22. 在 Excel 2010 中删除单元格，选中单元格后，可________。

A）用 Esc 键

B）用 Delete 键

C）在“开始”选项卡中，打开“单元格”组的“删除”命令中的“删除单元格”对话框

D）单击“剪切”按钮

23. 在 Excel 图 2010 中“分栏”操作在________选项卡中。

A）页面布局　　B）开始　　C）引用　　D）插入

24. 下列操作中，可以删除 Excel 2010 当前工作表的是________。

A）单击当前工作表中的任意单元格，再单击“剪切”按钮

B）右击任意单元格，从弹出菜单中选“删除”

C）选中工作表中的所有元格，按 Delete 键

D）右击工作表标签条中的当前工作表，再从弹出菜单中选“删除”

25. 在 Excel 2010 中使用“自动填充”的方法输入数据时，填充柄是选定区域________的小黑方块。

A）左上角　　B）右上角　　C）左下角　　D）右下角

26. 在 Excel 2010 中删掉活动单元格的数据，可用“开始”选项卡中“编辑组”的________命令。

A）粘贴　　B）删除　　C）清除　　D）替换

27. 在单元格中输入学号 8609015(数字字符串）时，应输入________。

A）8609015'　　B）"8609015"　　C）'8609015　　D）'8609015'

28. 在 Excel 2010 工作表的 A1 单元格中输入星期一，拖动该单元格的填充柄往下移动至 A4 单元格，请问在 A2、A3、A4 单元格显示的内容分别是________。

A）星期一、星期一、星期一　　B）星期一、星期二、星期三

C）星期二、星期三、星期四　　D）以上选项都不正确

29. 在 Excel 2010 中，输入 3/4 数据的正确方法是________。

A）0.75　　B）0 3/4　　C）3/4　　D）'3/4'

30. 在 Excel 中，公式 SUM(D2:E3,F3) 表示________。

A）=D2++D3+E2+E3+F3　　B）= D2+E3+F3

C）= D2++D3+F3　　D）= D2+E3

31. 计算 Excel 2010 工作表中某一区域内数据的平均值的函数是________。

A）average　　B）abs　　C）int　　D）round

32. 在 Excel 2010 中设置单元格中数字保留 1 位小数，输入数字 6.483 后将显示________。

A）6.48　　B）6.4　　C）6　　D）6.5

33. 在 Excel 2010 中，若选择含有数值数据的上下相邻的两个单元格，左键拖动填充柄，则数据将以________填充。

A）等比数列　　B）等差数列

C）复制数据　　D）下方单元格数值

34. 如果在单元格输入数据 2012-2-25，Excel 将把它识别为________数据。

A）自定义型　　B）数值型　　C）日期型　　D）时间型

35. 用自动填充功能输入数据时，若初始值为纯数字，则序列填充的类型为________。

A）等差序列　　B）等比序列

C）自定义序列　　D）初始数据的复制

36. 在 Excel 2010 工作表中，若 B2、B3、C2、C3 的值分别为 12、18、10、30，在 D2 输入公式"=B2+C2"，将公式复制到 D3，则 D3 的值为________。

A）22　　B）30　　C）48　　D）40

37. 下列数据中不是 Excel 日期格式的数据是________。

A）2011 年 12 月 10 日　　B）2011.12.10

C）12-10-11　　D）二零一一年十二月十日

38. 在 Excel 2000 中，"分类汇总"是在________选项卡的"分级显示"组。

A）开始　　B）插入　　C）数据　　D）公式

39. Excel 2010 中的默认的单元格引用是________。

A）相对引用　　B）绝对引用　　C）混合引用　　D）序列引用

40. 在 Excel 2010 中，选择________选项卡中的"数字"组可将当前选定区域内的数值增加或减少小数位数。

A）插入　　B）数据　　C）公式　　D）开始

41. 在 Excel 2010 中,计算工作表 C2 到 C5 单元格中数据的和不可用________。

A) =C2+C3+C4+C5　　B) = SUM(C2:C5)

C) = SUM (C2,C3,C4,C5)　　D) =SUM(C2+C5)

42. ________是指当公式复制到其他单元格时,对单元格的引用不随公式位置的改变而改变。

A) 相对引用　B) 绝对引用　C) 混合引用　D) 序列引用

43. 在 Excel 2010 中,绝对引用工作表 Sheet1 的从 B1 到 C4 区域的公式为________。

A) Sheet1! B1:C4　　B) Sheet1! $B1:$C4

C) Sheet1! $B$1:$C$4　　D) Sheet1! B$1:C$4

44. 在 Excel 2010 中,选定源单元格执行"复制"操作,再选中目的单元格后执行"粘贴"操作,此时被粘贴的是源单元格中的________。

A) 格式和公式　B) 全部　C) 数值和内容　D) 格式和批注

45. 在 Excel 2010 中,如果选择了输入有公式的单元格,则编辑栏显示________。

A) 公式　B) 公式的计算结果　C) 公式和计算结果　D) 计算结果

46. Excel 2010 对有标题行的工作表进行排序时,当在"排序"对话框中的"数据包含标题"框选中时,该标题行________。

A) 参加排序　　B) 总在第一行

C) 不参加排序　　D) 总在倒数第一行

47. 在 Excel 2010 中,"条件格式"在________选项卡的"样式"组。

A) 开始　B) 数据　C) 页面布局　D) 插入

48. 在 Excel 2010 中,表示工作簿内的不同单元格时,工作表名与单元格之间应使用________号连接。

A) $　B) *　C) !　D) &

49. 在 Excel 中浏览职工工资表时,对应发工资小于 1200 元的使用红色字体表示,当要处理大量的职工工资时,利用________命令最方便。

A) 数据筛选　B) 条件格式　C) 单元格属性　D) 查找

50. 在 Excel 2010 中,对数据表进行分类汇总时,要先进行________。

A) 数据筛选　　B) 按任意字段进行排序

C) 按分类字段进行排序　　D) 选中

PowerPoint 部分

一、填空题

1. 利用 PowerPoint 2010 建立的文档,其扩展名为________,PowerPoint 2010 也可以兼容之前版本中扩展名是________的文件。

2. 一个________由一张或者若干张幻灯片组成。

3. 所谓的"________"是指幻灯片中文字、图片等不同对象的版面布局。

4. 幻灯片________是模板的一部分,可以简化版面布局的设置过程。

5. 使用"Shockwave Flash Object"控件可以插入________。

6. 使用超链接插入动画时,要安装________才能正常播放动画。

7. 幻灯片________是指当一张幻灯片切换到下一张幻灯片时的瞬间效果。

8. 利用“________”工具栏组可以设置幻灯片切换时的声音，切换所持续的时间单位是________。

9. 单击“幻灯片放映”选项卡的“开始放映幻灯片”工具栏组中的“从头开始”按钮或者按________键，即以全屏方式放映幻灯片。

10. 若单击“从当前幻灯片开始”按钮或者按组合键“________”，即从当前幻灯片开始以全屏方式放映幻灯片。

二、选择题

1. PowerPoint 2010 主要是用来制作________的软件。

A）多媒体动画　　B）站点网页

C）文字处理　　D）幻灯片演示文稿

2. PowerPoint 2010 演示文稿默认的扩展名为________。

A）PPTX　　B）DOCX　　C）PPT　　D）XLSX

3. 在 PowerPoint 2010 中，退出 PowerPoint 应用程序的操作是________。

A）单击右上角的关闭按钮　　B）单击控制菜单图标

C）单击“文件”菜单，选择“关闭”　　D）单击“文件”菜单，选择“退出”

4. 利用 PowerPoint 2010 制作幻灯片时，幻灯片在________制作。

A）标题栏　　B）幻灯片区　　C）备注区　　D）大纲区

5. 在 PowerPoint 2010 中显示但前正在编辑的演示文稿的文件名的栏是________。

A）菜单栏　　B）状态栏　　C）标题栏　　D）工具栏

6. 在 PowerPoint 2010 中可以插入的内容有________。

A）图表、艺术字　　B）声音、影片　　C）动作、超级链接　　D）以上几个方面

7. 下面的选项中，不属于 PowerPoint 2010 的窗口部分的是________。

A）播放区　　B）大纲区　　C）备注区　　D）幻灯片区

8. 在 PowerPoint 2010 中“视图”表示________。

A）图表幻灯片　　B）显示幻灯片的方式

C）正在修改的幻灯片　　D）编辑演示文稿的方式

9. 关闭 PowerPoint 2010 时，如果不保存修改过的文档，会有________的后果。

A）整个文档会丢失

B）刚刚修改过的内容将会丢失

C）下次启动 PowerPoint 2010 是提示错误信息

D）从磁盘上将此文档删除

10. 在 PowerPoint 2010 中演示文稿与幻灯片的关系是________。

A）幻灯片中包含演示文稿　　B）演示文稿即幻灯片

C）演示文稿中包含多张幻灯片　　D）两者无任何关系

11. 在 PowerPoint 2010 中，若同时打开两个演示文稿，会出现________情况。

A）同时打开两个重叠的窗口　　B）打开第二个时，第一个被关闭

C）当打开第一个时，第二个无法打开　　D）PowerPoint 被关闭

12. 在 PowerPoint 2010 中，下列关于复制和移动文本的描述，正确的是________。

A）文本在复制前，必须先选定　　B）文本复制的快捷键是 Ctrl+V

C）文本的剪切和复制没有区别　　　　D）文本只能在一张幻灯片间移动

13. 在 PowerPoint 2010 中，关于幻灯片的移动、复制、删除等操作，叙述错误的是________。

A）选定幻灯片后，删除幻灯片可按 Delete 键

B）“复制”操作可在不同演示文稿之间进行

C）“剪切”不能删除幻灯片

D）移动、复制、删除等操作在“幻灯片浏览”视图中最方便

14. 在幻灯片浏览视图下，选定幻灯片并拖动，可以完成________操作。

A）选定幻灯片　　B）幻灯片的复制　　C）幻灯片的删除　　D）灯片的移动

15. 在幻灯片浏览视图下，可多次使用________键＋单击来选定多张幻灯片。

A）Shift　　B）Alt　　C）Ctrl　　D）Esc

16. 在幻灯片浏览视图下，按住 Ctrl 并拖动某幻灯片，可以完成________操作。

A）移动幻灯片　　B）删除幻灯片　　C）复制幻灯片　　D）选定幻灯片

17. 下列关于幻灯片的叙述错误的是________。

A）它是演示文稿的基本组成单位　　B）可以插入图片．动画

C）可以插入超链接　　D）单独一张幻灯片不能形成放映文件

18. 在 PowerPoint 2010 中，*.POTX 文件是________文件类型。

A）演示文稿　　B）模板文件　　C）大纲文稿　　D）放映文件

19. 不属于 PowerPoint 2010 母版的是________。

A）幻灯片母版　　B）讲义母版　　C）格式母版　　D）备注母版

20. PowerPoint 2010 中，插入幻灯片的操作可以在________下进行。

A）幻灯片浏览视图　B）大纲视图　　C）备注页视图　　D）普通视图

21. PowerPoint 提供了多种________，它包含了相应的配色方案、背景图案等，可帮助用户快速生成风格统一的演示文稿。

A）版式　　B）模板　　C）格式　　D）母版

22. 下列说法正确的是________。

A）设置背景只能为所有幻灯片添加背景

B）设置背景只能为一张幻灯片添加背景

C）设置背景命令既可以为一张幻灯片添加背景也可以为所有幻灯片添加背景

D）以上说法都不对

23. PowerPoint 2010 中的“超级链接”命令的作用是________。

A）实现幻灯片的移动　　B）暂停幻灯片放映

C）在演示文稿中插入幻灯片　　D）使演示文稿跳转到其他的幻灯片

24. PowerPoint 2010 中，幻灯片“主题”命令在________中。

A）“动画”选项卡　　B）“视图”选项卡

C）“设计”选项卡　　D）“开发工具”选项卡

25. 在 PowerPoint 2010 中，“动作”命令在________中。

A）“开始”选项卡　　B）“开发工具”选项卡

C）“设计”选项卡　　D）“插入”选项卡

26. 在幻灯片的占位符中添加标题文本的操作在 PowerPoint 2010 窗口的________。
A) 大纲区　　B) 标题栏　　C) 幻灯片区　　D) 备注区

27. 在 PowerPoint 2010 中，在幻灯片的占位符中添加文本时，错误的描述是________。
A) 单击标题占位符，将插入点置于该占位符内
B) 文本输入只能是汉字和英文字母
C) 文本输入完毕，单击幻灯片的空白区域
D) 在占位符内，可以直接输入标题文本

28. 在 PowerPoint 2010，幻灯片中占位符的作用是________。
A) 限制文本长度　　B) 限制幻灯片内容类型
C) 限制图像大小　　D) 为文本、图像预留位置

29. 在 PowerPoint 2010 中，要将图片作为项目符号，则选择“项目符号和编号”对话框中的________。
A) 编号选项卡　　B) 自定义　　C) 图片　　D) 颜色

30. 在 PowerPoint 2010 中，要演示文稿制作单位名称加入到每一张幻灯片中，应将其加入到________。
A) 幻灯片主题　　B) 幻灯片母版　　C) 备注母版　　D) 讲义母版

31. 在 PowerPoint 2010 中，幻灯片切换效果的操作应在________选项卡中进行。
A) 动画　　B) 格式　　C) 开始　　D) 幻灯片放映

32. 如果要将一种切换效果应用于全部幻灯片，可执行“动画”选项卡中的________命令。
A) 预览　　B) 动画　　C) 全部应用　　D) 换片方式

33. 在 PowerPoint 2010 中，演示文稿中插入的多媒体素材________。
A) 只能是自己录制的声音　　B) 只能是 Mp3 音乐
C) 只能是视频文件　　D) 以上各选项都可以

34. 在 PowerPoint 2010 中，可对母版进行编辑和修改的视图是________。
A) 幻灯片放映视图　　B) 备注页视图
C) 幻灯片母版视图　　D) 幻灯片浏览视图

35. 在 PowerPoint 2010 中，下面说法错误的是________。
A) 动画对象在播放之后可以再添加效果
B) 幻灯片上动画对象的出现顺序可以随意修改
C) 在演示文稿中可添加超级链接
D) 不能创建跳转到其他文件或 Web 页的超级链接

36. 在 PowerPoint 2010 中，关于幻灯片背景设置的叙述正确的是________。
A) 可以为幻灯片设置不同的颜色、图案或者纹理的背景
B) 不可以同时对当前演示文稿中的所有幻灯片设置背景
C) 只能为单张幻灯片进行背景设置
D) 不能使用图片作为幻灯片背景

37. 在 PowerPoint 2010 中，下列说法错误的是________。
A) 可以动态显示文本和对象

B) 可以创建跳转到其他文件或 Web 页的超级链接

C) 图表不可以设置动画效果

D) 可以设置幻灯片切换效果

38. 对于制作完毕的演示文稿,叙述错误的是________。

A) 可以在其他计算机上演示

B) 只可以在制作它的计算机上进行演示

C) 可发布到网上

D) 放映时既能自动放映,也能手动放映

39. 演示文稿中不准备放映的幻灯片可以用________选项卡下的"隐藏幻灯片"命令隐藏。

A) 动画　　B) 幻灯片放映　　C) 设计　　D) 插入

40. 若在展览会场放映演示文稿时无人管理,放映的类型可设置为________。

A) 演讲者放映　　B) 在展台浏览　　C) 观众自行浏览　　D) 排练计时

第4章　Internet 应用

一、填空题

1. Internet,即互联网,始于1969年的美国,又称________。

2. 万维网(World Wide Web,WWW)又称"环球信息网",简称为________。

3. ________是一种通过网络实现相互传送和接收信息的现代化通信方式,也是 Internet 上应用最广的服务。

4. QQ、飞信、阿里旺旺、米聊、YY 语音、网易泡泡等属于________软件。

5. ________可以理解为存在于网上的一个非常大的数据库,用户可以通过输入关键字查找出相关的资料或链接信息。

6. ________是超文本传送协议,一种详细规定了浏览器和万维网服务器之间互相通信的规则,通过因特网传送万维网文档的数据传送协议。

7. 域名________代表企业公司。

8. IE 浏览器是________公司推出的免费浏览器。

9. 利用________菜单,可以查看关于 IE 浏览器版本的详细说明。

10. 用户可以将经常访问的网址保存在________中。

11. 电子邮件地址的通用格式为:用户名________主机域名。

12. ________通常是指在 Internet 开放的网络环境下,买卖双方不谋面地进行各种商贸活动。

13. 12306网站是唯一的官方________网站,其网址是:www.12306.cn。

14. ________是一种即时通信软件,是淘宝网官方推荐的沟通工具,拥有在对话框中输入商品网址就能显示出图片与资料的快捷功能。

15. 淘宝网(www.taobao.com)是一个大型的________网站。

16. ________指在 Internet 中具有相同消费需求的消费者联合起来,加大与商家的谈判能力以求得最优价格的一种购物方式。

17. ________是一个基于用户信息的分享、传播及获取平台,用户可以通过 Web、WAP

等各种客户端发布 140 字以内的文字信息。

18. ________软件也称为网络寻呼机，是一种基于 Internet 的即时交流软件，允许两人或多人使用 Internet 即时传递文字、图片、声音与视频等内容。

19. QQ 是________公司开发的基于 Internet 的即时通信软件，支持在线聊天、视频电话、传送文件、共享文件、网络硬盘、QQ 邮箱等多种功能。

20. ________是中国移动推出的一种综合通信服务，融合语音、GPRS、短信等多种通信方式，实现互联网与移动互联网之间的无缝通信服务。

21. 微信号是用户在微信中唯一识别的帐号，必须是以________开头，总长度为 6～20 个字符，包括字母、数字、下划线和________。

二、选择题

1. 计算机网络资源共享是指可________。
   A) 共享数据　　B) 共享硬件、软件及数据资源
   C) 共享软件　　D) 共享硬件
2. 拨号上网使用的 Modem 一端连在计算机上，另一端连在________。
   A) 打印机上　　B) 扫描仪上　　C) 集线器上　　D) 电话线上
3. 能唯一标识 Internet 网络中每一台主机的是________。
   A) 用户名　　B) 使用权限　　C) 用户账号　　D) IP 地址
4. 在域名 WWW.CUMT.EDU.CN 中，其中最高层域名 CN 代表的国家是________。
   A) 中国　　B) 英国　　C) 美国　　D) 法国
5. ________是文件传输协议。
   A) HTML　　B) FTP　　C) MHT　　D) HTTP
6. 如果我们要浏览 WWW 网站时，需要在________输入 URL 地址。
   A) 工具栏　　B) 状态栏　　C) 地址栏　　D) 标题栏
7. 在地址栏输入网站的 URL 后，须按下________键 IE 才会连接该网站。
   A) Ctrl　　B) Enter　　C) Shift　　D) Esc
8. 下列选项中不属于我国四大骨干网的是________。
   A) 中国公用计算机互联网　　B) 中国长城网
   C) 中国教育科研网　　D) 中国金桥互联网
9. Internet 是应用广泛的________。
   A) 局域网　　B) 城域网　　C) 互联网　　D) 校园网
10. 在 Internet 中，“WWW”的中文名称是________。
   A) 广域网　　B) 局域网　　C) 城域网　　D) 万维网
11. 要连接到 WWW 站点，应以________开头来书写统一资源管理定位器。
   A) http://　　B) ftp://　　C) sttp://　　D) fip://
12. Internet 采用的协议是________。
   A) HTTP　　B) TCP/IP　　C) IPX/SPX　　D) FTP
13. 为了节省上网费用和时间，可以把经常访问的站点放入________，然后脱机浏览。
   A) 历史记录　　B) 收藏夹　　C) 地址栏　　D) 搜索栏
14. EDU 表示的一级域名网是________。

A）政府网　B）教育网　C）军事网　D）企业网

15. 下列选项中，不属于 Internet 主要功能的是________。

A）搜索信息　B）文件传输　C）电子邮件　D）实时监测控制

16. URL 表示________。

A）主页地址　B）统一资源定位器　C）网络协议　D）IP 地址

17. 在网上浏览信息需要使用的工具是________。

A）浏览器　B）搜索引擎　C）BBS　D）E-Mail

18. 如果无法显示当前网页，可以________。

A）单击“前进”按钮　B）单击“主页”按钮

C）单击“刷新”按钮　D）单击“搜索”按钮

19. 我们会把自己喜爱并且经常浏览的网站地址存放在浏览器的________。

A）标题栏　B）收藏夹　C）地址栏　D）状态栏

20. 下列四项中表示域名的是________。

A）www@sina. com　B）www@163. net　C）www. cctv. com　D）202. 96. 68. 123

21. 若下载网页上的图片，下列哪种操作是正确的________。

A）鼠标指向需下载的图片单击左键

B）鼠标指向需下载的图片单击右键，选择“图片另存为…”命令

C）鼠标指向需下载的图片双击左键

D）选择编辑菜单中的复制选项

22. 正确的电子邮件地址可表示为________。

A）www. abc. com　B）主机名@edu. cn

C）用户名@网络名　D）用户名@主机域名

23. 登录电子邮箱时，在邮箱所在网站的电子邮箱登录窗口处，用户名和密码应该是________。

A）系统管理员用户名和密码

B）Windows 系统的用户名和密码

C）在该网站申请的电子信箱的用户名和密码

D）在 Outlook 上设置的账号和密码

24. 关于电子邮件的描述不正确的是________。

A）电子邮件的容量没有限制

B）电子邮件可传输文本、视频、图像、图形等

C）不可能携带计算机病毒

D）可向多个收件人发送同一消息

25. 同一封电子邮件可以同时发送给多个人，多个邮件接收地址可以用________隔开。

A）逗号或分号　B）叹号或冒号　C）叹号或逗号　D）分号或冒号

26. 下列选项中，电子邮件地址正确的是________。

A）zhangwq&ccm. edu. jp　B）zhangwq@sina. com

C）wwf. edu. cn　D）http:\\www. china. com

27. BBS 代表 Internet 网上的________功能。

A）网络新闻组　B）文件传输　C）电子公告牌　D）搜索信息

28. Telnet 代表 Internet 网上的________功能。

A）网络新闻组　B）文件传输　C）电子公告牌　D）远程登录

29. 若要在网上出售商品，可选用下列哪个网站________。

A）www.taobao.com　B）www.baidu.com

C）www.163.com　D）www.sina.com

30. QQ 是一款基于 Internet 的即时通信软件，支持________等多种功能功能。

A）在线聊天、视频电话　B）传送文件、共享文件、网络硬盘

C）QQ 邮箱、QQ 音乐、QQ 游戏、QQ 群　D）具有 A、B、C 三个选项的功能

31. 要将 5 个文件通过电子邮件发给同学，最简捷方法是________。

A）将 5 个文件分别作为邮件的附件，一次发送出去

B）将 5 个文件放入同一个文件夹，再将该文件夹作为附件，一次发送

C）将 5 个文件压缩打包为一个文件，作为邮件的附件发送

D）将 5 个文件分别作为 5 个邮件的附件，分别发送

32. 如果电子邮件到达时，你的电脑没有开机，那么电子邮件将会________。

A）退回给发信人　B）保存在电子邮件服务商的主机上

C）开机联网后对方再重新发送　D）丢失

33. 在 Internet 上，可以在本机上通过________登录到远程主机，并直接操作远程主机。

A）E-mail　B）HTTP　C）FTP　D）Telnet

34. 下列不属于即时通信软件的是________。

A）QQ　B）电子公告板　C）飞信　D）阿里旺旺

35. 通常所说的 ADSL 是指________。

A）网页制作　B）电子公告板　C）网络服务商　D）宽带接入方式

36. 常用的搜索引擎网址是________。

A）http://www.cumt.edu.cn　B）http://www.china.com

C）http://www.google.com　D）http://www.sina.net

37. 博客没有字数限制，微博必须在________字以内。

A）100　B）140　C）160　D）200

第 5 章　Access 数据库应用

一、填空题

1. 数据库，英文简写为________，是存储在计算机存储设备上的，动态的、相互关联的数据的集合。

2. 数据库不仅包括描述事物的数据本身，而且还包括相关事物之间的________。

3. 数据库中的________能将现实世界中的数据转化为计算机能表示和处理的计算机数据，是对现实世界的计算机模拟。

4. 两个实体集之间的联系可以分为三种类型：________联系、一对多联系和多对多联系。

5. 实体及实体间联系的计算机表示方法称为________。

6. 关系型数据库是指采用________作为组织和存储数据方式的数据库。

7. 在 Access 中,通常将一个没有重复行、重复列的二维表看成一个________。

8. 在 Access 中,________指的是字段的取值范围。

9. 在 Access 中,一个表中能够唯一确定当前记录与其他记录不同的一个字段或若干个字段的组合叫做________。

10. 关系的完整性约束有三种:实体完整性、参照完整性和________完整性。

11. Access 2010 数据库文件的扩展名是________ ,Access 2010 可以兼容之前版本中扩展名是________的数据库文件。

12. 数据库的主要作用是用表来存储数据,Access 数据库中存储数据的主要对象是________。

13. 在 Access 中,创建一个新的数据表包括两个内容:创建________和输入表记录的内容。

14. 在 Access 中,两个表是否有直接关系可以通过两个表是否具有相同的________来判断。

15. 在 Access 中,通过________,既可以实现对数据的筛选、统计、计算和检索等功能,也可以为其他的数据库对象提供数据来源。

16. Access 支持五种不同类型的查询,即________查询、参数查询、交叉表查询、________查询和 SQL 查询。

17. 在 Access 中,________查询是一种便于数据分析的特殊格式的查询,使用行列电子数据表的格式,显示来源于表中某个字段的汇总数据。

18. 在 Access 中,查询条件是日期型常量时,要使用两个“________”符号将日期括起来。

19. 在 Access 中,________查询会通过查询条件的设置将符合条件的特定记录筛选出来生成新表。

20. 在 Access 中,________查询的作用是将表中的部分或者全部记录追加到与当前表的结构相同的另外一个表中。

21. 在 SQL 的组成部分之中,其核心的部分是查询功能,实现查询的命令也称作________命令。

二、选择题

1. Access 2010 是________。

A) 数据库应用系统 B) 数据库文件系统 C) 数据库管理系统 D) 数据库管理员

2. ________是以一定的组织结构保存在计算机存储设备中的数据的集合。

A) 数据处理 B) 数据库 C) 二维表 D) 数据库应用系统

3. 数据库系统由计算机硬件系统、数据库管理员、用户、数据库集合和________构成。

A) 文件系统 B) 数据集合

C) 操作系统 D) 数据库管理系统和相关软件

4. 在数据库中,下列说法不正确的是________。

A) 数据库避免了一切数据的重复 B) 数据库中的数据可以访问与交换

C）数据库中的数据可以共享　　D）数据库减少了数据冗余

5. Access 2010 数据库的对象中，________是实际存放数据的地方。

A）表　　B）查询　　C）报表　　D）窗体

6. 关系数据库中的数据表________。

A）完全独立　　B）相互联系，不能单独存在

C）既相对独立，又相互联系　　D）不能同时更新多条记录

7. 数据表 A 和数据表 B 建立了"一对多"关系，表 B 是"多"方，下面叙述正确的是________。

A）表 A 中的一条记录与表 B 中的多条记录匹配

B）表 A 中的多条记录与表 B 中的多条记录匹配

C）表 B 中的一条记录与表 A 中的多条记录匹配

D）表 A 中的一个字段与表 B 中的多个字段匹配

8. Access 2010 数据库文件的扩展名是________。

A）DBF　　B）MDB　　C）ACCDB　　D）COM

9. 在 Access 2010 数据库中数据表的行被称为________。

A）表结构　　B）字段　　C）字段集合　　D）记录

10. 在 Access 2010 中表和数据库之间的关系是________。

A）数据库和数据表之间是并列的关系　　B）一个数据库只能包含一个表

C）一个数据库可以包含多个数据表　　D）一个数据表能包含多个数据库

11. Access 2010 数据库中的表是一个________。

A）交叉表　　B）线型表　　C）图表　　D）二维表

12. 下列创建表的方法中________不是 Access 2010 创建表的方法。

A）在新数据库中创建新表　　B）使用设计视图创建表

C）通过导入来创建表　　D）通过建立关系来创建表

13. 在一个数据库中存储着若干个表，这些表之间可以通过________建立关系。

A）内容不相同的字段　　B）相同内容的字段

C）第一个字段　　D）最后一个字段

14. Access 2010 表中的数据类型不包括________。

A）数字型　　B）备注型　　C）通用型　　D）日期/时间

15. 在显示数据表时，为使某个字段不能移动显示位置，应使用的方法是________。

A）筛选　　B）隐藏　　C）冻结　　D）排序

16. 在 Access 2010 对象中，用于存放数据库数据的对象是________。

A）索引　　B）表　　C）窗体　　D）查询

17. 在关系型数据库中，二维表中的列被称为________。

A）数据视图　　B）记录　　C）字段　　D）数据

18. 以下对字段属性叙述错误的是________。

A）字段大小可用于设置文本型字段的最大容量

B）可对任意类型的字段设置默认值属性

C）不同的字段类型，其字段属性有所不同

D) 有效性规则属性是用于限制该字段输入值的表达式

19. 定义字段的默认值是指________。

A) 字段不能为空

B) 不允许字段的值超出某个范围

C) 在未输入数值之前,系统自动提供设置的默认数值

D) 系统自动把文本转换为数值

20. 下列关于 Access 表的叙述,正确的是________。

A) 在数据表视图中,不能修改字段属性

B) 表的数据表视图只用于显示数据

C) 在表的设计视图中不能修改设计表的结构

D) 在表的数据表视图中,不能修改数据

21. 关于建立表之间的关系的叙述正确的是________。

A) 一个关系需要两个字段或多个字段来确定

B) 建立的关系不可以修改和删除

C) 可以在两个同时打开的表之间建立或修改关系

D) 要切换到表的设计视图建立关系

22. 可以设置"字段大小"属性的数据类型是________。

A) 日期/时间　　B) 备注　　C) 文本　　D) 货币

23. 下列关于主键叙述错误的是________。

A) 一个数据表中只能设置一个主键

B) 一个数据表只能设置一个字段为主键

C) 设置为主键的字段不能为空值

D) 设置为主键的字段不能输入相同的值

24. 使用查询向导,不可以创建________。

A) 单表查询　　B) 多表查询　　C) 带条件查询　　D) 不带条件查询

25. 下列不属于操作查询的是________。

A) 删除查询　　B) 参数查询　　C) 更新查询　　D) 追加查询

26. 在 Access 中,要求在子表中添加记录时,如果主表中不存在与之相关的记录,则不能添加此记录。应设置的关系是________。

A) 有效性规则　　B) 输入掩码　　C) 参照完整性　　D) 字段默认值

27. Access 2010 支持的查询类型有________。

A) 选择查询、交叉表查询、参数查询、操作查询和 SQL 查询

B) 条件查询、选择查询、参数查询、操作查询和 SQL 查询

C) 多表查询、单表查询、参数查询、操作查询和 SQL 查询

D) 条件查询、汇总查询、参数查询、操作查询和 SQL 查询

28. 查询是 Access 2010 重要的对象之一。关于查询叙述正确的是________。

A) 可以根据数据库表和已建查询创建查询

B) 不能根据已建查询创建查询

C) 只能根据数据库表创建查询

D）只能根据已建查询创建查询

29. 在 Access 2010 数据库中，索引的主要作用是________。

A）管理方便　B）节省存储空间　C）提高查询速度　D）减少数据重复

30. 在维护 Access 2010 数据库时，要修改数据表中的数据，应使用________查询。

A）删除　B）追加　C）生成表　D）更新

31. 在 SQL 查询命令中，WHERE 子句指出的是________。

A）查询结果　B）查询视图　C）查询条件　D）查询关系

32. 在 Access 2010 数据库中，向数据表中添加数据记录叙述错误的是________。

A）直接将光标定位在表的最后一行

B）单击“记录指示器”上的最右侧的“新(空白）纪录”按钮

C）在“开始”选项卡的“记录”组中，单击“新建”按钮

D）在“创建”选项卡的“表格”组中，单击“表”按钮

33. 在 SQL 查询命令中，使用 ORDER BY 子句指定了________。

A）查询结果的顺序　B）查询的条件　C）查询的表　D）查询的字段

34. 在 SQL 查询条件中通配符[]的含义是________。

A）通配不在方括号内的任意字符　B）通配方括号内列出任一单个字符

C）通配任意字符　D）上述三种都错

35. SELECT 命令中用于分组的关键词是________。

A）GROUP BY　B）ORDER BY　C）WHERE　D）SELECT

36. 在 SQL 查询中，UPDATE 语句的功能是________。

A）数据分组功能　B）数据排序功能

C）修改表中字段属性　D）修改表中字段的值

37. 将“学生表”中的“学号”字段与“学生选课成绩表”中的“学号”字段建立关系，则这两个表之间的关系是________。

A）一对一　B）一对多　C）多对一　D）多对多

38. 一张数据表中含有照片，“照片”这一字段的数据类型通常为________。

A）文本型　B）超链接型　C）逻辑型　D）OLE 型

39. 要改变数据表的字段属性，应在________下设置。

A）数据表视图　B）表设计视图　C）查询设计视图　D）数据库视图

40. 在学生成绩表中，查询成绩在 60～70 分之间的学生信息，正确的条件设置为________。

A）>=60 or <=70　B）≥60 or ≤70

C）>=60 and <=70　D）≥60 and ≤70

第 6 章　Flash 动画制作

一、填空题

1. 在动画设计中，若要按主题组织文档，就可以使用________。

2. ________是编辑和播放动画的白色矩形区域，其背景的颜色和尺寸可以更改。

3. ________如同一张透明的纸，可以在每张纸上分别画上一些东西，然后拼在一起形

成一幅完整的画面。

4. ________主要用于创建动画并控制动画的播放,以组织 Flash 文档随时间播放的动画效果。

5. 在 Flash 中,一 ________就是一张静止的图片。

6. 帧频是指每________播放的帧数,帧频的大小直接影响到动画播放的快慢。

7. 在一个帧数固定的动画中,帧频越大,播放速度越________。

8. 在 Flash 中,系统默认的帧频是________ fps。

9. Flash CS6 文档的扩展名是________。

10. 动画制作完成之后,可以直接按________键,在工作区中播放 Flash 文档预览动画播放的效果。

11. 动画制作完成之后,可以按________键在播放窗口内播放 Flash 动画。

12. 在 Flash 中,元件的类型有三种:图形元件、按钮元件和________元件。

13. 按钮元件主要用于响应鼠标单击、滑过或其他动作的交互,包括弹起、________、按下和点击 4 个帧。

14. 创建元件的一般方法是在"插入"菜单中选择"新建元件"或者直接按________组合键。

15. ________也叫点阵图,缩放会失真。

16. ________又叫向量图,可以无限缩放而不会失真。

17. 在 Flash 中,若要分离图像,则选择"修改"菜单的"分离",或者直接按"________"组合键,即可完成图像的分离。

18. Flash CS6 允许用户将________和 wav 等主流的声音文件格式导入到库中。

19. 在 Flash 中,帧分为三种类型:关键帧、空白关键帧和________。

20. Flash CS6 中的图层分为 3 种类型:普通层、引导层和________层。

21. ________动画是指位于同一图层由连续的关键帧组成的动画,每一帧都是关键帧,都有内容。

22. Flash CS6 中创建补间动画的三种方式为传统补间、补间动画和________。

23. 创建传统补间动画的对象必须是同一个________。

24. 补间动画在创建补间时会将一切不允许的对象类型转换为________元件。

25. ________动画也叫做变形动画,是由一种形状逐渐变为另外一种形状,两种形状之间可以自然过渡。

26. ________层能限制动画的播放区域。

27. ________动画是指一个图层中的对象沿着另外一个图层中的引导路径运动的动画。

二、选择题

1. Flash 软件是________。

A) Flash 软件只能制作动画

B) 它是一个专做位图的软件

C) Flash 是一个图形处理软件

D) 它是一个矢量图软件,可以制作动画、网页

2. ________是制作动画的最基本单位。

A) 帧　　B) 时间轴　　C) 场景　　D) 图层

3. 转换为关键帧的快捷键是________。

A) F5　　B) F6　　C) F7　　D) F8

4. Flash 动画中转换为空白关键帧的快捷键是________。

A) F5　　B) F6　　C) F7　　D) F8

5. 在 Flash 时间轴上“层”是________。

A) 列　　B) 行　　C) 行和列　　D) 都不是

6. 在 Flash 生成的文件类型中，源文件是指________。

A) SWF　　B) HTML　　C) FLA　　D) PPTX

7. 下列文件类型中 Flash 不能生成的是________。

A) HTML　　B) SWF　　C) PPTX　　D) EXE

8. 最适合在网络中传输的动画类型是________。

A) FLC　　B) AVI　　C) SWF　　D) FLA

9. ________类型的文件导入 Flash 时会自动产生一个逐帧动画序列。

A) AVI　　B) JPG　　C) TIF　　D) GIF

10. 以下________工具可以对图形进行变形操作。

A) 选择工具　　B) 套索工具　　C) 刷子工具　　D) 任意变形工具

11. 从一个图像中“挖”出不规则的一小部分图形，应该使用________工具。

A) 套索　　B) 滴管　　C) 选择　　D) 刷子

12. 时间轴上用空心小圆点表示的帧是________。

A) 过渡帧　　B) 普通帧　　C) 空白关键帧　　D) 关键帧

13. 若要显示对齐面板，应在________菜单中执行对齐命令。

A) 视图　　B) 窗口　　C) 控制　　D) 命令

14. 不修改时间轴，修改________参数可以改变动画播放的速度。

A) Alpha 值　　B) 形状　　C) 场景　　D) 帧频

15. 编辑状态时，按________键可以测试影片。

A) Enter＋Shift　　B) Ctrl＋Shift　　C) Ctrl＋Enter　　D) Esc＋Enter

16. 要把对象在舞台居中，需用到________。

A) 库面板　　B) 属性面板　　C) 对齐面板　　D) 动作面板

17. 下列________可以设置文本的大小。

A) 对齐面板　　B) 参数面板　　C) 属性面板　　D) 颜色面板

18. 下列________可以用来旋转图形。

A) 变形面板　　B) 对齐面板　　C) 动作面板　　D) 颜色面板

19. 给图形加渐变效果，应该用到________。

A) 库面板　　B) 颜色面板　　C) 属性面板　　D) 参数面板

20. 在工具箱的颜色区中，________按钮可用来交换线条颜色和填充区域颜色。

A) 交换颜色按钮　　B) 填充色按钮　　C) 黑白按钮　　D) 笔触颜色按钮

21. 在 Flash 中打开对齐面板的快捷键是________。

A）Ctrl+V　　B）Ctrl+K　　C）Ctrl+F1　　D）Ctrl+X

22. ________可以把当前颜色设为舞台上某个特定图形的颜色。

A）滴管工具　　B）选择工具　　C）刷子工具　　D）放大镜工具

23. 在 Flash 中绘图工具所绘制的图像为________图像。

A）位图　　B）矢量图　　C）平面图　　D）三维图

24. 下面________属于线条工具属性面板的选项。

A）填充色　　B）平滑选项　　C）选项按钮　　D）笔触样式

25. 对图层的编辑操作有哪些________。

A）遮罩图层　　B）绑定图层　　C）删除图层　　D）新建图层

26. 以下关于图层的叙述，说法错误的是________。

A）可以锁定和重新安排图层

B）可以通过创建图层文件夹将图层放入其中来组织和管理

C）图层不能隐藏

D）在时间轴中展开或折叠图层不会影响在舞台中看到的内容

27. Alpha 表示________。

A）浓度　　B）透明度或不透明度

C）颜色　　D）灰度

28. 打开库面板的快捷键是________。

A）Ctrl+V　　B）Ctrl+X　　C）Ctrl+L　　D）Ctrl+C

29. Flash 导入外部素材的快捷键是________。

A）Ctrl+S　　B）Ctrl+R　　C）Ctrl+T　　D）Ctrl+P

30. Flash 显示/隐藏时间轴的组合键是________。

A）Ctrl+Alt+S　　B）Ctrl+Alt+R　　C）Ctrl+Alt+T　　D）Ctrl+Alt+P

31. Flash 显示/隐藏面板的键是________。

A）F3　　B）F2　　C）F5　　D）F4

32. 若移动位于不同帧上的对象，需打开多帧编辑功能，可单击时间轴下方的________按钮。

A）　　B）　　C）　　D）

33. “滴管”工具可以提取某些对象颜色、线型等属性。下列选项中，不能被提取的对象属性是________。

A）填充区域的颜色　　B）线条的颜色

C）组合对象的颜色　　D）线条的宽度

34. “修改”菜单中“变形”子菜单下的“取消变形”命令的功能是________。

A）取消所有对象的变形　　B）取消对象的上一次变形

C）将变形的对象还原到初始状态　　D）取消上一次操作

35. 编辑位图图像时，修改的是________。

A）曲线　　B）颜色　　C）直线　　D）像素

36. 时间轴面板上层名称旁边的眼睛图标表示________。

A）是否显示图层轮廓　　B）图层是否锁定

C）元件有无嵌套　　D）当前图层是否显示

37. 在 Flash 中，如果对字符设置形状补间，须按________键将字符打散。

A）Ctrl＋C　　B）Ctrl＋N　　C）Ctrl＋B　　D）Ctrl＋X

38. 要制作正方形慢慢变为三角形形，应用________补间。

A）传统补间　　B）形状补间　　C）两种任选　　D）两种都不可以

39. 要创建气球旋转并逐渐消失的动画，应使用________。

A）传统补间动画　　B）形状补间动画　　C）引导层动画　　D）逐帧动画

40. Flash 中的遮罩功能可以使指定的________具有局部隐藏的效果。

A）场景　　B）图层　　C）关键帧　　D）元件

41. 作带有颜色或透明度变化的遮罩动画应该________。

A）改变被遮罩的层上对象的颜色或 Alpha

B）创建一个新图层，在其上进行颜色或 Alpha 变化

C）直接改变遮罩颜色或 Alpha

D）以上答案都不对

42. 在遮罩动画中，________层中的动画对象只显示其图形轮廓。

A）遮罩层　　B）被遮罩层　　C）普通层　　D）引导层

43. 下列关于遮罩动画的叙述错误的是________。

A）遮罩图层中可以使用填充形状、文字对象、图形元件的实例或影片剪辑作为遮罩对象

B）可以透过遮罩层内的图形看到其下面被遮罩图层的内容

C）可以将多个图层组织在一个遮罩层之下创建复杂的效果

D）可以将一个遮罩应用于另一个遮罩

44. 下列说法正确的是________。

A）在制作动画时，背景层将位于时间轴的最底层

B）在制作动画时，背景层将位于时间轴的最高层

C）在制作动画时，背景层位于时间轴的中间层

D）在制作动画时，背景层可位于任何层

45. 在编辑新图层的时候，为了不破坏其他图层，可以________。

A）锁定其他图层　　B）在操作的同时按住 Shift 键

C）在操作的同时按住 Alt 键　　D）在操作的同时按住 Alt＋Shift 键

46. 若制作地球绕太阳转的动画，应选用________类型的图层。

A）遮罩层　　B）引导层　　C）普通层　　D）空白图层

47. 下列关于引导层的叙述，错误的是________。

A）利用引导层可以制作对象沿着特定的路径运动的动画

B）可以将多个图层与同一个引导层相关联，从而使多个对象沿相同的路径运动

C）利用引导层可制作沿不规则路径运动的动画效果

D）在预览动画时，引导层中的引导线将显示在最终的动画中

48. 元件和与它相应的实例之间的关系是________。

A）改变元件，则相应的实例一定会改变

B) 改变元件,则相应的实例不一定会改变

C) 改变实例,对相应的元件一定有影响

D) 改变实例,对相应的元件可能有影响

49. 下列关于图形元件的叙述,正确的是________。

A) 图形元件是可重复使用的静态图像

B) 在图形元件中能使用交互式控件

C) 在图形元件中能使用声音

D) 图形元件不能重复使用

50. 元件与导入到动画中的图片文件,一般存储在________上。

A) 属性面板　B) 参数面板　C) 动作面板　D) 库面板

51. 如果把一段反复取出使用的动画做成元件,这个元件属于________。

A) 影片剪辑元件　B) 按钮元件

C) 图形元件　D) A、B、C 选项都可以

52. 滤镜只能用于________。

A) 按钮元件　B) 影片剪辑元件

C) 图形元件　D) A、B、C 选项都可以

53. 可以独立于主场景时间轴播放的元件是________。

A) 图形元件　B) 影片剪辑元件

C) 按钮元件　D) A、B、C 选项都可以

54. 下列________不是按钮元件的帧。

A) 弹起　B) 按下　C) 点击　D) 动作

55. 一个动画有两个图层,图层一是幅风景画,图层二是一个红色气球,图层二为遮罩层,图层一为被遮罩层,则最终看到的效果是________。

A) 红色的气球　B) 里边是风景画的气球

C) 风景画　D) 整个风景画与红色气球

56. 下列选项不属于元件类型的是________。

A) 影片剪辑　B) 图形　C) 位图　D) 按钮

57. 下列哪种动画属于遮罩动画________。

A) 探照灯效果　B) 篮球的旋转　C) 数字变字母　D) 蝴蝶飞舞路径

58. 在 Flash 中可以将________格式的音频文件直接导入。

A) MOV　B) MP3　C) FLV　D) MPEG

59. 给按钮元件的不同状态附加声音,要在单击时发出声音,则应该在哪个帧下创建一个关键帧________。

A) 弹起　B) 指针经过　C) 按下　D) 点击

60. 下列选项中新建一个"引导层"正确的操作是________。

A) 在图层上右击,在快捷菜单中选择"引导层"命令

B) 在图层上右击,在快捷菜单中选择"添加传统运动引导层"命令

C) 在图层上右击,在快捷菜单中选择"插入图层"命令

D) 在图层上右击,在快捷菜单中选择"属性"命令

第 7 章 Photoshop 辅助艺术设计

一、填空题

1. ________是构成图像最基本的单位，是一个小方形的颜色块，不能被再细分。

2. 常见的分辨率有________分辨率和________分辨率。

3. Photoshop 所处理的图像为________图像。

4. 相对于________图像，矢量图所占的存储空间较小，其图像经过数倍的放大也不会失真。

5. 单击“文件”菜单的“新建”或者按下快捷键“________”，将弹出“新建”对话框。

6. 在 Photoshop 工作界面中，单击菜单栏中的“文件”，选择“打开”命令或者按下快捷键“________”，即可弹出“打开”对话框。

7. 当文件保存为 Photoshop 格式，即文件的扩展名为________时，下次打开可以进行修改。

8. ________能限制绘制或编辑图像的区域，从而得到精确的效果。

9. 如果所要选取的图形不规则，这时就可利用________。

10. 当用________单击某个点时，与该点颜色相似和相近的区域将被选中。

11. PS 中的________工具是非常受欢迎的工具，它可以魔幻般的使图像中的目标消失，也可以无中生有的添加新的内容。

12. ________工具是专门用来消除人物眼睛因灯光或闪光灯照射后瞳孔产生的红点、白点等反射光点。

13. ________可精确地更改图像的色彩饱和度，使图像的颜色变得更加鲜艳或更灰暗。

14. 在 PS 中擦出大面积且边界色差较分明的区域，通常使用的工具是________工具组。

15. “裁剪工具”除了可以裁剪图片的大小外，还可以进行________（即改变图像的视角）。

16. ________的作用是将图像分层放置，其优点是处理每层图像时不会影响其他层。

17. ________的作用是保护被选取或指定的区域不受编辑操作的影响，起到遮蔽的作用。

18. ________主要是用来实现图像的各种特殊效果，它在 Photoshop 中具有非常神奇的作用，例如扭曲图形，加入光照，产生艺术效果的图像等等。

19. 使用________可以快速地为图像同时添加多个滤镜效果，还可以调整这些滤镜使用的先后顺序及修改每个滤镜的参数设置。

20. 有时候需要炫彩的图片却没有好的素材，通过________可以将普通的图片转换为炫彩图片。

21. 在 Photoshop 中包含有 3 种类型的通道，分别为________通道、________通道和专色通道。

22. ________通道特指透明信息，但通常的意思是“非彩色”通道。

第8章 Dreamweaver 网页设计

一、填空题

1. 网页是 Internet 最基本的信息单位,由________(超级文本标识语言)或者其他语言编写。

2. 网页是 Internet 最基本的信息单位,又称为________页,其中可包含文字、图像、表格、动画、视频和超级链接等各种网页元素。

3. 按网页在网站中所处位置可将网页分成________和________。在访问一个网站时,通常首先看到的是________。

4. ________是指网页能够依照用户的需求做出动态响应,会随着不同用户、不同时间而产生不同内容的效果。

5. ________是指某个网页无论在何时何地浏览,都将显示相同的画面和内容,且用户仅能浏览,无法提供信息给网站,网站也无法响应用户的需求。

6. 根据网页的内容可将网站分为专业网站、________网站、职能网站和________网站4种。

7. ________的本质是一种基于超级文本技术的交互式信息浏览检索工具。

8. Dreamweaver CS6 将各种工具面板集成到________中,包括插入面板、行为面板、框架面板、文件面板等。

9. ________可以将光标快速定位到文档选中的对象中,主要用于准确地选择要修改的部分。

10. 可以使用快捷键"________",快速预览设计的页面。

11. 在开始制作网站之前,最好先定义一个新的________,这是为了更好地通过站点对文件进行管理,可以减少链接与路径方面的错误。

12. 网页布局的工具主要有表格和框架,目前最常用的是________。

13. ________是将一个页面划分成不同的文档区,每个文档区显示独立的内容,其效果是在浏览网页时,网页中一部分区域内容不改变,而其他区域内容在不断发生改变。

14. 网页中图像的插入有多种方法:可以直接插入;若还未选定需要插入的图像,则可以使用________插入。

15. 网页中最常见、最具动画效果的动态元素是________格式的动画。

16. 在网页中也可以插入________动画文件,该文件集动画、位图、视频和声音于一体并可以将其合成为一个交互式界面,也可由 Flash 软件生成。

17. ________是利用文本创建的超级链接,在浏览器中,一般显示为下方带下划线的蓝色文字。

18. 一般情况下,Dreamweaver 允许使用的链接路径有三种:绝对路径、文档相对路径和________。

19. 形如 http://www.cumt.edu.cn(中国矿业大学主页)或者"D://动画与作品 PS 展示/about.html"的超级链接地址即为________路径。

20. 如果希望通过互联网能够访问自己创建的网站,则必须将网站发布到________上。

答　　案

第1章　计算机基础

一、填空题

1. 冯·诺依曼　　2. 存储程序　　3. 冯·诺依曼
4. 存储程序　　5. 1946 ENIAC　　6. 电子器件
7. 巨型 网络　　8. 巨型机　　9. 存储器
10. 科学计算　　11. 人工智能/AI　　12. 二进制
13. 基数　　14. 二进制　　15. MB
16. ASCII　　17. 硬件系统　　18. 软件系统
19. 控制器 存储器　　20. CPU　　21. 内存
22. 内存　　23. 外存　　24. 键盘
25. 喷墨　　26. 针式　　27. 激光
28. 操作系统　　29. 指令 程序代码　　30. 防火墙

二、选择题

1～10	D	D	B	A	A	D	C	A	C	B
11～20	C	B	D	C	A	C	C	B	C	B
21～30	A	D	A	C	C	D	A	B	D	B
31～40	B	B	C	C	C	D	A	D	D	A
41～50	A	C	A	B	B	D	C	C	A	D
51～60	D	C	C	D	D	B	B	B	A	D
61～65	A	B	C	D	D					

第2章　Windows 7 操作系统

一、填空题

1. 桌面　　2. 墙纸　　3. 排序方式
4. 开始菜单　　5. 管理员　　6. 来宾
7. 右键　　8. 扩展名　　9. Shift
10. Ctrl+A　　11. Ctrl+C Ctrl+V　　12. Shift
13. *　　14. 磁盘清理　　15. 磁盘碎片
16. Ctrl+Alt+Del　　17. 放大镜　　18. 截图工具
19. 画图　　20. 当前活动窗口

二、选择题

1～10	A	C	C	B	D	C	D	A	C	B
11～20	C	D	A	B	A	D	B	D	A	A
21～30	D	D	B	B	D	C	D	D	D	A
31～40	B	A	A	D	D	C	B	B	C	B
41～45	B	B	D	D	C					

第3章 Office 2010 办公应用案例

Word 部分

一、填空题

1. Office
2. docx doc
3. 格式刷
4. Ctrl+Shift+Z
5. 恢复
6. Enter
7. 字体
8. 样式
9. Ctrl+Enter
10. 是
11. 是
12. 是
13. 邮件合并
14. 邮件合并　Excel
15. 插入合并域

二、选择题

1～10	B	D	C	C	A	B	A	D	B	B
11～20	B	B	C	B	C	D	B	B	D	C
21～30	C	A	C	A	C	B	C	B	B	C
31～40	B	A	C	A	B	A	C	B	C	D
41～50	A	C	D	B	D	D	A	B	D	A
51～60	C	B	A	B	A	C	A	B	D	C

Excel 部分

一、填空题

1. xlsx xls
2. 工作簿
3. Shift+F11
4. 左
5. Alt+Enter
6. 右
7. 空格
8. 科学计数法
9. 复制
10. =/等号
11. 相对
12. 二/2
13. 数据筛选
14. 分类汇总
15. 插入

二、选择题

1～10	A	B	B	B	B	B	C	A	C	D
11～20	D	B	C	B	B	A	C	D	D	B
21～30	B	C	A	D	D	C	C	C	B	A
31～40	A	D	B	C	D	C	B	C	A	D
41～50	D	B	C	B	A	C	A	C	B	C

PowerPoint 部分

一、填空题

1. pptx　ppt
2. 演示文稿
3. 版式
4. 母版
5. Flash 动画
6. Flash 播放器
7. 切换效果
8. 计时 秒
9. F5
10. Shift+F5

二、选择题

1～10	D	A	D	B	C	D	A	B	B	C
11～20	A	A	C	D	C	C	D	B	C	D
21～30	B	C	D	C	D	C	B	D	C	B
31～40	A	C	D	C	D	A	C	B	B	B

第 4 章　Internet 应用

一、填空题

1. 因特网
2. Web
3. 电子邮件
4. 即时通信
5. 搜索引擎
6. http
7. com
8. 微软
9. 帮助
10. 收藏夹
11. @
12. 电子商务
13. 购票
14. 阿里旺旺
15. 购物
16. 网络团购
17. 微博
18. 即时通信
19. 腾讯
20. 飞信
21. 字母 减号

二、选择题

1～10	B	D	D	A	B	C	B	B	C	D
11～20	A	B	A	B	D	B	A	C	B	C
21～30	B	D	C	C	A	B	C	D	A	D
31～37	C	B	D	B	D	C	B			

第 5 章　Access 数据库应用

一、填空题

1. DB
2. 联系
3. 数据模型
4. 一对一
5. 数据模型
6. 关系模型
7. 关系
8. 域
9. 主关键字
10. 域
11. accdb mdb
12. 表/数据表
13. 表结构
14. 字段
15. 数据查询/查询
16. 选择 操作
17. 交叉表
18. #
19. 生成表
20. 追加
21. SELECT

二、选择题

1～10	C	B	D	A	A	C	A	C	D	C
11～20	D	D	B	C	C	B	C	B	C	A
21～30	A	C	B	C	B	C	A	A	C	D
31～40	C	D	A	B	A	D	B	D	B	C

第6章　Flash动画制作

一、填空题

1. 场景
2. 舞台
3. 图层
4. 时间轴
5. 帧
6. 秒
7. 快
8. 24
9. fla
10. Enter
11. Ctrl+Enter
12. 影片剪辑
13. 指针经过
14. Ctrl+F8
15. 位图
16. 矢量图
17. Ctrl+B
18. mp3
19. 普通帧
20. 遮罩
21. 逐帧
22. 补间形状
23. 元件
24. 影片剪辑
25. 补间形状
26. 遮罩
27. 传统运动引导层

二、选择题

1～10	D	A	B	C	D	C	C	C	D	D
11～20	A	C	B	D	C	C	C	A	B	A
21～30	B	A	B	D	A	C	B	C	B	C
31～40	D	C	C	C	D	D	C	B	A	B
41～50	A	B	D	A	A	B	D	A	A	D
51～60	A	B	B	D	B	C	A	B	D	B

第7章　Photoshop辅助艺术设计

一、填空题

1. 像素
2. 图像 显示器
3. 位图
4. 位图
5. Ctrl+N
6. Ctrl+O
7. PSD
8. 选区
9. 套索工具
10. 魔术棒/魔棒工具
11. 修复与修补
12. 红眼
13. 海绵工具
14. 橡皮擦
15. 透视变换
16. 图层
17. 蒙版
18. 滤镜
19. 滤镜库
20. 滤镜
21. 颜色　Alpha
22. Alpha

第 8 章　Dreamweaver 网页设计

一、填空题

1. HTML
2. Web
3. 主页 子页 主页
4. 动态网页
5. 静态网页
6. 门户 个人
7. 万维网
8. 浮动面板组
9. 标签选择器
10. F12
11. 站点
12. 表格
13. 框架
14. 占位符
15. SWF
16. Shockwave
17. 超文本
18. 根相对路径
19. 绝对
20. Web 服务器

参考文献

[1] 王新，李向群，张凤云. 大学计算机应用与案例实验指导与习题. 北京：清华大学出版社，2012
[2] 王斌，袁秀利. 计算机应用基础与案例教程. 北京：清华大学出版社，2011
[3] 江速勇，陈健，郑爱媛，黄培周. 计算机应用基础——任务驱动教程. 北京：中国铁道出版社，2012
[4] 陈宝明，骆红波，刘小军. 办公软件高级应用与案例精选(第二版). 北京：中国铁道出版社，2012
[5] 匡松，王鹏. Internet应用案例教程. 北京：清华大学出版社，2011
[6] 杨继萍，汤莉，孙岩等. Office 2010办公应用从新手到高手. 北京：清华大学出版社，2011
[7] 邓文达. Flash动画制作与实训. 北京：人民邮电出版社，2011
[8] 丁雪芳. Flash CS5应用实践教程. 西安：西北工业大学出版社，2011
[9] 刘田甜，马殿林，刘雪松. 中文版Photoshop CS6完全自学教程. 北京：中国铁道出版社，2013
[10] 李金明，李金荣. 中文版Photoshop CS6完全自学教程. 北京：人民邮电出版社，2012
[11] 祁连山. 中文版Photoshop CS6平面设计实用教程. 北京：人民邮电出版社，2013
[12] 薛芳. Dreamweaver CS6入门与进阶. 北京：清华大学出版社，2013
[13] 胡崧，吴晓炜，李胜林. Dreamweaver CS6中文版从入门到精通. 北京：中国青年出版社，2013
[14] 刘西杰编著. 巧学巧用Dreamweaver CS6制作网页. 北京：人民邮电出版社，2013